普通高等教育"十四五"系列教材·公共课系列
"互联网+"新形态一体化教材

大学计算机基础

（第二版）

DAXUE JISUANJIJICHU

U0183632

主　编◎龚　芳　朱艳艳　罗　剑

副主编◎石　玮

华中科技大学出版社
http://www.hustp.com
中国·武汉

内 容 提 要

本书主要讲解计算机基础知识、Windows 7、Word 2010 文字处理、Excel 2010 电子表格处理、Power-Point 2010 制作演示文稿、计算机网络基础及应用、信息安全和 Access 2010，由 8 章组成。部分章节前附有内容提要，根据需要，部分章节后附有习题和实验项目。

本书层次清晰，系统地介绍了计算机的基础知识以及计算机科学的前沿知识，附有大量的例题和佐证资料图片，浅显易懂而又主题突出。

为满足教学的实际需要，本书配套有《大学计算机基础实践教程（第二版）》，以作为对本书的学习指导和实验指导用书。配套图书的每章由本章主要内容、习题解答及实验指导等组成，以扩展读者信息量，全面地对学习内容进行补充和完善。

本书可作为大专院校各层次非计算机专业的教材，也兼顾到高职高专计算机信息技术专业的特点，因而本书也可以作为相应层次的成人教育、职业教育的教材，亦可为计算机知识学习者、爱好者和 IT 行业工程技术人员提供参考。

图书在版编目（CIP）数据

大学计算机基础/龚芳，朱艳艳，罗剑主编.—2 版.—武汉：华中科技大学出版社，2020.9（2022.1重印）
ISBN 978-7-5680-6465-1

Ⅰ.①大…　Ⅱ.①龚…　②朱…　③罗…　Ⅲ.①电子计算机-高等学校-教材　Ⅳ.①TP3

中国版本图书馆 CIP 数据核字（2020）第 156437 号

大学计算机基础（第二版）　　　　　　　　　　　　　　　　　　龚芳　朱艳艳　罗剑　主编
Daxue Jisuanji Jichu(Di-er Ban)

策划编辑：聂亚文
责任编辑：史永霞
封面设计：孢　子
责任监印：朱　玢
出版发行：华中科技大学出版社（中国·武汉）　　　电话：(027)81321913
　　　　　武汉市东湖新技术开发区华工科技园　　　邮编：430223
录　　排：华中科技大学惠友文印中心
印　　刷：武汉市籍缘印刷厂
开　　本：787mm×1092mm　1/16
印　　张：19
字　　数：482千字
版　　次：2022 年 1 月第 2 版第 3 次印刷
定　　价：48.00 元

前　言

在科学技术突飞猛进的今天，为国家培养一大批掌握和应用现代信息技术和网络技术的人才，在全球信息化的发展中占据主动地位，这不仅是经济和社会发展的需要，也是计算机和信息技术教育者的历史责任。应该看到，计算机科学与技术是一门发展迅速、更新非常快的学科。作为一本大学计算机基础的教材，本书紧跟时代发展，从培养学生计算机应用能力的目标出发，使学生掌握计算机的基本概念和操作技能，了解计算机的基本应用，为学习计算机方面的后续课程和利用计算机的有关知识解决本专业及相关领域的问题打下良好的基础。

本书凝聚了众多长期从事计算机基础教学的高校教师们的心血。其内容是在不断更新、不断充实、不断完善的基础上形成的，体现了与时俱进的思想，力求做到内容新颖、知识全面、概念准确、通俗易懂、实用性强、适应面广。另外，我们也注意到了高职高专计算机信息技术教材的特点，故在编写中兼顾了这一方面的要求。

本书还配有实践教程，使得教学体系更加完备，有利于提高学生的实际动手能力。

全书由 8 章组成，包括计算机基础知识、Windows 7、Word 2010 文字处理、Excel 2010 电子表格处理、PowerPoint 2010 制作演示文稿、计算机网络基础及应用、信息安全和 Access 2010。部分章节前附有内容提要，根据需要，部分章节后附有习题和实验项目。本书的配套学习辅导教材《大学计算机基础实践教程（第二版）》对各章内容进行了补充和完善，包括学习辅导、习题解答和实验指导。

本书可作为大专院校非计算机专业的教材，特别适合做高校经济、管理、法律、文学、艺术、外语、体育、农学等专业本科生的相应课程教材，也适合做独立学院、高职高专和成人教育方面关于计算机信息技术课程的教材，对从事计算机教学的教师也是一本极好的参考书。

由于作者水平有限，时间也很仓促，存在错误、不足和疏漏之处亦在所难免。

最后，我们由衷地感谢那些支持和帮助我们的所有朋友们！谢谢你们使用和关心本书，并预祝你们教学或学习成功！

编者

目 录

第1章 计算机基础知识 ··· (1)

1.1 计算机概述 ·· (1)

1.2 计算机中数据的表示 ·· (7)

1.3 计算机系统组成 ·· (14)

习题1 ·· (22)

实验项目1 ··· (23)

拓展在线学习1 ··· (23)

第2章 Windows 7 ·· (24)

2.1 Windows 7 概述 ·· (24)

2.2 Windows 7 的基本操作 ······································· (25)

2.3 Windows 7 的文件管理 ······································· (32)

2.4 Windows 7 的磁盘管理 ······································· (40)

2.5 Windows 7 的控制面板 ······································· (43)

2.6 Windows 7 的附件 ··· (49)

2.7 常用工具软件 ··· (55)

习题2 ·· (58)

实验项目2 ··· (60)

拓展在线学习2 ··· (60)

第3章 Word 2010 文字处理 ··· (61)

3.1 Word 的基本操作 ·· (61)

3.2 Word 2010 的文档格式设置 ·································· (72)

3.3 Word 2010 中的图文混排 ···································· (78)

3.4 Word 2010 中表格的编排 ···································· (86)

3.5 Word 2010 的高级编排 ······································· (93)

习题3 ·· (98)

实验项目3 ··· (100)

拓展在线学习3 ··· (100)

第4章 Excel 2010 电子表格处理 ··································· (101)

4.1 Excel 2010 基本知识 ·· (101)

4.2 工作表的格式化 ·· (111)

4.3 公式与函数 ··· (115)

4.4 数据处理 ·· (122)

4.5 图表 ·· (129)

习题 4 ……………………………………………………………………… (137)

实验项目 4 ………………………………………………………………… (138)

拓展在线学习 4 …………………………………………………………… (138)

第 5 章　PowerPoint 2010 制作演示文稿 …………………………… (139)

5.1　预备知识 …………………………………………………………… (139)

5.2　基本操作 …………………………………………………………… (142)

5.3　幻灯片操作 ………………………………………………………… (144)

5.4　演示文稿制作 ……………………………………………………… (145)

习题 5 ……………………………………………………………………… (167)

实验项目 5 ………………………………………………………………… (169)

拓展在线学习 5 …………………………………………………………… (169)

第 6 章　计算机网络基础及应用 ……………………………………… (170)

6.1　计算机网络基础 …………………………………………………… (170)

6.2　局域网及组网技术 ………………………………………………… (177)

6.3　Internet 知识与应用 ……………………………………………… (179)

6.4　基于 Windows 7 的网络配置及 PING 测试 …………………… (188)

习题 6 ……………………………………………………………………… (194)

实验项目 6 ………………………………………………………………… (195)

拓展在线学习 6 …………………………………………………………… (195)

第 7 章　信息安全 ……………………………………………………… (196)

7.1　信息安全概论 ……………………………………………………… (196)

7.2　信息安全技术 ……………………………………………………… (199)

7.3　计算机病毒 ………………………………………………………… (202)

7.4　道德与行为规范 …………………………………………………… (205)

7.5　正确使用计算机 …………………………………………………… (207)

7.6　法规 ………………………………………………………………… (207)

拓展在线学习 7 …………………………………………………………… (210)

第 8 章　Access 2010 …………………………………………………… (211)

8.1　Access 2010 概述 ………………………………………………… (211)

8.2　Access 2010 数据库 ……………………………………………… (215)

8.3　Access 2010 数据表 ……………………………………………… (219)

习题 8 ……………………………………………………………………… (234)

拓展在线学习 8 …………………………………………………………… (235)

附录 A　ASCII 码表 …………………………………………………… (236)

附录 B　全国计算机等级考试一级 MS Office 选择题(100 题) …… (238)

附录 C　全国计算机等级考试二级 MS Office 高级应用 …………… (245)

附录 D　信息处理技术员考试题 ……………………………………… (253)

第1章 计算机基础知识

【内容提要】

从 1946 年第一台电子数字积分计算机 ENIAC 诞生起,至今已有 70 多年的历史,经历了四代。本章介绍计算机的产生与发展、分类及应用,计算机的数制和计算机内部数据的表示方法,计算机系统,微型计算机配置,操作系统等计算机基础知识。

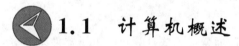

1.1 计算机概述

现代的计算机已应用到经济建设、社会发展、科技进步和人类生活的各个方面。

1.1.1 计算机发展历程及趋势

计算机最初只是作为一种计算工具出现的。现代计算机始于 1946 年,但计算工具的历史却要漫长得多。

1. 计算机的定义

现在人们所说的计算机指通用电子数字计算机或称现代计算机,由电子器件构成,处理的是数字信息,英文名称为 computer,在学术性较强的文献中翻译成计算机,在科普性读物中翻译成电脑。计算机有两个突出的特点,即数字化和通用性。数字化是指计算机在处理信息时完全采用数字方式,其他非数字形式的信息,如文字、声音、图形、图像等,都要转换成数字形式后再由计算机处理;通用性的含义是采用内存程序控制原理的计算机能够处理一切具有"可解算法"的问题。

2. 计算机的诞生

现代的计算机已应用到经济建设、社会发展、科技进步和人类生活的各个方面,但计算机最初只是作为一种计算工具出现的。现代计算机始于 1946 年,但计算工具的历史却要漫长得多。

人类与大自然的奋争中,逐步创造和发展了计算工具,经历了漫长的历史过程。公元 600 多年前中国人创造了算盘,17 世纪的 1620 年欧洲出现计算尺,1642 出现机械式计算器,1887 年制成第一台机械的手摇式计算机,如图 1-1 所示。

世界上第一台电子计算机,于 1946 年 2 月在美国宾夕法尼亚大学诞生,取名为 ENIAC(埃尼阿克,Electronic Numerical Integrator and Calculator,电子数字积分计算机),这台计算机长 30.48 米,宽 1 米,有 30 个操作台,占地面积达 170 平方米,重达 30 吨,耗电量 150 千瓦。它包含了 18 000 多个电子管、70 000 多个电阻器、10 000 多个电容器、1500 多个继电器和 6000 多个开关,每秒执行 5000 次加法运算或 500 次乘法运算,这比当时最快的继电器计算机的运算速度要快 1000 多倍,是手工计算的 20 万倍。这是一台真正现代意义上的计算机,如图 1-2 所示。

图 1-1　计算尺、计算器和手摇式计算机　　　　图 1-2　电子计算机 ENIAC

3.计算机的发展历程

电子计算机的发展阶段通常以构成计算机的电子器件来划分,至今已经历了电子管、晶体管、集成电路和超大规模集成电路 4 个时代。

第一代计算机(1946—1957)是电子管计算机时代,如图 1-3 所示。在此期间,计算机采用电子管作为物理器件,以磁鼓、小磁芯作为存储器,存储空间有限,输入输出用读卡机和纸带机,主要用于机器语言编写程序进行科学计算,运算速度一般为每秒 1 000 次到 10 000 次运算。这一阶段计算机的特点是体积庞大、耗能多,操作指令是为特定任务而编制的,每种机器有各自不同的机器语言,功能受到限制,稳定性差、维护困难。

图 1-3　电子管和电子管计算机

第二代计算机(1958—1964)是晶体管计算机时代,如图 1-4 所示。此时,计算机采用晶体管作为主要元件,体积、重量、能耗大大缩小,可靠性增强。计算机的速度已提高到每秒几万次到几十万次运算,普遍采用磁芯作为内存储器,磁盘、磁带作为外存储器,存储容量大大提高,提出了操作系统的概念,开始出现了汇编语言,产生了如 FORTRAN 和 COBOL 等高级程序设计语言和批处理系统。计算机的应用领域扩大,除科学计算外,还用于数据处理和实时过程控制等。

第三代计算机(1965—1971)是中小规模集成电路计算机时代,如图 1-5 所示。20 世纪 60 年代中期,随着半导体工艺的发展,已制造出了集成电路元件。集成电路(integrated circuit,简称 IC,产生于 1958 年)是一种微型电子器件,如图 1-5 所示,它的产生揭开了人类 20 世纪电子革命的序幕,同时宣告了数字信息时代的来临。集成电路的发明者是美国工程师杰克·基尔比(Jack Kilby,1923—2005),如图 1-6 所示。他在 2000 年获得了诺贝尔物理学奖,这是一个迟来了 42 年的诺贝尔物理学奖。这份殊荣,因为得奖时间相隔越久,也就越突显他的成就。迄今为止,人类的计算机、手机、电视、照相机、DVD 及所有的电子产品内的

图 1-4　晶体管和晶体管计算机

核心部件都是"集成电路",都源于杰克·基尔比的发明。

图 1-5　集成电路　　　　　　　　　　　图 1-6　杰克·基尔比

第四代计算机(1972 年至今)是大规模集成电路和超大规模集成电路计算机时代。第四代计算机是以大规模和超大规模集成电路作为物理器件的,如图 1-7 所示,体积与第三代相比进一步缩小,可靠性更好,寿命更长。计算速度加快,每秒几千万次到几千亿次运算。软件配置丰富,软件系统工程化、理论化,程序设计实现部分自动化。微型计算机大量进入家庭,产品的更新速度加快。计算机在办公自动化、数据库管理、图像处理、语言识别等社会生活的各个领域大显身手,计算机的发展进入了以计算机网络为特征的时代。

4. 新一代计算机

新一代计算机正处在设想和研制阶段。新一代计算机是把信息采集、存储处理、通信和人工智能结合在一起的计算机系统。也就是说,新一代计算机由以处理数据信息为主,转向以处理知识信息为主,如获取、表达、存储及应用知识等,并有推理、联想和学习(如理解能力、适应能力、思维能力等)等人工智能方面的能力,能帮助人类开拓未知的领域和获取新的知识。

1.1.2　计算机的分类

按计算机的规模和性能划分,计算机可以分为巨型机、大型机、小型机、服务器、工作站和微型机,这也是比较常见的一种分类方法。

1)巨型机

巨型机即巨型计算机,也称为超级计算机,是体积很大、速度极快、功能极强、存储量巨大、结构复杂、价格昂贵的一类计算机。巨型机主要用于国防、航天、生物、气象、核能等高级科学研究机构,如图 1-8 所示。

图 1-7　大规模和超大规模集成电路

图 1-8　亿次巨型计算机(银河)

2）大型机

大型机即大型计算机，其规模次于巨型机，也有较高的运算速度和较大的存储容量，有比较完善的指令系统和丰富的外部设备。大型机主要用于大型计算中心、金融业务、大型企业等，如图 1-9 所示。

3）小型机

小型机即小型计算机，是介于微型机和大型机之间的一种计算机。计算机发展的早期主要是研制大型机，大型机性能高、计算能力强，但成本也高，限制了其应用范围的拓展。小型机结构简单、价格便宜，有着很大的市场需求，适合于中小型单位使用，主要用于科学计算、数据处理和自动控制。20 世纪 70—80 年代，小型机发展迅速。从 20 世纪 90 年代开始，随着微型机性能的不断提高，小型机市场受到很大冲击，一些原来使用小型机的单位纷纷转向高性能的微型机。图 1-10 所示为小型计算机。

图 1-9　大型计算机

图 1-10　小型计算机

4）服务器

服务器是一种可以被网络用户共享的高性能的计算机，一般都配置多个 CPU，有较高的运行速度，同时具有大容量的存储设备和丰富的外部接口。

服务器用于存放各类网络资源并为网络用户提供不同的资源共享服务，常用的服务器有 Web 服务器、电子邮件服务器、域名服务器、文件传输服务器 FTP 等。图 1-11 所示为戴尔 PowerEdge 6950 服务器。

5）工作站

工作站可以看作是一种高档微型机，它通常配有大屏幕显示器、大容量的主存和图形加速卡，有较高的运算速度和较强的联网能力。工作站多用于计算机辅助设计和图像处理等领域。图 1-12 所示为某品牌图形工作站。

图 1-11　戴尔 PowerEdge 6950 服务器　　　　　图 1-12　某品牌图形工作站

6) 微型机

微型机也称为个人计算机(personal computer,简称 PC),采用微处理器芯片、半导体存储器芯片和输入输出芯片等元件。其最大的特点就是体积小、功耗低、可靠性高、价格便宜、灵活性好,有利于普及和推广,是当今使用最为广泛的计算机类型。微型机还分台式机和便携机(笔记本式计算机)两类,如图 1-13 所示,后者体积小、重量轻,携带方便。目前,微型机已广泛应用于办公自动化、信息检索、家庭教育和娱乐等。而掌上电脑也很普及,如图 1-14所示。

图 1-13　台式机和笔记本式计算机　　　　　　　图 1-14　掌上电脑

1.1.3　计算机应用

最初发明计算机是为了进行数值计算,但随着人类进入信息社会,计算机的功能已经远远超出了"计算的机器"这一狭义的概念。如今,计算机的应用已渗透到社会的各个领域,诸如科学与工程计算、信息处理、计算机辅助设计与制造、人工智能、电子商务等。

1. 科学计算

科学计算就是数值计算,是指科学研究和工程技术中数学问题的计算。计算机作为一种计算工具,科学计算是其最早的应用领域。在数学、物理、天文学、经济学等多个学科的研究中,在水利工程、桥梁设计、飞机制造、导弹发射、宇宙航行等大量工程技术领域,经常会遇到各种各样的科学计算问题,这些都是离不开计算机的。在这些问题中,有的计算量很大,要计算成千上万个未知数方程组,过去用一般的计算工具很难解决,或无法解决,严重阻碍了科学技术的发展。例如,1964 年美国原子能研究中有一项计划,要做 900 万道题的运算,需要 1500 名工程师计算一年,但当时使用了一台原始的计算机,仅用 150 小时就完成了。

2. 数据处理

数据处理也称为信息处理,主要是指计算机对数据资料的收集、存储、加工、分类、排序、检索和发布等工作。数据处理是计算机应用最广泛的领域,据统计,80％以上的计算机主要用于数据处理,这类工作量大面宽,决定了计算机应用的主导方向。目前,数据处理已广泛地应用于办公自动化、企事业计算机辅助管理与决策、物资管理、报表统计、情报检索、图书管理、电影电视动画设计、会计电算化等各行各业。

3. 过程控制

过程控制也称实时控制,是利用计算机及时采集检测数据,按最优值迅速地对控制对象进行自动调节或自动控制。采用计算机进行过程控制,不仅可以大大提高控制的自动化水平,而且可以提高控制的及时性和准确性,从而改善劳动条件、提高产品质量及合格率。因此,计算机过程控制已在宇宙探索、国防建设和工业生产等方面得到广泛的应用。例如:火星探测器的飞行、落地及自动拍照,宇宙飞船的飞行与返回;交通运输方面的红绿灯控制、行车调度等。工业生产自动化方面的巡回检测、自动记录、自动启停、自动调控等,利用计算机控制机床、控制整个装配流水线,不仅可以实现精度要求高、形状复杂的零件加工自动化,而且可以使整个车间或工厂实现自动化。这些都是计算机过程控制的典型应用。

4. 计算机辅助技术

计算机帮助人们做的工作越来越多,出现了各种功能的计算机辅助系统。计算机辅助设计、计算机辅助制造、计算机辅助教学、计算机辅助测试等,在各行各业中发挥着越来越重要的作用,极大地减轻了从业人员的工作强度,提高了工作效率和学习效率。

1)计算机辅助设计

计算机辅助设计(computer aided design,简称CAD)是利用计算机系统辅助设计人员进行工程或产品设计,以实现最佳设计效果的一种技术。

2)计算机辅助制造

计算机辅助制造(computer aided manufacturing,简称CAM)是利用计算机系统进行生产设备的管理、控制和操作的过程。例如,在产品的制造过程中,利用计算机控制机器的运行,处理生产过程中所需的数据,控制和处理材料的流动以及对产品进行检测等。使用CAM技术可以提高产品质量,降低成本,缩短生产周期,提高生产率和改善劳动条件。

3)计算机辅助教学

计算机辅助教学(computer aided instruction,简称CAI)是利用计算机系统使用课件来进行教学。它能引导学生循序渐进地学习,使学生轻松自如地从课件中学到所需要的知识。CAI的主要特色是交互教育、个别指导和因人施教。

5. 电子商务

电子商务打破了地域分离,缩短了信息流动的时间,降低了物流、资金流及信息流传输处理成本,是对传统贸易方式的一次重大变革,其特性可以归纳为高效性、方便性、集成性、可扩展性及协作性等。高效性是电子商务最基本的特性,即提供买卖双方进行交易的一种高效的服务方式、场所和机会。方便性是指客户在电子商务环境中可以在全球范围内寻找交易伙伴、选择商品,而不受时空限制。集成性是指电子商务系统能够协调新技术的开发、运用和原有技术设备的改造、利用,而且使事务处理具有整体性和统一性。可扩展性是指电子商务系统能随着网络用户的不断增加而随时扩展。协作性是指电子商务系统能将企业的供货方、购货方及有关的协作部门连接至企业的商务管理系统,并使之协调运作。

6. 电子政务

电子政务是指国家各级政府部门综合运用现代信息网络和数字技术,实现公务、政务、商务、事务的一体化管理与运行。利用网络资源,政府可跨越各部门,超越空间和时间,进行业务流程再造和协同办公,实现信息资源共享和信息最大化公开,为民众提供完整而便利的服务。1993 年美国总统克林顿和副总统戈尔首倡"电子政务"(E-Government),后来广为各国政府采纳。

7. 人工智能

人工智能(artificial intelligence)是用计算机模拟人类的一部分智能活动,诸如感知、判断、理解、学习、问题求解和图像识别等。它涉及计算机科学、控制论、信息论、仿生学、神经学、生理学、心理学等学科。

1.2　计算机中数据的表示

计算机在做信息处理时,要对人类能识别的文字、数字、图形、符号等各种信息进行抽象后,形成计算机能识别和处理的信息,即编码。计算机所使用的信息编码可以分为数字、字符、图形图像和声音等几种主要的类型。

1.2.1　数制的概念

1. 数制

数制即进位计数制,是指按一定的规律计数的方法,即采用一组计数符号(称为数符或数码)的组合来表示任意一个数的方法。在我们生活当中,人们习惯于十进制计数,但是在实际运用中,其他的计数制也用得比较多,例如两只鞋等于一双鞋(二进制),一分钟等于六十秒(60 进制),一年等于三百六十五天(365 进制),等等。

数位、基数和位权是组成进位计数制的三个要素。数位是指数码在一个数中所处的位置。基数也被称为基本特征数,是指在某种特定的进位计数制中,每一个数位上能使用的数码的最大个数,不仅如此,基数还表明了进位计数制的进位规则。例如十进制的基数是十,即每一数位上能使用的数码的最大个数是十个,即 0,1,2,…,9,十进制的进位规则是逢十进一。二进制的基数是二,即每一数位上能使用的数码的最大个数是两个(0 和 1),二进制的进位规则是逢二进一。以此类推,那么 M 进制的基数为 M,进位规则是逢 M 进一。数的十进制、二进制、八进制和十六进制表示对照表如表 1-1 所示。

在一个数中,某一数位上的"1"所表示的数值的大小称为该位的位权。例如,十进制第三位的位权为 100,二进制第二位的位权为 2,第三位的位权为 4。一般来说,对于 M 进制数,整数部分第 X 位的位权为 M^{X-1},而小数部分第 Y 位的位权为 M^{-Y}。

表 1-1　数的十进制、二进制、八进制和十六进制表示对照表

十 进 制	二 进 制	八 进 制	十六进制	十 进 制	二 进 制	八 进 制	十六进制
0	0	0	0	9	1001	11	9
1	1	1	1	10	1010	12	A
2	10	2	2	11	1011	13	B
3	11	3	3	12	1100	14	C
4	100	4	4	13	1101	15	D
5	101	5	5	14	1110	16	E
6	110	6	6	15	1111	17	F
7	111	7	7	16	10000	20	10
8	1000	10	8	17	10001	21	11

在掌握了位权的概念之后,我们可将任何一个十进制数按它的位权进行展开:

$$(P)_{10} = d_{n-1} * 10^{n-1} + \cdots + d_1 * 10^1 + d_0 * 10^0 + d_{-1} * 10^{-1} + \cdots + d_{-m} * 10^{-m}$$

例如一个十进制数 367.89,按位权展开后表示如下:

$$(367.89)_{10} = 3 * 10^2 + 6 * 10^1 + 7 * 10^0 + 8 * 10^{-1} + 9 * 10^{-2}$$

同理,对于 M 进制数 P,其位权展开式应为:

$$(P)_M = d_{n-1} * M^{n-1} + \cdots + d_1 * M^1 + d_0 * M^0 + d_{-1} * M^{-1} + \cdots + d_{-m} * M^{-m}$$

式中:$d_i(i=n-1,\cdots,-m)$ 表示 P 的各位数字,n 表示 P 所包含的整数的位数,m 表示 P 所包含的小数。

2. 二进制数据表示

二进制是计算技术中广泛采用的一种进位计数制。二进制数是用 0 和 1 两个数码来表示的数。它的基数为 2,进位规则是"逢二进一",借位规则是"借一当二"。前面已提到过,任意 M 进制数都可以按其位权进行展开,那么二进制数也是如此,例如,一个二进制数 110.01 按位权展开后应该为 $1 * 2^2 + 1 * 2^1 + 0 * 2^0 + 0 * 2^{-1} + 1 * 2^{-2}$,进而可以算出对应的十进制数为 6.25。

二进制数的运算很简单,其四则运算规则如下。

加法:0+0=0,0+1=1,1+0=1,1+1=10(进位)

减法:0-0=0,1-0=1,1-1=0,0-1=1(借位)

乘法:0×0=0,0×1=0,1×0=0,1×1=1

除法:0÷1=0,1÷1=1

计算机中数据单位有位、字节和字。二进制的一位是计算机中存储数据的最小单位,简称 bit,一个"0"或一个"1"都算一位。字节是计算机中存储数据的基本单位,简称 Byte,8 位组成一个字节,即 1Byte=8 bit。在学习字的概念之前,首先要了解字长的概念,计算机内一次能表示的二进制的位数叫字长,那么具有这一长度的二进制数我们可以称之为字。字长通常都是字节的整数倍,如 8 位、16 位、32 位、64 位。

1.2.2 不同进制数间的转换

由于计算机内部的数据都是以二进制形式存储的,而人们习惯于用十进制计数,故有必要将十进制数转换成二进制数。但是二进制数的数位太长,不方便阅读和书写,故经常会选择八进制或十六进制作为二进制的缩写方式,所以研究各种进制数之间的转换方法是必要的。

1. 任意进制数转换为十进制数

根据数按位权的展开式可以得到,M 进制数转换为十进制数,只用将 M 进制中的各位在十进制中按位权进行一一展开,然后相加就能得出对应的十进制数。

如二进制数转换成十进制数,将二进制数按位权展开求和即可。

【例 1-1】 填空:$(10001100.101)_2 = ($ ___ $)_{10}$。

$$(10001100.101)_2 = 1 \times 2^7 + 0 \times 2^6 + 0 \times 2^5 + 0 \times 2^4 + 1 \times 2^3 + 1 \times 2^2 + 0$$
$$\times 2^1 + 0 \times 2^0 + 1 \times 2^{-1} + 0 \times 2^{-2} + 1 \times 2^{-3}$$
$$= 128 + 0 + 0 + 0 + 8 + 4 + 0 + 0 + 0.5 + 0 + 0.125 = 140.625$$

所以 $$(10001100.101)_2 = (140.625)_{10}$$

2. 十进制数转换为任意进制数

将十进制数转换为任意 M 进制数时,要从整数部分和小数部分分别进行转换。

1)整数部分的转换

方法:"除 M 取余法"。假设 P 为十进制数的整数部分,那么它对应的 M 进制数的并列表达式应该是 $(d_{n-1}d_{n-2}d_{n-3}\cdots d_1 d_0)_m$,该数对应的十进制的位权展开式为 $d_{n-1}*M^{n-1}+\cdots+d_1*M^1+d_0*M^0$,即

$$(P)_{10}=(d_{n-1}d_{n-2}d_{n-3}\cdots d_1 d_0)_m=d_{n-1}*M^{n-1}+\cdots+d_1*M^1+d_0*M^0$$

观察位权展开式可得,P 除以 M,余数为 d_0,商为 $d_{n-1}*M^{n-2}+\cdots+d_1*M^0$,同理将商再除以 M,可以得到余数 d_1,依此类推,可以得到所有整数部分的各位数值,最后将求得的余数以先后次序从高位向低位排列,即可求得转换后的任意 M 进制数。

例如,把一个十进制整数转换为二进制整数的方法如下:

把被转换的十进制整数反复地除以 2,直到商为 0,所得的余数(从末位读起)就是该数的二进制表示。

简单地说,该方法就是"除 2 取余法"。

【例 1-2】　将十进制整数 123 转换为二进制整数。

2		1 2 3		… 1 (低位)
2		6 1		… 1
2		3 0		… 0
2		1 5		… 1
2		7		… 1
2		3		… 1
2		1		… 1 (高位)
		0		… 余数

所以　　　　　　　　　　　　$(123)_{10}=(1111011)_2$

了解十进制整数转换成二进制整数的方法以后,那么,十进制整数转换成八进制整数或十六进制整数就可如此类推了。十进制整数转换成八进制整数的方法是"除 8 取余法",十进制整数转换成十六进制整数的方法是"除 16 取余法"。

2)小数部分的转换

方法:"乘 M 取整法"。假设 Q 为十进制数的小数部分,那么它对应的 M 进制数的并列表达式是 $(0.d_{-1}d_{-2}\cdots d_{-n})_m$,该数对应的十进制的位权展开式为 $d_{-1}*M^{-1}+\cdots+d_{-2}*M^{-2}+d_{-n}*M^{-n}$。观察位权展开式可得,若小数部分 Q 乘以 M,即可以得到 $d_{-1}+d_{-2}*M^{-1}+\cdots+d_{-n}*M^{-n+1}$,$d_{-1}$ 为所得的整数部分,剩下的小数部分可以再次乘以 M,可以得到整数部分为 d_{-2},依此类推,可以得到其他小数部分的数值。将各位求得的整数部分以先后次序从高位到低位排列,可得转换后的 M 进制数。在转换过程中若遇到乘不尽的情况,需根据需要取近似值。

【例 1-3】　填空:$(0.625)_{10}=($ ＿＿ $)_2$。

			0.625
			× 2
(高位)	第一位小数→	1	250
	(十分位)		× 2
	(第二位小数)	0	500
	(百分位)		× 2
(低位)	第三位小数	1	000
	(千分位)		

所以
$$(0.625)_{10}=(0.101)_2$$

对于既有整数部分又有纯小数部分的十进制数,转换成 M 进制数时,则要分两部分,分别用除 M 取余法和乘 M 取整法来转换。

3. 二进制数与八进制数及十六进制数之间的转换

1)二进制数与八进制数的相互转换

由于三位的二进制数 000 到 111 这 8 个数,正好对应八进制数中的 0 到 7 这 8 个数字,所以 3 位二进制数对应 1 位八进制数。

二进制数转换为八进制数的方法:以二进制数的小数点为中心,整数部分从右向左每 3 位为一组,不足 3 位时左方用 0 补足,即可得出所对应的八进制数的整数部分;小数部分从左向右每 3 位为一组,不足 3 位时右方用 0 补足,即可得出所对应的八进制数的小数部分;最后将整数部分和小数部分合并即可。

【例 1-4】 将二进制数 11011.1011 转换为八进制数。

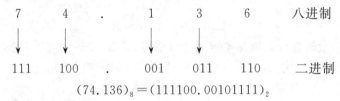

$$(11011.1011)_2=(33.54)_8$$

八进制数转换为二进制数的方法:同样以八进制数的小数点为中心,每一位的八进制数用相应的 3 位二进制数代替,然后合并即可。

【例 1-5】 将八进制数 74.136 转换为二进制数。

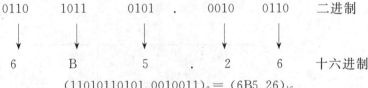

$$(74.136)_8=(111100.00101111)_2$$

2)二进制数与十六进制数的相互转换

与二进制数、八进制数相互转换的规律类似,4 位二进制数 0000 到 1111 与十六进制数的 16 个基本符号 0 到 F 存在一一对应的关系。

二进制数转换为十六进制数的方法:以二进制数的小数点为中心,整数部分从右向左每 4 位为一组,不足 4 位时左方用 0 补足,即可得出所对应的十六进制数的整数部分;小数部分从左向右每 4 位为一组,不足 4 位时右方用 0 补足,即可得出所对应的十六进制数的小数部分;最后将整数部分和小数部分合并即可。

【例 1-6】 将二进制数 11010110101.0010011 转换为十六进制数。

0110	1011	0101	.	0010	0110	二进制
6	B	5	.	2	6	十六进制

$$(11010110101.0010011)_2=(6B5.26)_{16}$$

十六进制数转换为二进制数的方法:同样以十六进制数的小数点为中心,每一位的十六进制数用相应的 4 位二进制数代替,然后合并即可。

【例 1-7】 将十六进制数 3CF.14 转换为二进制数。

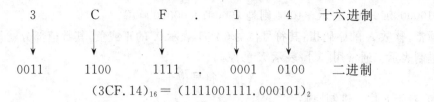

$$(3CF.14)_{16} = (1111001111.000101)_2$$

1.2.3　信息编码

信息编码(information coding)是为了方便信息的存储、检索和使用,在进行信息处理时赋予信息元素以代码的过程,即用不同的代码与各种信息中的基本单位组成部分建立一一对应的关系。信息编码必须标准、系统化,设计合理的编码系统是关系信息管理系统生命力的重要因素。

1. 信息存储的单位

计算机中的信息用二进制表示,常用的单位有位、字节和字。

1)位(bit)

计算机中最小的数据单位是二进制的一个数位,每个 0 或 1 就是一个位。它也是存储器存储信息的最小单位,通常用"b"来表示。

2)字节(Byte)

字节是计算机中表示存储容量的基本单位。一个字节由 8 位二进制数组成,通常用"B"表示。一个英文字符占一个字节,一个汉字占两个字节。

存储容量的计量单位有字节 B、千字节 KB、兆字节 MB 以及十亿字节 GB 等。它们之间的换算关系如下:

$$1\ B = 8\ bit$$
$$1\ KB = 2^{10}\ B = 1024\ B$$
$$1\ MB = 2^{10}\ KB = 1024\ KB$$
$$1\ GB = 2^{10}\ MB = 1024\ MB$$

因为计算机用的是二进制,所以转换单位是 2 的 10 次方。

3)字(Word)

字是指在计算机中作为一个整体被存取、传送、处理的一组二进制数。一个字由若干个字节组成,每个字中所含的位数,是由 CPU 的类型所决定的,如 64 位微机的一个字是指 64 位二进制数。通常运算器是以字节为单位进行运算的,而控制器是以字为单位进行接收和传递的。

2. 数值型数据的编码

在计算机中用到的数据主要分为两类:表示数量的数值数据和非数值型的符号数据。所有的数据、指令以及一些符号都是以二进制形式在计算机里处理和存储的。这里主要介绍数值数据在计算机里的表示方法。

原码和补码是表示带符号数的两种最常用的方法,在现代计算机中,数据都是用补码表示的,补码又是从原码的基础上发展而来的。

1)原码

用原码表示带符号数,首先要确定用以表示数据的二进制位数,一般是用 8 位或 16 位,把其中的最高位用来表示数据的正负符号,其他位表示该数据的绝对值。比如:用 8 位二进制表示 +12 就是 00001100B,表示 -12 则是 10001100B;用 16 位二进制表示 +1024 是

0000010000000000B,表示－1024 则是 1000010000000000B。

通常,整数 X 的原码指:其符号位的 0 或 1 表示 X 的正或负,其数值部分就是 X 绝对值的二进制表示。通常用$[X]_原$ 表示 X 的原码。

$$[X]_原＝符号位＋|X|$$

如:对于 8 位二进制原码

$$[+17]_原＝00010001,\quad [-39]_原＝10100111$$

注意:

① 由于$[+0]_原＝00000000,[-0]_原＝10000000$,所以数 0 的原码不唯一,有"正零"和"负零"之分;

② 对于八位二进制来说,原码可表示的范围为$+(127)_D \sim -(127)_D$。

原码表示法的特点是简便、直观,懂得数制转换的人可以很快计算出其表示的数在十进制中究竟是多少,它的缺点之一是 0 的表示有两种,即＋0 和－0,这对计算机来说可不是好事。另一缺点是运算比较麻烦。比如两个原码表示的数据相加,首先需要判断两数的符号位,以决定到底是做加法还是做减法,然后用它们的绝对值进行计算;还需要判断计算结果的正负情况,最后在最高位上填上正确的符号。这种做法尽管在计算机上可以实现,但还有更好的方法。

2)反码

正数的反码与原码相同;负数的反码是把其原码除符号位外的各位取反。通常用$[X]_反$表示 X 的反码。

如:$[+45]_反＝[+45]_原＝00101101$。

由于$[-32]_原＝10100000$,所以$[-32]_反＝11011111$。

3)补码

计算机中都采用补码表示法,因为用补码表示法以后,同一加法电路既可以用于有符号数相加,也可以用于无符号数相加,而且减法可用加法来代替,从而使运算逻辑大为简化,速度提高,成本降低。

补码是在原码的基础之上,为简化运算而发展出来的另一种表示带符号二进制数的方法。具体做法是:

①确定表示数据的二进制位数,通常是 8 位、16 位或 32 位;

②如果被表示的数据是非负的,则用其原码表示;

③如果被表示的数据是负数,则把该数的绝对值表示成二进制数,然后对每一位取反(即原位上是 0 就改写成 1,原位上是 1 则改写成 0),再把取反后的结果加 1。

这就是说:正数的补码与原码相同;负数的补码是在其反码的最低有效位上加 1。通常用$[X]_补$表示 X 的补码。

【例1-8】 把 15 和－27 转换成 8 位补码表示,把 345 和－32768 转换成 16 位补码表示。

因为 15＞0,所以直接用 8 位原码表示,即

$$15＝00001111B＝0FH$$

因为－27＜0,所以先把其绝对值 27 转换成 8 位二进制数,再取反加 1,即

－27 → 27 的 8 位二进制表示 00011011B

→ 各位取反,得 11100100B

→ 再加 1 得 11100101B＝0E5H

因为 345＞0,所以直接用 16 位原码表示,即

$$345＝0000000101011001B＝0159H$$

因为 −32768＜0,所以先把其绝对值 32768 转换成 16 位二进制数,再取反加 1,即

−32768 → 32768 的 16 位二进制表示 1000000000000000B

→ 各位取反,得 0111111111111111B

→ 再加 1,得 1000000000000000B＝8000H

用补码表示二进制数的好处在于:两个带符号数进行加法或减法运算时,符号位直接参与运算,不需要判断符号,而计算结果的最高位仍然表示符号。现在的电子计算机中都使用补码表示带符号数。

3.非数值型数据的编码

在非数值型数据中主要有以下几种编码类型。

1)ASCII 码

计算机是电器设备,计算机内部用二进制数,这就要求从外部输入给计算机的所有信息必须用二进制数表示,并且各种命令、字符等都需要转换为二进制数。这也牵涉到信息符号转换成二进制数所采用的编码问题,国际上统一用美国标准信息编码(ASCII, American standard code for information interchange)。

2)汉字编码

计算机处理汉字信息的前提条件是对每个汉字进行编码,这些编码统称为汉字编码。汉字信息在系统内传送的过程就是汉字编码转换的过程。其中又有几种编码形式。

(1)汉字输入码。

汉字输入码也称外码,通俗地说,就是解决键盘录入汉字的问题。

目前,汉字输入法主要有键盘输入、文字识别和语音识别。键盘输入法是当前汉字输入的主要方法。

(2)汉字机内码。

汉字机内码又称汉字 ASCII 码、机内码,简称内码,是指计算机内部存储、处理加工和传输汉字时所用的由 0 和 1 符号组成的两个字节的代码。

(3)汉字交换码。

要想用计算机来处理汉字,就必须先对汉字进行适当的编码。这就是汉字交换码。我国在 1981 年 5 月对 6000 多个常用的汉字制定了交换码的国家标准,即《GB 2312—1980》,又称为国标码。该标准规定了汉字交换用的基本汉字字符和一些图形字符,共计 7445 个,其中汉字有 6763 个。其中,一级汉字(常用字)3755 个,按汉字拼音字母顺序排列,二级汉字 3008 个,按部首笔画次序排列。该标准给定每个字符的二进制数编码,即国标交换码,简称国标码。

国标码是指中国根据国际标准制定的、用于不同的具有汉字处理功能的计算机系统间交换汉字信息时使用的代码。它用两个字节 ASCII 码联合起来表示一个汉字。两个字节的最高位都是"0"。这虽然使得汉字与英文字符能够完全兼容,但是当英文与汉字混合存储时,还是会产生冲突或混淆不清,所以实际上人们总是把双字节汉字国标码每一个字节的最高位都置1后再作为汉字的内码使用。

汉字扩展内码规范——GBK(K 是"扩展"的汉语拼音的第一个字母)。GBK 的目的是解决汉字收字不足、简繁同平面共存、简化代码体系间转换等汉字信息交换的瓶颈问题。GBK 与《GB 2312—1980》的内码体系标准完全兼容。在字汇一级支持《CJK 统一汉字编码

字符集》的全部 CJK 汉字。非汉字符号同时涵盖大部分常用的《BIG5》非汉字符号。

（4）区位码。

区位码是将《GB 2312—1980》的全部字符集组成一个 94×94 的方阵,每一行称为一个"区"的编码方式。在这种编码中行的编号为 01～94,每一列称为一个"位",编号也为 01～94,这样得到《GB 2312—1980》标准中汉字的区位图。因采用区位图的位置来表示汉字编码,故称为区位码。

（5）汉字字形码。

汉字字形码即汉字字库或汉字字模。

为了显示或打印输出汉字,必须提供汉字的字形码。汉字字形码是汉字字符形状的表示,一般可用点阵或矢量形式表示。系统提供的所有汉字字形码的集合组成了系统的汉字字形库,简称汉字库。

矢量形式由一组指令来描述字符的外形(轮廓)——轮廓字体。

点阵图形将汉字分解为若干个"点"来组成汉字的点阵字形方式。通用汉字点阵字模的点阵规格有:$16 \times 16, 24 \times 24, 32 \times 32, 48 \times 48, 64 \times 64$。每个点在存储器中用一个二进制数存储,如一个 16×16 点阵汉字需要 32 个字节的存储空间。

图 1-15 所示是 16 点阵字库,存储一个汉字"示"的字形信息需要 16×16 个二进制位,共 $2 * 16 = 32$ 字节。

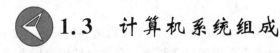

字节	数据	字节	数据	字节	数据	字节	数据
0	3FH	1	FCH	2	00H	3	00H
4	00H	5	00H	6	00H	7	00H
8	FFH	9	FFH	10	00H	11	80H
12	00H	13	80H	14	02H	15	A0H
16	04H	17	90H	18	08H	19	88H
20	10H	21	84H	22	20H	23	82H
24	C0H	25	81H	26	00H	27	80H
28	21H	29	00H	30	1EH	31	00H

图 1-15　16 点阵汉字字模"示"及其编码

1.3　计算机系统组成

一个完整的计算机系统由硬件系统和软件系统两大部分组成。

1.3.1　基本组成

一个完整的计算机系统由硬件系统和软件系统两部分组成。硬件是有形的物理设备,看得见、摸得着,它可以是电子的、电磁的、机电的或光学的元件或装置,或者是由它们所组成的计算机部件。如计算机的机箱、键盘、主板、显示器等,从计算机的外观来看,硬件系统由主机、显示器、键盘和鼠标等几个部分组成。软件是指在计算机硬件上运行的各类程序和文档的总称,它可以提高计算机的工作效率,扩大计算机的功能。图 1-16 所示为计算机系统组成图。

1.3.2　工作原理

虽然现代计算机系统从性能指标、运算速度、工作方式、应用领域和价格等方面都与以前

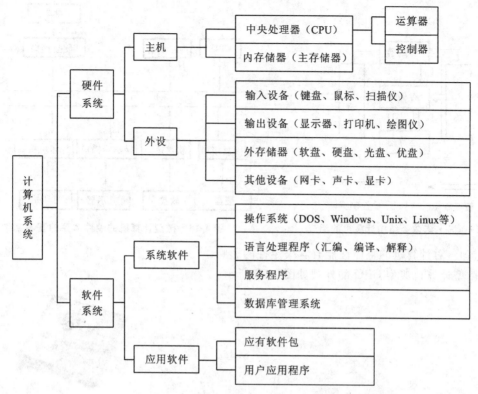

图 1-16　计算机系统组成图

的计算机有很大的差别,但其基本工作原理没有改变,仍然沿用的是冯·诺依曼的"存储程序控制"原理,也称冯·诺依曼原理。该原理奠定了现代电子计算机的基本组成与工作方式。

1946 年 6 月,冯·诺依曼提出了"存储程序控制"原理,其主要内容如下。

用二进制形式表示数据与指令。指令与数据都存放在存储器中,使计算机在工作时能够自动高速地从存储器中取出指令加以执行。程序中的指令通常是按一定顺序一条一条存放,计算机工作时,只要知道程序中第一条指令放在什么地方,就能一次取出每一条指令,然后按照指令规定的操作来执行相应的命令。

计算机系统由运算器、存储器、控制器、输入设备和输出设备 5 大基本部件组成,并规定了 5 大部件的功能。

"存储程序控制"原理的示意图如图 1-17 所示,也叫冯·诺依曼原理或冯·诺依曼结构。它奠定了现代电子计算机的基本结构、基本工作原理,开创了程序设计的时代。

1.3.3　硬件系统

微型计算机的硬件体系的基本结构如图 1-18 所示。

1. 主板

微机系统的主板实际上是集成了各类总线的印刷电路板,并在主板上集成了一些重要的核心部件,如 CMOS、BIOS 及一些控制芯片组。微型计算机的主板是微型计算机中最关键的物理部件,在主板上一般有中央处理器、内存储器、扩展槽、控制芯片组以及专用集成电路(如 CMOS、ROM)等,如图 1-19 所示。

2. CPU

CPU(central processing unit)又称中央处理器,由运算器、控制器和寄存器组成,是计算

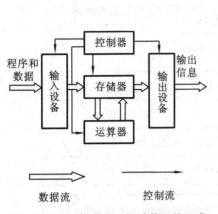

数据流　　　　　控制流

图 1-17　冯·诺依曼结构计算机的组成

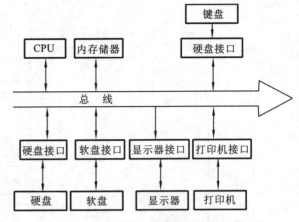

图 1-18　微型计算机的硬件体系的基本结构

机的核心,对计算机的整体性能有着决定性的影响。

微型计算机典型 CPU 的外观如图 1-20 所示。

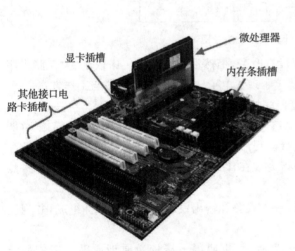

图 1-19　微型计算机主板

图 1-20　微型计算机典型 CPU 的外观

计算机内部有一个时钟发生器不断地发出电脉冲信号,控制各个器件的工作节拍。系统每秒钟产生的时钟脉冲个数称为时钟频率,单位为赫兹(Hz)。主频对计算机指令的执行速度有非常重要的影响,系统时钟频率越高,整个机器的工作速度也就越快。CPU 的主频就是指 CPU 能适应的时钟频率,或者就是该 CPU 的标准工作频率。

最初的 IBM-PC 机的时钟频率为 4.77 MHz(1 MHz 表示 100 万次/s),现在主流的 Pentium Ⅳ 的时钟频率大都在 1 GHz 以上,高的已经接近 4 GHz。

字长是 CPU 一次能存储、运算的二进制数据的位数。字长一般等于数据总线的宽度或 CPU 内部寄存器的位数,字长较大的计算机在一个指令周期内,比字长较小的计算机处理的数据会更多。单位时间内处理的数据越多,CPU 的性能就越好。目前主流的 Pentium 系列 CPU 都是 64 位的微机,其字长为 64 位。

3. 存储器

存储器是计算机存放程序和数据的物理设备,是计算机的信息存储和交流中心。现代计算机典型的存储系统如图 1-21 所示。

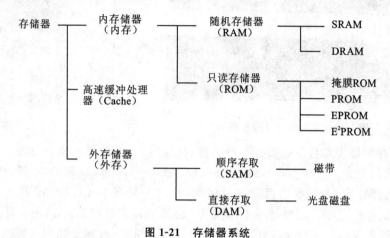

图 1-21　存储器系统

存储器的性能可以从以下两个方面来衡量。

一是存储容量,即存储器所能容纳的二进制信息量的总和。存储容量的大小决定了计算机能存放信息的多少,对计算机执行程序的速度有较大的影响。

二是存取周期,即计算机从存储器读出数据或写入数据所需要的时间。存取周期的大小表明了存储器存取速度的快慢。存取周期越短,速度越快,计算机的整体性能就越高。

由图 1-21 可见,存储器可以分为内存储器(内存即主存)和外存储器(外存即辅存)两种。内存直接与 CPU 连接,用于存放当前正在运行的程序和数据;外存则通过内存与 CPU 间接连接,存放计算机的所有程序和数据。

内存的存取速度快,但存储容量有限,内存中的信息是易丢失的(即只有在计算机通电的时候,内存中的内容才存在,一旦主机电源断电,内存中的信息会全部丢失)。外存则是指类似于硬盘、光盘等能保存计算机程序和数据的存储器,容量很大,存放着计算机系统中几乎所有的信息。外存的信息可以永久保存,即使主机电源断电,信息也不会丢失。

1)内存储器

一般而言,内存主要分为两类:随机存储器(random access memory,简称 RAM)和只读存储器(read only memory,简称 ROM)。

计算机中常用的内存条的外观如图 1-22 所示。

2)外存储器

计算机中的外存储器主要有硬盘、光盘和磁带等存储设备,这些存储设备主要是磁表面存储器和光盘存储器。

常见的外存储器如下。

(1)硬磁盘存储器(硬盘)。硬盘是微机系统不可缺少的外存储器。硬盘由一组铝合金盘片组成,磁性材料涂在铝合金盘片上。这些盘片重叠在一起,形成一个圆柱体,然后被永久性地密封固定在硬盘驱动器中。同时,为了长时间高速读写数据,硬盘不仅有多个磁头,而且磁头较小,惯性也比较小,所以硬盘的寻道速度明显快于光盘。

硬盘的容量比较大,一般都有几十 GB(十亿字节)甚至达几百 GB,读写速度也非常快。图 1-23 所示是硬盘外观。

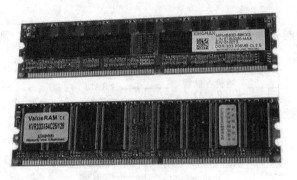

图 1-22　常用内存条的外观

图 1-23　硬盘外观

(2)光盘存储器。光盘存储器有 3 种类型:只读型、一次性写入型和可擦写型。目前使用较多的是只读型光盘(compact disk read only memory,简称 CD-ROM),而 DVD-ROM 是 CD-ROM 的后继产品。光盘的存储容量较大,每一张普通的 CD-ROM 可达 650 MB,而 DVD-ROM 可达 4.7 GB,如果是单面双层 DVD-ROM,则可存储9.4 GB。可擦写型光盘 (CD-RW)允许重复读写,CD-RW 如同硬盘盘片一样,可以随时删除和写入数据,CD-RW 目前容量为 650 MB。一次性写入型光盘可以由用户写入数据,写入后可直接读出,但是它只能写入一次,写入后不能擦除和修改。图 1-24 所示是光盘和光驱。

(3)移动存储设备。移动存储设备大都采用 Flash Memory 芯片构成存储介质,它是一种非易失性半导体存储器,在无电源状态下仍能保持芯片内的信息,不需要特殊的高电压即可实现芯片内信息的擦写。

移动硬盘则是直接由台式计算机或笔记本式计算机的硬盘改装而成的,应该说,笔记本式计算机上的硬盘就是移动硬盘。移动硬盘的存储量非常大,性价比较高。

U 盘也称优盘,目前非常流行。图 1-25 所示是常用移动存储设备之一的 U 盘的常见外观。

图 1-24　光盘和光驱

图 1-25　U 盘的常见外观

4. 输入输出设备

1)输入设备

输入设备用来把人们能够识别的信息,如声音、图像、文字和图形等一些信号转换成计算机能够识别的二进制形式存放在计算机的存储设备中。目前,常用的输入设备有键盘、鼠标、扫描仪、数码相机等,如图 1-26 所示。

2)输出设备

输出设备是指把计算机处理后的信息以人们能够识别的方式(如声音、图形、图像、文字等)表示出来的设备。常见的输出设备有显示器、打印机、绘图仪、投影仪等。

还有部分计算机外设同时具有输入输出的功能,既是输入设备也是输出设备。如光驱、硬盘驱动器、软驱等,当主机的数据来源于这些设备时,它们是输入设备;当计算机将处理结

键盘

鼠标

数字相机
存储卡

摄像头

游戏操纵杆

扫描仪

图 1-26　常见输入设备

果存储到这些设备时，它们是输出设备。

常见输出设备如图 1-27 所示。

图 1-27　常见输出设备

1.3.4　软件系统

随着计算机科学技术的发展，软件已经成为一种驱动力。它是解决现代科学研究和工程问题的基础，也是区分现代产品和服务的关键因素。它可以应用于各种类型的应用系统中，如办公、交通、教育、医药、通信等。

1. 软件的概念及分类

1）软件的基本概念

软件的概念越来越模糊，但也越来越简单。从通常意义上讲，能够对人们提供帮助的、能在计算机上运行的程序都可以称为软件。

2)软件的功能

软件在用户和计算机之间架起了联系的桥梁,用户只有通过软件才能使用计算机。软件的功能可以概括如下。

(1)管理计算机系统,提高系统资源利用率,协调计算机各组成部件之间的合作关系。

(2)在硬件提供的设施与体系结构的基础上,不断扩展计算机的功能,提高计算机实现和运行各类应用任务的能力。

(3)面向用户服务,向用户提供尽可能方便、合适的计算机使用界面与工作环境,为用户运行各类作业和完成各种任务提供相应的软件支持。

(4)为软件开发人员提供开发工具和开发环境,提供维护、诊断、调试计算机的工具。

3)软件的分类

软件可以分为系统软件和应用软件两大类,如图 1-28 所示。

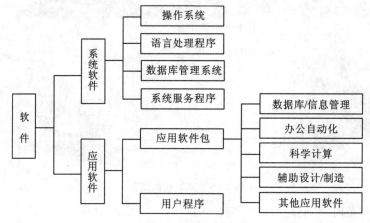

图 1-28 软件的分类

系统软件:是为整个计算机系统配置的、不依赖于特定应用领域的通用软件,用来管理计算机的硬件系统和软件系统。只有在系统软件的管理下,计算机的各个硬件部分才能协调一致地工作;系统软件为应用软件提供了运行环境,离开了系统软件,应用软件同样不能运行。

应用软件:适用于应用领域的各种应用程序及其文档资料,是各领域为解决各种不同的问题而编写的软件,在大多数情况下,应用软件是针对某一特定任务而编制成的程序。

2. 系统软件

通常情况下,根据系统软件所实现的功能的不同,系统软件可分为操作系统、语言处理程序、数据库管理系统以及一些服务性程序等类型。

1)操作系统

操作系统(operating system,简称 OS)是直接运行在"裸机"之上的最基本的系统软件,其他软件都必须在操作系统的支持下才能运行。操作系统是由早期的计算机管理程序发展而来的,目前已经成为计算机系统中各种硬件资源和软件资源的统一管理、控制、调度和监督者,由它合理地组织计算机的工作流程,协调计算机和各部件之间、系统与用户之间的关系。

目前比较流行的操作系统有 Windows 2003、Windows XP、Windows Vista、Windows 7、Windows 8、Unix 及 Linux 等。

2)语言处理程序

计算机只能识别和执行由"0"和"1"组成的二进制代码串,这些能被计算机识别和执行的二进制代码串就是机器语言。例如,机器语言中指令"1011011000000000"的作用是让计算机进行一次加法运算;又如"1011011000000001"的作用是让计算机进行一次减法运算。由此可以看出,机器语言难以被用户掌握和理解,因为:首先,机器语言难以记忆,用它编写程序难度大,而且很容易出错;其次,使用机器语言需要用户深入地了解计算机的结构,只有这样才能理解每条机器指令的用法,然后才能编写程序。

编译程序:是将用高级语言所编写的源程序翻译成与之等价的用机器语言表示的目标程序的翻译程序,其翻译过程称为编译。编译程序与解释程序的区别在于:编译程序首先将源程序翻译成目标代码,计算机再执行由此生成的目标程序,而解释程序则是先翻译高级语言书写的源程序,然后直接执行源程序所指定的动作。一般而言,建立在编译基础上的系统在执行速度上都优于建立在解释基础上的系统。但是,编译程序比较复杂,这使得其开发和维护费用较高,而解释程序比较简单,可移植性也好,缺点是执行速度慢。计算机程序从源程序到执行的过程如图 1-29 所示。

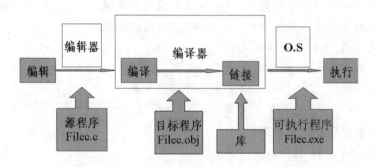

图 1-29　计算机程序从源程序到执行的过程

3)数据库管理系统

数据库是有效地组织、存储在一起的相关数据和信息的集合,它允许多个用户共享数据库的内容。在组织数据时,尽量减少冗余,使各种数据的关系密切,同时尽量保证数据与应用程序的相互独立性。用于管理数据库的主要软件系统就是数据库管理系统(database management system,简称 DBMS),它是一种操纵和管理数据库的大型软件,用于建立、使用和维护数据库,它对数据库进行统一的管理和控制,以保证数据库的安全性和完整性。

目前常用的数据库管理系统有 DB2、Oracle、Sybase 以及 SQL Server 等。

3. 应用软件

应用软件是专门为某一应用目的而编制的软件。常见的应用软件有文字处理软件(如 Word、WPS 等)、信息管理软件(如工资管理软件、人事管理软件等)、辅助设计软件(如 CAD、PROTEL 等)、实时控制软件等。应用软件按其适用面和开发方式,可分为以下 3 类。

定制软件:是针对具体的应用而定制的软件,这类软件完全按照用户特定的需求而专门进行开发,应用面窄,往往局限于专门的部门使用。定制的软件运行效率较高,但成本较大。

应用软件包:在某一应用领域有一定程度的通用性,但具体不同单位的应用会有一定的差距,往往需要进行二次开发。

通用软件:是在许多行业和部门中可以广泛使用的通用性软件,如文字处理软件、电子表格软件和绘图软件等。

习题 1

1. 问答题

(1)简述计算机的发展历程。

(2)计算机的特点是什么?

(3)计算机可以如何分类?

(4)计算机未来的发展趋势是什么?

(5)计算机主要应用在哪些方面?

2. 填空题

(1) 1 KB 表示_____字节。

(2) 1 MB 表示_____字节。

(3)十进制的整数转换成二进制整数用_____。

(4)十进制小数的小数部分转换成二进制小数用_____。

(5)八进制数转换为二进制数时,一位八进制数对应转换为_____位二进制数。

(6)二进制数转换为八进制数时,三位二进制数对应转换为_____位八进制数。

(7)十六进制数 28 的二进制数为_____。

(8)二进制数 10111001 的十进制数为_____。

(9)字符编码叫_____码,意为美国标准信息交换码。

(10)每个 ASCII 占_____个字节。

3. 计算题(要求写出计算步骤)

(1)将十进制整数 45 转换为二进制数。

(2)将二进制数 10001100.101 转换为十进制数。

4. 单项选择题

(1)计算机的存储器记忆信息的最小单位是(   )。

    A. bit   B. Byte   C. KB   D. ASCII

(2)一个 bit 是由(   )个二进制位组成的。

    A. 8   B. 2   C. 7   D. 1

(3)计算机系统中存储数据信息是以(   )作为存储单位的。

    A. 字节   B. 16 个二进制位   C. 字符   D. 字

(4)在计算机中,一个字节存放的最大二进制数是(   )。

    A. 011111111   B. 11111111   C. 255   D. 1111111

(5)32 位计算机的一个字节是由(   )个二进制位组成的。

    A. 7   B. 8   C. 32   D. 16

(6)微型计算机的主要硬件设备有(   )。

    A. 主机、打印机   B. 中央处理器、存储器、I/O 设备

    C. CPU、存储器   D. 硬件、软件

(7)在微型计算机硬件中,访问速度最快的设备是(   )。

    A. 寄存器   B. RAM   C. 软盘   D. 硬盘

(8)计算机的内存与外存比较,(   )。

    A. 内存比外存的容量小,但存取速度快,价格便宜

B. 内存比外存的存取速度慢, 价格昂贵, 所以没有外存的容量大

C. 内存比外存的容量小, 但存取速度快, 价格昂贵

D. 内存比外存的容量大, 但存取速度慢, 价格昂贵

(9)操作系统是一种(　　)。

A. 应用程序　　　　　　　　B. 系统软件

C. 信息管理软件包　　　　　D. 计算机语言

(10)操作系统的作用是(　　)。

A. 软件与硬件的接口　　　　　　B. 把键盘输入的内容转换成机器语言

C. 进行输入与输出转换　　　　　D. 控制和管理系统的所有资源的使用

5. 多项选择题

(1)下面的数中, 合法的十进制数有(　　)。

A. 1023　　　　　　B. 111. 11　　　　　　C. A120

D. 777　　　　　　E. 123. A　　　　　　F. 10111

(2)下面的数中, 合法的八进制数有(　　)。

A. 1023　　　　　　B. 111. 11　　　　　　C. A120

D. 777　　　　　　E. 123. A　　　　　　F. 10111

(3)下面的数中, 合法的十六进制数有(　　)。

A. 1023　　　　　　B. 111. 11　　　　　　C. A120

D. 777　　　　　　E. 123. A　　　　　　F. 10111

6. 名词解释

(1)裸机。　　　　　(2)硬件。　　　　　(3)软件。

(4)冯·诺依曼原理。　(5)程序。　　　　　(6)应用软件。

7. 简答题

(1)简述控制器的功能。

(2)如何衡量存储器的性能?

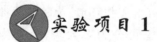 **实验项目 1**

实验 1　键盘操作

实验 2　鼠标操作

实验 3　汉字输入法练习

实验 4　了解和熟悉计算机系统

 拓展在线学习 1

第 2 章　Windows 7

【内容提要】

操作系统是系统软件的核心,它负责管理计算机的硬、软件资源。操作系统的性能在很大程度上决定了计算机系统的工作。本章重点讲述在微型计算机上使用比较广泛的、Microsoft 公司的 Windows 7 操作系统。

操作系统是整个计算机系统的控制和管理中心,是沟通用户和计算机的桥梁,用户可以通过操作系统所提供的各种功能方便地使用计算机。而 Windows 则是 Microsoft 公司开发的、基于图形用户界面的操作系统,也是目前非常流行的微机操作系统。

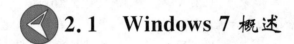 **2.1　Windows 7 概述**

2.1.1　操作系统的发展概况

操作系统(operating system,简称 OS)是管理和控制计算机硬件与软件资源的计算机程序,是直接运行在"裸机"上的最基本的系统软件,任何其他软件都必须在操作系统的支持下才能运行。操作系统是用户和计算机的接口,同时也是计算机硬件和其他软件的接口。操作系统的功能包括管理计算机系统的硬件、软件及数据资源,控制程序运行,改善人机界面,为其他应用软件提供支持等,使计算机系统所有资源最大限度地发挥作用,提供了各种形式的用户界面,使用户有一个好的工作环境,为其他软件的开发提供必要的服务和相应的接口。操作系统在桌面应用上可分为 3 大类,分别为 Windows、Linux 和 Unix 操作系统。

对于个人用户来说,Windows 是首选的操作系统。Windows 是微软(Microsoft)公司成功开发的视窗操作系统,它是一个多任务的操作系统,采用图形窗口界面,用户对计算机的各种复杂操作只需点击鼠标或手指触屏就可以实现。Microsoft 公司推出 Windows 3.×以后不断改进和完善,陆续推出 Windows 95、Windows 98、Windows 2000、Windows XP、Windows 2003、Windows Vista、Windows 7、Windows 8 以及各种服务器版本。

Windows 7 相比之前的 Vista 做了不少改进,这些改进带来了一系列的"更少",即更少的等待、更少的点击、连接设备时更少的麻烦、更低的功耗和更低的整体复杂性,简化了许多不必要的程序。运行 Windows 7 的电脑将更简单地处理日常任务和控制最常使用的软件,管理多个窗口会更加轻松。与此同时,Windows 7 还改进了搜索性能和系统性能,以及响应性、可靠性、安全性和兼容性等。

Windows 7 操作系统主要有家庭版(Home)、专业版(Professional)、企业版(Enterprise)和旗舰版(Ultimate)。本书主要介绍的是 Windows 7 操作系统专业版。

2.1.2　Windows 7 的主要特点

1. 易用

Windows 7 做了许多方便用户的设计，如快速最大化、窗口半屏显示、跳转列表、系统故障快速修复等。

2. 快速

Windows 7 大幅缩减了 Windows 的启动时间，据实测，在 2008 年的中低端配置下运行，系统加载时间一般不超过 20 秒，这与 Windows Vista 的 40 余秒相比，是一个很大的进步。系统加载时间是指加载系统文件所需时间，而不包括计算机主板的自检以及用户登录时间，它是在没有进行任何优化时所得出的数据，实际时间可能根据计算机配置、使用情况的不同而不同。

3. 简单

Windows 7 将会让搜索和使用信息更加简单，包括本地、网络和互联网搜索功能，直观的用户体验将更加高级，还会整合自动化应用程序提交和交叉程序数据透明性。

4. 安全

Windows 7 包括改进了的安全和功能合法性，还会把数据保护和管理扩展到外围设备。Windows 7 改进了基于角色的计算方案和用户账户管理，在数据保护和坚固协作的固有冲突之间搭建沟通桥梁，同时也会开启企业级的数据保护和权限许可。

5. 特效

Windows 7 的 Aero 效果华丽，有碰撞效果、水滴效果，还有丰富的桌面小工具。这些都比 Vista 增色不少。

6. 效率

Windows 7 中，系统集成的搜索功能非常强大，只要用户打开"开始"菜单并输入搜索内容，无论是要查找应用程序还是要查找文本文档等，搜索功能都能自动运行，给用户的操作带来极大的便利。

7. 小工具

Windows 7 的小工具更加丰富，并没有了像 Windows Vista 的侧边栏，这样小工具可以放在桌面的任何位置，而不只是固定在侧边栏。

8. 高效搜索框

Windows 7 系统资源管理器的搜索框在菜单栏的右侧，可以灵活调节宽窄。它能快速搜索 Windows 中的文档、图片、程序、Windows 帮助甚至网络等信息。Windows 7 系统的搜索是动态的，当我们在搜索框中输入第一个字的时刻，Windows 7 的搜索就已经开始工作，大大提高了搜索效率。

2.2　Windows 7 的基本操作

2.2.1　Windows 7 的启动和退出

为了能正常地安装和运行 Windows 7，用户计算机硬件系统的配置至少应满足以下要

求,即 Windows 7 的运行环境:

①CPU:1GHz 及以上的 32 位或 64 位处理器(Windows 7 包括 32 位和 64 位两种版本,如果希望安装 64 位版本,则需要支持 64 位运算的 CPU 的支持)。

②内存:1GB(32 位)/2GB(64 位)或更高。

③硬盘:20GB 以上可用硬盘。

④其他配件:键盘、鼠标、光驱、网卡、声卡等。

1. Windows 7 的启动

计算机成功安装好 Windows 7 操作系统后,按下其电源开关启动计算机时,系统会进行自检,屏幕上将显示计算机的自检信息,如显卡型号、主板型号和内存大小等。自检顺利通过之后,系统进入 Windows 7 的登录界面,如图 2-1 所示。

> **提示**
>
> 如果只有一个用户且没有密码,则不出现 Windows 7 登录界面。但如果密码输入错误,计算机将提示重新输入,超过 3 次输入错误,系统将自动锁定一段时间。

在登录界面中,系统要求选择一个用户。用户可以将鼠标指针移动到要选择的用户名上单击,选中用户名。如果选定的用户没有设置密码,系统将自动登录;否则,在用户账户图标右下角会出现一个空白文本框,用户输入正确的密码后,单击向右的箭头,或直接按【Enter】键,系统将进入 Windows 7 的工作界面。

2. Windows 7 的退出

除了开机以外,切换用户、睡眠、锁定、重新启动、注销和关机也是计算机的基本操作。当用户需要短暂离开、不使用计算机时,可以让计算机进入睡眠状态;如果还需要在这段时间内保护计算机的使用安全,可以暂时锁定用户;而用完计算机后,则可以关闭它。

(1)用鼠标单击桌面左下角的"开始"图标按钮,弹出图 2-2 所示的"开始"菜单。

(2)在图 2-2 所示的"开始"菜单中,单击"关机"按钮,系统将自动保存有关信息,下次启动时系统才能正常启动。系统退出后,主机的电源会自动关闭,指示灯熄灭。

(3)在图 2-2 所示的"开始"菜单中,将鼠标移至"关机"按钮右边的三角形按钮上,弹出图 2-3 所示的 Windows 基本操作菜单,用户可以执行对计算机的切换用户、注销、锁定、重新启动和睡眠等操作。

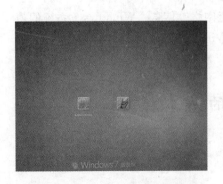

图 2-1　Windows 7 系统登录界面　　图 2-2　"开始"菜单　　图 2-3　Windows 基本操作菜单

2.2.2 Windows 7 的桌面及其操作

系统在启动后,最先进入的是桌面。用户使用计算机完成的各种工作,都是在桌面上进行的。Windows 7 的桌面包括桌面背景、图标、任务栏和"开始"图标按钮等部分,如图 2-4 所示。

Windows 7 的用户界面非常友善,采用新的方式排列,增加了 Windows 任务栏、"开始"菜单和 Windows 资源管理器,一切都旨在以直观和熟悉的方式减少鼠标操作来完成更多的任务。

1. 桌面及背景

在默认的状态下,Windows 7 安装之后桌面上仅保留了回收站的图标。右击桌面空白处,在弹出的菜单中单击"个性化",在弹出的图 2-5 所示的设置窗口中,可以更改自己喜欢的桌面主题或桌面背景。桌面通常由图标、任务栏和"开始"图标按钮组成。

图 2-4　Windows 7 系统桌面

图 2-5　Windows 7 个性化设置窗口

2. 图标

在 Windows 7 中,以前 Windows XP 系统下"我的电脑""我的文档"和"网上邻居"已相应改为"计算机""用户的文件(一般以用户名命令,如 Administrator)"和"网络",用户可以单击图 2-5 所示个性化设置窗口左侧的"更改桌面图标",在弹出的"桌面图标设置"对话框中,勾选对应的选项来重现桌面常用功能图标。所谓图标是指代表程序、文件和计算机信息的图形表示形式。如图 2-6 所示,常见的有"计算机"(可以使用户管理计算机上的所有资源,并可查看系统的所有内容)、"用户的文件"(专门用来存放用户创建和编辑文档的文件夹,它使用户可更加方便地存取经常使用的文件)、"回收站"(图标外形像废纸篓,专门用来存放用户删除的文件和文件夹,有利于用户恢复误删除的文件和文件夹)、"网络"(可以使用户像浏览本地硬盘一样浏览和使用网络上的资源)等。

图 2-6　Windows 7 常用的图标

可以使用鼠标完成图标的激活、移动、复制、删除等操作。所有的文件和文件夹都用图标来形象地表示,双击这些图标,即可快速打开文件和文件夹。刚安装好 Windows 7 时,桌面上只有右下角有一个"回收站"图标,但用户可以根据自己的需要,将一些常用的图标以快捷方式放到桌面上,方便使用。

排列图标,首先右击桌面的空白处,从弹出的快捷菜单中选择"排序方式"选项,再在级联菜单中选择"名称""大小""项目类型"和"修改日期"四种方式之一。

3.任务栏

通过 Windows 7 中的任务栏可以轻松、便捷地管理、切换和执行各类应用。如图 2-7 所示,所有正在使用的文件或程序在任务栏上都以缩略图表示;如果将鼠标停在缩略图上,则窗口将展开为全屏预览,甚至可以直接从缩略图关闭窗口。用户可以在任务栏图标上看到进度栏,这样,用户不必在窗口可见的情况下才知道任务的进度。

图 2-7 Windows 7 的任务栏

Windows 7 允许用户调整任务栏的大小或将任务栏拖放到屏幕的另外三条边中的任一位置。在确定没有选择锁定任务栏的情况下,将鼠标指针移动到任务栏边框处,待指针变成双向箭头时向上拖动,可调整任务栏的高度;将鼠标指针移动到任务栏空白处,拖动到屏幕另外三条边任意处,可调整任务栏的位置。右击任务栏空白处,在快捷菜单中选择"属性"命令,打开"任务栏和「开始」菜单属性"对话框,可完成锁定任务栏、自动隐藏任务栏、将任务栏保持在其他窗口的前端、分组相似任务栏按钮以及显示快速启动等任务;在通知区域部分,可以完成显示时钟和隐藏不活动的图标任务。

4."开始"菜单

单击桌面上的"开始"图标按钮,弹出图 2-2 所示的"开始"菜单,也可通过【Ctrl+Esc】快捷键来打开。使用 Windows 7 通常从"开始"菜单出发。使用这些菜单项,用户可以完成几乎所有的任务,例如,连接 Internet、启动应用程序、打开文档、查找文件及退出系统等。

5.状态按钮区

状态按钮区包括输入法工具栏和通知区。输入法工具栏用于文字输入,通过它可以添加和删除输入法、切换中/英文输入状态、切换中文输入法等。通知区显示活动的和紧急的通知图标,隐藏不活动的图标。

2.2.3 Windows 7 窗口的基本操作

在 Windows 7 中,打开一个应用程序或文件(夹)后,将在屏幕上弹出一个给该程序或文件(夹)使用的矩形区域,这个矩形区域就是窗口。Windows 7 是一个多任务、多线程操作系统,每运行一个应用程序都要打开一个窗口,用户可以同时打开几个不同的窗口。不管打开多少窗口,总有一个当前正在使用的应用程序或文件(夹),该程序或文件(夹)所在的窗口称为当前窗口、前台窗口或活动窗口,其他程序或文件(夹)则是后台窗口。前台窗口的标题栏为高亮显示,位于所有窗口的最上层。

1.窗口的组成

在 Windows 7 中,每个窗口不会完全相同,但在每个窗口中,都有一些相同的元素。一个典型的 Windows 7 窗口通常由标题栏、菜单栏、地址栏、工具栏、搜索框、导航窗格、窗口工作区、细节窗格等组成,如图 2-8 所示。

(1)标题栏:显示窗口的标题,双击可最大化或还原窗口。标题栏包含了窗口调整按钮。

导航窗格　菜单栏　标题栏　地址栏　工具栏　窗口工作区　　　　搜索框

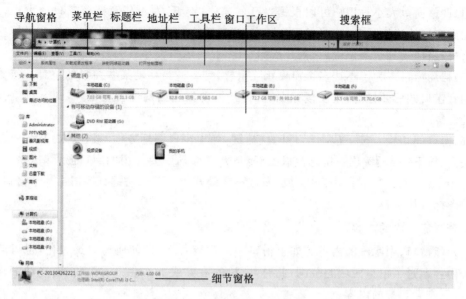

细节窗格

图 2-8　Windows 7 窗口界面

单击最小化按钮 ，可最小化窗口;单击最大化(还原)按钮 ,可最大化(还原)窗口;单击关闭按钮 ,可关闭窗口。

(2)菜单栏:存放菜单命令。

(3)工具栏:用于显示针对当前窗口或窗口内容的一些常用的工具按钮,通过这些按钮可以对当前的窗口和其中的内容进行调整或设置。打开不同的窗口或窗口中选择不同的对象,工具栏中显示的工具按钮是不一样的。

(4)地址栏:"计算机"窗口中重要的组成部分,通过它可以清楚地知道当前打开的文件或程序的保存路径,也可以直接在地址栏中输入路径来打开保存该文件或程序的文件夹。

(5)搜索框:窗口右上角的搜索框与"开始"菜单中"搜索程序和文件"搜索框的使用方法和作用相同,都具有在计算机中搜索各类文件和程序的功能。使用搜索框时,如在"计算机"窗口中打开某个文件夹窗口,并在搜索框中输入内容,表示只在该文件夹窗口中搜索,而不是对整个计算机资源进行搜索。

(6)导航窗格:显示文件夹列表中的文件夹,单击即可快速切换到相应的文件夹中。

(7)窗口工作区:显示当前窗口的内容或执行某项操作后显示的内容。

(8)细节窗格:显示计算机的基本信息或文件大小、创建日期等目标文件的详细信息。

2. 窗口的基本操作

窗口是 Windows 7 环境中的基本对象,对它的操作主要包括打开窗口、关闭窗口、改变窗口大小、移动窗口、排列窗口和在窗口间切换等。

(1)打开窗口。从"开始"菜单中单击某一命令可以打开相应窗口;双击文件(夹)可以打开文件(夹)窗口。

(2)关闭窗口。关闭窗口的方法:双击窗口控制菜单按钮;单击"文件"→"关闭"菜单项;单击窗口右上角"关闭"按钮;按下【Alt+F4】快捷键;用鼠标右键单击任务栏上该窗口对应的任务按钮,在弹出菜单中单击"关闭"菜单项。

(3)窗口最大化和最小化。单击窗口右上角"最小化" 、"最大化" 、"还原" 按钮,可以最小化、最大化和还原窗口;双击窗口标题栏可以最大化(还原)窗口。

(4)调整窗口大小。用户可以根据自己的需要,上下、左右任意调整窗口的大小。将鼠标移动到窗口的边框或角,此时鼠标指针变成"双箭头"或"斜双箭头"图标,按住鼠标左键并拖动边框,当拖动到适当位置后,松开鼠标左键,此时窗口大小就被改变。

(5)移动窗口。为了不让多个窗口相互重叠,需要适当移动某些窗口的位置。将鼠标指针移动到窗口的标题栏上,按住鼠标左键,将其拖动到适当的位置后松开,则窗口就被移动到新的位置。

(6)窗口间切换。按下【Alt＋Tab】快捷键,弹出窗口图标方框,按住【Alt】键不放,通过不断松开、按下【Tab】键逐一挑选窗口图标,当方框移动到要使用的窗口图标时,松开【Alt】键和【Tab】键即可。按住【Alt】键不放,通过不断松开、按下【Esc】键直接切换各个窗口,不出现窗口图标方块选择。

3. 查看窗口中的内容

(1)查看窗口中隐藏的内容。如果窗口中的内容过多,即使将窗口最大化,也可能会有一部分内容超过了窗口区域的范围,此时,窗口的右方或下方会出现滚动条,移动滚动条的位置,可以查看隐藏的内容。

(2)改变窗口的显示方式。在浏览窗口内容时,用户可以根据自己的需要,选择合适的内容显示方式。Windows 7 提供了"超大图标""大图标""中等图标""小图标""列表""详细信息""平铺"和"内容"八种显示方式,单击工具栏上的查看图标按钮 ,从弹出的查看菜单中,选择相应的菜单项即可切换显示方式。

2.2.4 Windows 7 菜单的操作

1. 菜单的组成

菜单将命令分门别类地集合在一起,类似于餐馆里的菜单,然后将其显示在窗口的菜单栏上,以方便用户操作。Windows 7 默认安装时,关闭了菜单栏,用户单击工具栏上的"组织"→"布局",在级联菜单中勾选"菜单栏"命令,即可显示菜单栏。

Windows 7 菜单分为下拉菜单、弹出菜单和快捷菜单。下拉菜单包含可用菜单、不可用菜单、级联菜单、单选菜单、复选菜单、带对话框菜单。Windows 7 菜单系统如图 2-9 所示。

(1)可用菜单:菜单中字体为黑色的菜单项。

(2)不可用菜单:菜单中变灰的菜单项,表明它在此状态下不能用,通过改变状态,某些可用的菜单项可能变成不可用菜单项,不可用的菜单项可能变为可用菜单项。

(3)级联菜单:在菜单项的右边带有"▶"符号,将鼠标放到该菜单项上,会出现下一级菜单,单击该菜单项不做任何命令操作。

(4)单选菜单:在菜单的前面存在"●"符号,并且一组菜单项中只能选中一个菜单项。

(5)复选菜单:在菜单的前面存在"√"符号,并且一组菜单项中可选中一个或多个菜单项。

(6)带"…"号对话框菜单:在菜单的后面存在"…"符号,单击该菜单项会弹出一个对话框。

2. 菜单操作

用鼠标单击菜单栏上相应的菜单项,再用鼠标在弹出的下拉菜单中单击所需要的菜单命令即可。

2.2.5　Windows 7 对话框的操作

在 Windows 7 的系统中，经常会用到一些带省略号的菜单，单击它会弹出一个对话框，有时也会用到一些别的对话框。现用一个典型的例子，如图 2-10 所示，简单介绍一下。

图 2-9　Windows 7 菜单系统

图 2-10　Windows 7 对话框

对话框中在标题栏下往往有选项卡（例如图 2-10 中的"常规"选项卡和"查看"选项卡等），单击可以在选项卡之间进行切换；对话框中的选项按钮有单选按钮和复选按钮，在一组单选按钮中只能选择其中一项，复选按钮则可以根据需要选择一项或多项。还有列表框按钮（在列表中显示内容）、命令按钮、下拉列表框、分组框等。

2.2.6　应用程序的启动与退出

任何一台计算机除了需安装操作系统以外，还必须有应用程序。应用程序使用之前需要安装，然后启动使用，使用后退出，从此不再使用的则需卸载。这里主要介绍应用程序的启动和退出。

1. 应用程序的启动

启动应用程序，也就是使应用程序开始运行。应用程序的启动有多种方式：

（1）双击快捷方式图标。

（2）单击"开始"按钮，选择"所有程序"菜单项，在其级联菜单项中选择需要启动的应用程序，并单击该菜单项。

（3）双击"计算机"或资源管理器，找到相应应用程序的可执行文件，并双击。

（4）双击跟某应用程序有关联的文件，可启动该应用程序，例如，双击 Word 文档，可启动 Word 应用程序。

（5）双击没有相关联程序的文件，弹出"打开方式"对话框，选择相应的应用程序即可打开。用户必须知道该文件属于哪类文件，否则不能打开，或者即使打开看到的也是乱码。

2. 应用程序的退出

当用户使用完应用程序或需要暂停应用程序的使用并释放内存时，需退出应用程序。然而不同的应用程序，退出方式不同。

（1）对于一般的 Windows 程序，其窗口右上角都有"×"按钮，单击该按钮则可退出应用程序；也可以单击"文件"→"退出"菜单命令，退出程序。

（2）有些应用程序不存在"×"按钮，也不存在菜单，一般则存在"退出"按钮，如果不存在明显的"退出"按钮,一般可通过【Esc】键或鼠标右键、【F10】键调出相应菜单,然后退出。

(3)采用上述方法都不能退出时,可把应用程序最小化,在任务栏中,右击该应用程序图标,在弹出菜单中选择"关闭"可退出该程序,也可以用【Ctrl+Alt+Delete】组合键在任务管理器中结束该任务。

2.2.7　快捷方式

快捷方式是显示在 Windows 7 桌面上的一个图标,双击这个图标可以迅速而方便地运行一个应用程序。用户可以根据需要给常用的应用程序、文档文件或文件夹建立快捷方式,常用的方法如下:

(1)利用"计算机""开始"菜单或其他方式找到要建立快捷方式的对象,右击该对象,在快捷菜单中选择"创建快捷方式"命令即可。

(2)找到要建立快捷方式的对象,将其图标直接拖到桌面上即可。

用鼠标右键单击快捷方式图标,可利用其快捷菜单命令对其进行更名、查看、修改属性、移动、复制、删除等操作。

 # 2.3　Windows 7 的文件管理

2.3.1　文件及文件夹的概念

计算机中除了应用程序运行过程中产生的临时数据之外,任何程序和数据都是以文件形式存在的,掌握合理的管理文件和文件夹的技能是非常重要的。

1.文件

(1)文件的概念。文件是最基本的存储单位,计算机中的信息都是以文件的形式保存的。一个文件就是一组相关信息的集合,例如一个程序、一个 Word 文档、一张图片等。

(2)文件的命名规则。在 Windows 7 系统中,每一个文件都有一个文件名,文件名由主文件名和扩展文件名组成。主文件名一般具有实际意义,扩展文件名由文件的类型确定。例如,用"学习计划.docx"命名学习计划文档,其中"学习计划"为主文件名,"docx"为扩展文件名。

文件名命名规则如下:

①文件名由字符、数字、下划线和汉字组成,主文件名不能超过 255 个英文字符(127 个汉字),扩展名一般由 1~3 个字符组成。

②文件名可以有扩展名间隔符".",但不能有下列字符:

　　　　　　　? 　 \ 　 / 　 * 　 : 　 " 　 ' 　 < 　 > 　 |

③在 Windows 7 中支持大小写,但是对大小写不做区别。例如,book.docx 和 BooK.docx,系统认为是同一个文件。

(3)文件通配符。通配符是可以代替所有字符的符号,它有星号" * "和问号"?",对一类文件进行操作或进行模糊查询时,常常会用通配符代替一个或一串字符。

①星号(*):在使用时,它代替零个或多个字符。

②问号(?):在使用时,它代替一个字符。

(4)文件的类型。根据文件所含的信息内容和格式的不同,文件可以分为不同的类型。

常见文件的扩展名所代表文件类型如表 2-1 所示。

表 2-1　Windows 7 部分文件类型

扩展名	类型	扩展名	类型
.docx	Word 文档文件	.exe	应用程序文件
.xlsx	Excel 文档文件	.swf	Flash 影片文件
.txt	文本文件	.mov	视频文件
.html	超文本文件	.avi	声音影像文件
.jpg	压缩图像文件	.gif	压缩图像文件
.psd	Photoshop 图像文件	.rar	WinRAR 压缩文件
.bmp	画图板图像文件	.pptx	演示文稿文件

常见文件的图标如下：

①文档文件：txt、doc、log、html、rtf、wps 等，如图 2-11 所示。

②图片文件：jpg、bmp、gif、tif 等，如图 2-12 所示。

word.docx　excel.xlsx　1.txt　　　　1.jpg　　2.bmp　　3.gif　　4.tif

图 2-11　文档文件图标　　　　图 2-12　图片文件图标

③音频文件：mp3、mid、wav、wma 等，如图 2-13 所示。

④视频文件：avi、mm、rm 等，如图 2-14 所示。

1.mp3　2.mid　3.wav　4.wma　　　1.avi　　2.mm　　3.rm

图 2-13　音频文件图标　　　　图 2-14　视频文件图标

2. 文件夹

查过英语词典的人都知道，词典中的单词是以单词中字母的先后顺序分类的。例如，第一个字母为 A 的单词在最前面，第一个字母为 Z 的单词在最后面。这样分类的目的是对单词进行有效的管理，方便单词的查找。同理，如果把成千上万的文件存放在一个目录下，要查找一个文件的难度可想而知。所以，操作系统就使用文件夹让用户来管理自己的文件。这样，用户就可以根据自己的需要分门别类地建立不同的文件夹来管理计算机的文件。

文件夹里可以包含文件和文件夹，被包含的文件夹称作包含它的文件夹的子文件夹，文件夹可以嵌套很多层。

2.3.2　"计算机"

用户通过使用"计算机"，可以轻松浏览磁盘上的文件或文件夹，查看硬盘的空间等。通常启动"计算机"的具体步骤如下：

单击"开始"→"计算机"，在"计算机"上右击→"打开"，打开图 2-15 所示的"计算机"窗口。

> 如果用户在桌面上建立了"计算机"快捷方式，可双击桌面上的"计算机"图标，也可以使用快捷键【Win+E】。

窗口上除了有标题栏、菜单栏、工具栏、地址栏等之外，还有两个操作窗口。左边的是导航窗口，默认状态下打开的是"计算机"窗口，其中显示了计算机中所有的文件、文件夹和驱动器的树状结构。右侧是固定窗口，即文件区，显示当前选定文件夹中的内容。

左侧窗口与右侧窗口是联动的。如图 2-16 所示，在左侧窗口中选定任意或驱动器或文件夹，右侧的窗口中就会显示该驱动器或文件夹中包含的所有内容。

图 2-15　Windows 7"计算机"窗口

图 2-16　Windows 7"计算机"左、右侧窗口联动

资源管理器窗口的操作和计算机的操作基本相同，在此不再赘述。

2.3.3　文件和文件夹的管理

对文件和文件夹的基本操作主要有新建、打开、选定、复制、发送、移动、重命名、删除和还原文件或文件夹，以及设置文件或文件夹的属性等。

1. 新建文件或文件夹

（1）一般情况下，创建文件时都是在对文件编辑完成之后，通过保存来完成的。然而不打开应用程序也可以直接创建文件。具体操作步骤如下：

通过"计算机"打开目标文件夹窗口，如果将文件或文件夹创建在桌面上，则可省略这一步。

在空白处按下鼠标右键，选择"新建"菜单项，从其子菜单中选择要创建的文件类型（例如，选择"文本文档"菜单项）或文件夹，如图 2-17 所示。

Windows 系统自动把新建文件命名为"新建文本文档"，把新建文件夹命名为"新建文件夹"，当文件名或文件夹名高亮显示时，用户可以输入新的文件名（例如，输入"测试文本"）或文件夹名（例如，输入"我的文件夹"）。

（2）打开"文件"菜单，从中选择"新建"菜单项，然后再从其子菜单中选择要创建的文件类型或文件夹，则可以完成同样的新建操作。

图 2-17　Windows 7 新建弹出的菜单

2. 打开文件或文件夹

（1）选定要打开的文件或文件夹，单击"文件"→"打开"
菜单命令，即可打开文件或文件夹。

（2）在要打开的文件或文件夹图标上双击鼠标左键，即可打开文件或文件夹。

（3）在相应的应用程序中，单击"文件"→"打开"菜单项，在打开的"打开"窗口中选择相应的文件，单击"打开"按钮，即可打开。例如，在 Word 中，单击"文件"→"打开"菜单项，在"打开"窗口中选择 Word 文档，单击"打开"按钮即可。

3. 选定文件或文件夹

（1）鼠标左键单击某个文件或文件夹即可选择单个文件或文件夹。

（2）按住鼠标左键从开始选项的左上角拖动鼠标，拖动到结束选项的右下角，拖出一个矩形框，即可选定框中的文件和文件夹。

（3）先单击鼠标左键，选定起始文件或文件夹，再按住【Shift】键，同时在另一个文件或文件夹上单击鼠标左键，即可选定连续的多个文件或文件夹。

（4）按住【Ctrl】键，同时用鼠标左键单击文件或文件夹，可选定不连续的多个文件或文件夹。

（5）通过单击"编辑"→"全选"菜单命令或按【Ctrl＋A】组合键可选定当前活动窗口中的所有文件和文件夹。

（6）按住【Ctrl】键，同时用鼠标左键单击已选定的文件或文件夹，则取消选定。

4. 拷贝（复制）文件或文件夹

（1）复制和粘贴的方法。打开原文件或文件夹所在的窗口，选定原文件或文件夹，单击鼠标右键，再单击弹出菜单中的"复制"或使用工具栏上的"组织"→"复制"，也可以使用快捷键【Ctrl＋C】。然后打开目的窗口，在目的窗口中单击鼠标右键，单击弹出菜单中的"粘贴"或使用工具栏上的"组织"→"粘贴"，也可以使用快捷键【Ctrl＋V】。

（2）拖动的方法。打开原窗口和目的窗口，并纵向平铺，然后选定原文件或文件夹，按住【Ctrl】键，同时按住鼠标左键拖动，直至拖到目的窗口中。在操作的过程中，如需要取消操作可按【Esc】键。

> **〉 提示**
>
> 　　用户要完成一次拷贝（复制）文件或文件夹的操作，必须有复制和粘贴两个操作。未执行其他操作，可按【Ctrl＋Z】组合键撤消本次操作。

5. 移动文件或文件夹

（1）剪切和粘贴的方法。打开原文件或文件夹所在的窗口，选定原文件或文件夹，单击鼠标右键，再单击弹出菜单中的"剪切"或使用工具栏上的"组织"→"剪切"，也可以使用快捷键【Ctrl＋X】，然后打开目的窗口，在目的窗口中单击鼠标右键，单击弹出菜单中的"粘贴"或使用工具栏上的"组织"→"粘贴"，也可以使用快捷键【Ctrl＋V】。

（2）拖动的方法。打开原窗口和目的窗口，并纵向平铺，然后选定原文件或文件夹，按住【Shift】键，同时按住鼠标左键拖动，直至拖到目的窗口中。在操作的过程中，如需要取消操作可按【Esc】键。

> **提示**
> 　　用户要完成一次移动文件或文件夹的操作,必须有剪切和粘贴两个操作。未执行其他操作,可按【Ctrl＋Z】组合键撤消本次操作。

6.重命名文件和文件夹

(1)选定要重新命名的文件或文件夹,单击鼠标右键,在弹出的菜单中选择"重命名",此时在图标下出现一黑框,原文件名在黑框中变成反白色,重新输入文件名,用鼠标在空白处单击左键或按【Enter】键即可。

(2)选定要重新命名的文件或文件夹,单击"文件"→"重命名"菜单命令,此时在图标下出现一黑框,原文件名在黑框中变成反白色,重新输入文件名,用鼠标在空白处单击左键或按【Enter】键即可。

7.删除文件或文件夹

(1)选定要删除的文件或文件夹,单击鼠标右键,在弹出的菜单中选择"删除",此时打开"删除文件"窗口,单击"是"按钮或按【Enter】键即可。

(2)选定要删除的文件或文件夹,单击"文件"→"删除"菜单命令,此时打开"删除文件"窗口,单击"是"按钮或按【Enter】键即可。

(3)选定要删除的文件或文件夹,按键盘上的【Delete】键(也写作【Del】键),此时打开"删除文件"窗口,单击"是"或按【Enter】键即可删除。

(4)在"回收站"中再次删除文件或文件夹,此时文件或文件夹将被物理删除,正常情况下无法还原。

(5)选定要删除的文件或文件夹,按【Shift＋Delete】组合键,此时文件或文件夹将被物理删除,正常情况下无法还原。

8.还原文件或文件夹

(1)在"回收站"窗口的工具栏上单击"还原所有项目",将还原"回收站"中所有文件和文件夹。

(2)选定要还原的文件或文件夹,单击"文件"→"还原"菜单命令,可以还原选定的文件或文件夹。

(3)右击要还原的文件或文件夹,在弹出的快捷菜单中,单击"还原"命令,可以还原右击的文件或文件夹。

9.设置文件或文件夹的属性

选定要设置属性的文件或文件夹,单击鼠标右键,在弹出的菜单中单击"属性"菜单项,打开如图2-18所示文件或文件夹的属性对话框,即可进行"只读"和"隐藏"属性的设置。如果要设置文件或文件夹的存档属性,则需要单击图2-18属性对话框中的"高级"按钮,弹出如图2-19所示的"高级属性"对话框,勾选"可以存档文件"或"除了文件属性外,还允许索引此文件的内容"即可。

10.搜索文件及文件夹

对于具体位置不明确的文件或文件夹,可以通过搜索功能来快速定位,从而大大提高工作效率。搜索文件或文件夹的具体操作步骤如下:

(1)双击桌面上的"计算机"图标,打开"计算机"窗口或使用快捷键【Win＋F】,打开如图

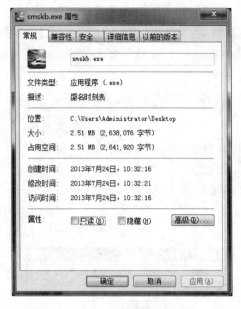
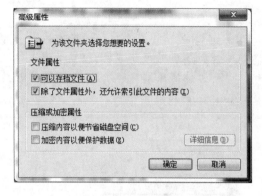

图 2-18　文件或文件夹属性对话框　　　　图 2-19　文件或文件夹"高级属性"对话框

2-20所示的搜索窗口。

（2）在搜索框中输入要搜索的文件或文件夹关键字，如"高速铁路"；如果忘记要查找的文件或文件夹名称，可以单击搜索框，在弹出的下拉列表框中，添加搜索筛选器，来定义文件或文件夹的相关信息。如果知道文件类型扩展名，可以在搜索框中，输入"＊.扩展名"，如＊.docx，这样可以加快文件搜索的速度。

（3）在搜索框中输入搜索关键字时，搜索就开始进行了，随着输入的关键字越完整，符合条件的内容也将越来越少，直到搜索出完全符合条件的内容为止，结果显示到内容显示区域，如图 2-21 所示。这种在输入关键字的同时就进行搜索的方式称为动态搜索功能。

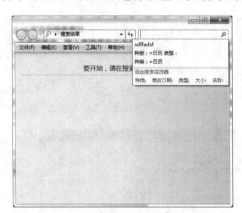

图 2-20　Windows 7 搜索窗口　　　　　图 2-21　Windows 7 搜索结果显示窗口

> **提示**
>
> 　　在指定文件夹中搜索，用户只需要在"计算机"中打开指定的文件夹后，在搜索框中输入要搜索的关键字即可。

11. 文件的压缩与解压缩

(1)文件的压缩。用鼠标右击待压缩的文件或文件夹,在弹出的快捷菜单中选择"添加到'×××.rar'",如图 2-22 所示,即可在当前目录中添加一个与本文件或文件夹相同名称的压缩文件。

> **提示**
>
> 若压缩中需更改文件或文件夹的保存路径或名称,则需在弹出的快捷菜单中选择"添加到压缩文件",弹出如图 2-23 所示的对话框,单击"浏览"按钮修改保存路径,在"压缩文件名"下的文本框中输入要修改的文件名,单击"确定"按钮。
>
> 文件的压缩与解压缩是在系统已安装文件压缩软件,如常用的 WinRAR 或 Winzip 的情况下进行的。

图 2-22　压缩文件快捷菜单　　　　　　图 2-23　"压缩文件名和参数"对话框

(2)文件的解压缩。用鼠标右击待解压缩的压缩文件,在弹出的快捷菜单中选择"解压到当前文件夹",如图 2-24 所示,即可在当前目录中添加一个与压缩文件同名的文件或文件夹。

> **提示**
>
> 若需更改解压缩文件的保存路径,则需在弹出的快捷菜单中选择"解压文件",弹出如图 2-25 所示的对话框,在对话框的右侧列表中选择文件保存的路径,单击"确定"按钮。

图 2-24　解压缩文件快捷菜单　　　　　　图 2-25　"解压路径和选项"对话框

2.3.4　文件路径

文件路径是指文件存储的位置,用反斜杠"\"分隔的一系列子文件夹来表示。如当要对一个文件进行操作时,首先要了解它所在的位置和文件名,也就是要知道它在哪个磁盘上,在磁盘的哪个位置,叫什么名字。描述在哪个磁盘上,使用磁盘盘符(字母与冒号)表示,如"D:"表示硬盘的逻辑分区 D 盘。由于各级文件夹之间存在相互包含关系,所以文件路径可以表示为一种树形层次结构,如图 2-26 所示。

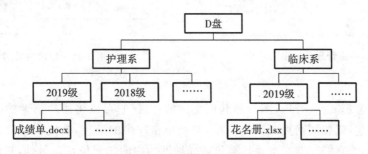

图 2-26　文件路径示意图

在上述文件路径示意图中,文件"花名册.xlsx"存放于 D 盘根目录下的"临床系"文件夹中的"2019 级"子文件夹中,该文件的路径可以表示为"D:\临床系\2019 级\花名册.xlsx"。

2.3.5　浏览文件和文件夹

"计算机"和资源管理器都是 Windows 系统提供的资源管理工具,可以通过这两个窗口查看本台计算机的所有资源,特别是它提供的树形文件系统结构,使用户能更清楚、更直观地查看资源所存放的位置。另外,还可以对文件(或文件夹)进行复制、移动和删除等操作。

1. 计算机和资源管理器

双击桌面上的"计算机"图标,或在"开始"按钮上单击鼠标右键,选择菜单中的"打开Windows 资源管理器",都可以打开资源管理器窗口,如图 2-27 所示。在其中可以访问各驱动器,如硬盘、CD 或 DVD 驱动器,还可以访问已连接到计算机的外部设备,如移动硬盘和USB 闪存等。

2. 图标的查看和排列方式

为了满足用户的不同需求,在窗口的工作区还可以设置不同的方式显示文件列表,如大图标、小图标、列表、详细信息等。具体操作方法是:在窗口工作区的空白处单击右键,在弹出的快捷菜单中选择"查看"选项中的相应命令。

除此之外,系统还提供图标的排序功能,可以按名称、类型、大小或日期等方式排列图标的先后顺序,如图 2-28 所示。只需在资源管理器中单击"查看"菜单中的"排序方式"命令,或在窗口工作区空白处单击右键,在弹出的快捷菜单中选择"排序方式"选项中的相应命令即可。

3. 设置文件(或文件夹)隐藏或显示

在资源管理器中单击"工具"菜单,选择"文件夹选项"命令,在打开的"文件夹选项"对话框中单击"查看"选项卡,如图 2-29 所示。在"高级设置"选项区域,选择"隐藏文件和文件夹"中的相应选项即可进行文件和文件夹的隐藏和显示。

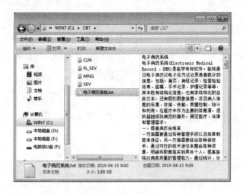

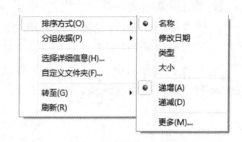

图 2-27　资源管理器的窗口结构　　　　　　图 2-28　排序方式的菜单

4. 库

库是用于管理文档、音乐、图片和其他文件的位置,它可以将用户需要的文件和文件夹统统集中到一起,就如同网页收藏夹一样,只要单击库中的链接,就能快速打开添加到库中的文件夹,而不管它们存储在本地计算机或局域网当中的任何位置。另外,它们都会随着原始文件夹的变化而自动更新,并且可以以同名的形式存在于文件库中。库窗口如图 2-30 所示。

图 2-29　"文件夹选项"对话框　　　　　　　图 2-30　库窗口

 ## 2.4　Windows 7 的磁盘管理

磁盘包括硬盘和其他可移动驱动器,是计算机系统中用于存储数据的设备,也是计算机软件和工作数据的载体。一旦磁盘出了问题,就可能导致重要数据的丢失。只有管理好磁盘,才能给操作系统和其他应用程序创造一个良好的运行环境,才能够安全有效地保存工作数据。因此,应时常注意查看系统磁盘资源的使用情况,合理分配磁盘空间,采用合理的文件管理方式,有效利用磁盘空间等。

1. 磁盘属性设置

打开"计算机",用鼠标右击某个磁盘驱动器(例如 D 盘)的图标,在弹出菜单中单击"属性"菜单项,打开该磁盘驱动器的属性对话框,如图 2-31 所示。

在"常规"选项卡中,可以了解该磁盘的容量、已用空间和可用空间的字节数。还可以添加或更改磁盘驱动器的卷标；单击"磁盘清理"按钮，打开"磁盘清理"对话框，利用磁盘清理程序删除临时文件和卸载程序以释放磁盘空间。

单击"工具"选项卡，如图 2-32 所示。单击"开始检查"按钮，打开磁盘扫描程序，扫描当前磁盘驱动器上的损伤情况；单击"立即进行碎片整理"按钮，打开磁盘碎片整理程序，分析或整理磁盘上的文件位置和可用空间，以提高应用程序的运行速度。

图 2-31　Windows 7 磁盘属性对话框("常规"选项卡)　图 2-32　Windows 7 磁盘属性对话框("工具"选项卡)

单击"硬件"选项卡，可查看和设置当前计算机中所有磁盘驱动器的设备属性。

单击"共享"选项卡，可以进行共享相关设置。

单击"安全"选项卡，可以进行用户对磁盘操作权限的设置（普通用户不建议使用）。

最后，单击"确定"按钮，即可完成对磁盘属性的设置。

2. 格式化磁盘

磁盘在使用之前，通常都必须先进行格式化。格式化磁盘就是对磁盘存储区域进行一定的规划，以便计算机能够准确地在磁盘上记录和读取数据。格式化磁盘还可以发现并标识出磁盘中有坏块的扇区，以避免计算机再往这些坏扇区上记录数据。但格式化磁盘的同时也会彻底删除磁盘上的数据，所以格式化磁盘一定要慎重，在格式化之前，一定要确认该磁盘上是否还有可用而未备份的数据。格式化磁盘的具体操作步骤如下：

（1）将待格式化的软盘或优盘插入软盘驱动器或 USB 接口（格式化硬盘不需要此步）。

（2）打开"计算机"，用鼠标右键单击需要格式化磁盘的图标，然后单击弹出菜单中的"格式化"菜单命令，打开如图 2-33 所示的格式化对话框。

（3）在"容量"下拉列表框中选择待格式化磁盘容量，一般采用默认值；在"文件系统"下拉列表框中选择文件管理格式（对大磁盘建议使用 NTFS 格式）；在"分配单元大小"下拉列表框中一般选择"默认配置大小"；在"卷标"文本框中输入待格式化磁盘的卷标。

（4）单击"开始"按钮，系统发出警告。若确认需要格式化磁盘，单击"确定"按钮，便开始格式化磁盘。

3. 检查磁盘

计算机在非正常关机以及一些误操作下都可能会出现磁盘错误，影响其正常使用。利用 Windows 7 提供的磁盘

图 2-33　Windows 7 格式化对话框

扫描程序可以检测、诊断并修复磁盘错误,具体操作步骤如下:

(1)鼠标右键单击待扫描的磁盘驱动器图标,然后单击弹出菜单中的"属性"菜单项,打开该磁盘驱动器的属性对话框。

(2)单击"工具"标签,打开"工具"选项卡。

(3)单击"开始检查"按钮,打开如图 2-34 所示的检查磁盘对话框。

(4)选中"自动修复文件系统错误"复选框,可指定磁盘扫描程序自动修复磁盘中的文件系统错误。否则,在搜索到文件系统错误时,磁盘扫描程序会提示用户指定修复错误的方式。

(5)选中"扫描并试图恢复坏扇区"复选框,不仅可以检查并修复磁盘上文件系统的逻辑错误,还可以扫描磁盘的物理表面,检查物理错误,标记损坏的扇区,并尽量将坏扇区上的数据移到好扇区上。若取消此复选框,将只检查并修复磁盘上文件系统的逻辑错误。

(6)单击"开始"按钮,开始设定磁盘扫描。磁盘扫描结束后,系统弹出结束信息框。

(7)单击"确定"按钮,退出磁盘扫描程序。

4. 清理磁盘

有一些文件是不再需要的,为了清除不再需要的文件,释放磁盘空间,可以使用 Windows 7 系统自带的磁盘清理程序。具体操作如下:

(1)单击"开始"→"所有程序"→"附件"→"系统工具"→"磁盘清理"命令,打开如图 2-35 所示的"选择驱动器"对话框。

(2)在"驱动器"下拉列表框中选定待清理的磁盘驱动器,然后单击"确定"按钮,磁盘清理程序将开始计算所选磁盘上可释放的磁盘空间。

(3)选中待删除文件左侧的复选框,若想查看某一文件具体信息,选中该文件即可在"描述"栏中看到,更详细信息需单击"查看文件"按钮。

(4)单击"其他选项"标签,打开"其他选项"选项卡,用户根据需要可以进行清理 Windows 组件、清理安装的程序和清理还原的程序 3 种类型的磁盘清理操作。

5. 整理磁盘

计算机磁盘经过一段时间的使用之后,由于反复写入和删除文件,磁盘中的空闲扇区将分散到不连续的物理位置上,导致同一个文件就可能会支离破碎地存储在磁盘上的不同位置,从而需要磁头到多处去读写数据。既会增加磁头的机械移动,缩短磁盘的使用寿命,又会降低磁盘的访问速度,耗费不必要的工作时间,降低系统的速度和性能。

利用 Windows 7 提供的磁盘碎片整理程序可以重新安排磁盘的已用空间和可用空间,优化磁盘的物理结构,减少发生错误的概率,提高磁盘读写的效率。具体操作步骤如下:

(1)单击"开始"→"所有程序"→"附件"→"系统工具"→"磁盘碎片整理程序"命令,打开如图 2-36 所示的"磁盘碎片整理程序"对话框。

(2)选择待整理的磁盘分区,然后单击"分析磁盘"按钮,可开始分析该磁盘分区的碎片情况。完成磁盘分析后,系统将显示"磁盘碎片整理程序"对话框,并建议是否应该对该分区进行碎片整理。

(3)单击"磁盘碎片整理程序"对话框中的"查看报告"按钮,打开"查看报告"对话框,查看、打印、保存分析结果报告,并决定是否对该磁盘分区进行整理。

(4)单击"分析报告"对话框中的"碎片整理"按钮,将返回"磁盘碎片整理程序"对话框,重新分析该磁盘分区的碎片情况,并在分析完成后直接对该磁盘分区进行整理。

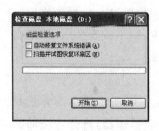

图 2-34　Windows 7 检查
磁盘对话框

图 2-35　Windows 7"选择驱
动器"对话框

图 2-36　"磁盘碎片整理程序"对话框

（5）在"磁盘碎片整理程序"对话框中，单击"暂停"按钮，可暂时停止磁盘碎片整理操作，在完成其他操作后，再单击由"暂停"按钮转换的"恢复"按钮，可继续磁盘碎片整理工作。单击"停止"按钮，将终止本次的磁盘碎片整理操作。

 ## 2.5　Windows 7 的控制面板

控制面板是系统设置的集成外壳，一般来说，系统在安装时会进行通用的设置。不同的用户根据需求，通过控制面板可设置系统属性、显示属性、电源管理、系统日期和时间、添加/删除应用程序等。

在 Windows 7 中，启动控制面板主要采用以下两种方法：

（1）右击"计算机"图标，在右键菜单中单击"属性"，在弹出的窗口中单击"控制面板主页"，打开如图 2-37 所示的控制面板窗口。

图 2-37　Windows 7 控制面板窗口

（2）单击"开始"→"控制面板"，即可打开如图 2-37 所示的控制面板窗口。

2.5.1　设置显示属性

在 Windows 7 中，可以在很大范围内自定义计算机环境，以适合用户的工作和个人喜好，变更屏幕的显示外观等。桌面是登录到 Windows 7 后看到的屏幕，它是计算机最重要的特征之一，在 Windows 7 中，可以根据用户的喜好对它进行设置。

1. 主题设置

在桌面空白处右击,在弹出的右键菜单中选择"个性化"或打开控制面板窗口,单击"个性化",打开个性化窗口。Windows 7 自带了一些主题,用户可以从窗口中,单击自己喜欢的主题进行设置。如果不喜欢自带的主题,也可以单击"联机获取更多主题"项,从微软官网上下载自己喜欢的主题。如果用户在其他网站上找到了自己喜欢的主题,下载安装后,系统会自动设置为主题。

2. 背景设置

在打开的个性化窗口中,单击"桌面背景"图标按钮,打开如图 2-38 所示的桌面背景对话窗口,在桌面背景图片浏览窗口中选择喜欢的背景图片或单击"浏览"按钮,选择合适的图片文件,然后在"图片位置"下拉框中选择相应的显示方式,单击"保存修改"按钮即可。用户也可以选择多张图片后,在"更改图片时间间隔"中设置图片变更时间,以实现图片的幻灯片循环放映。

3. 屏幕保护设置

在打开的个性化窗口中,单击"屏幕保护程序"图标按钮,打开如图 2-39 所示的"屏幕保护程序设置"对话框。在"屏幕保护程序"下拉列表框中选择相应的保护程序。可选中"在恢复时显示登录屏幕"复选按钮,进入屏幕保护后则需要输入登录密码,方能返回桌面。

图 2-38　桌面背景设置窗口　　　　　　图 2-39　"屏幕保护程序设置"对话框

4. 设置屏幕分辨率

在打开的个性化窗口中,单击左下角的"显示"→"调整分辨率"链接或在桌面空白处单击右键,在弹出的右键菜单中,单击"屏幕分辨率",进入屏幕分辨率设置窗口,如图 2-40 所示。在"分辨率"下拉列表框中,拖移滑动按钮至合适的分辨率。一般不同尺寸和性能的显示器,最适合的分辨率也会不同,建议使用系统推荐的分辨率。例如,对于宽屏 19 寸 16:10 的显示器一般是 1440×900;19 寸 16:9 的显示器一般是 1366×768;方屏显示器一般为 1024×768、1400×1200 或更高。对于 CRT 显示器,为了保证较好的视觉效果,可以单击"高级设置"链接,选择"监视器"选项卡,打开如图 2-41 所示的对话框,设置屏幕的刷新频率和颜色。对于液晶显示器,一般刷新频率为 60Hz,颜色为真彩色 32 位;CRT 显示器,刷新频率一般在 70Hz 以上,颜色为真彩色 32 位。

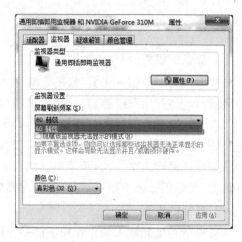

图 2-40　屏幕分辨率设置窗口　　　　图 2-41　监视器设置对话框

2.5.2　设置日期与时间

　　世界各地存在不同的时间差异,当拿着笔记本电脑奔走在世界各地时,需要对系统的日期和时间进行设置。Windows 7 操作系统提供了系统日期和时间重新设置的功能。

　　(1)打开控制面板窗口,单击"日期和时间"或者单击状态栏上的日期和时间所在区域,打开如图 2-42 所示的"日期和时间"对话框。

　　(2)单击"更改日期和时间"按钮,打开如图 2-43 所示的"日期和时间设置"对话框,单击日期框中的日期,调整年月日;单击时间框上的调节按钮,调整时间设置。用户也可以手动输入时间数字。

　　(3)单击图 2-42 所示的对话框上的"更改时区"按钮,打开时区设置对话框,在对话框的"时区"下拉列表框中选择适当的时区即可。

　　(4)单击图 2-43 所示的对话框上的"更改日历设置"链接,打开"自定义格式"对话框,分别在"日期"和"时间"选项卡中设置日期和时间的显示样式。

　　(5)设置完成后,单击"确定"按钮即可完成设置。

图 2-42　"日期和时间"对话框　　　　图 2-43　"日期和时间设置"对话框

2.5.3　设置键盘和鼠标

1. 键盘的设置

键盘作为一个输入工具,它的设置主要体现在按键的响应速度上,具体设置步骤如下:

(1)单击"开始"→"控制面板"菜单项,打开控制面板窗口。

(2)单击"键盘"链接,打开如图 2-44 所示的"键盘 属性"对话框。

(3)在"速度"选项卡中可设置字符重复延迟(延迟短则按键时手松开速度不是很快,就会认为是该键输入第二次,甚至第三次)、字符重复速度(重复速度快相当于延时短)、光标闪烁速度(光标闪烁频率越高,越容易发现光标位置)。

2. 鼠标的设置

鼠标的功能和基本操作在前面已经介绍,这里不再赘述。鼠标具体设置步骤如下:

(1)单击"开始"→"控制面板"菜单项,打开控制面板窗口。

(2)单击"鼠标"链接,打开如图 2-45 所示的"鼠标 属性"对话框。

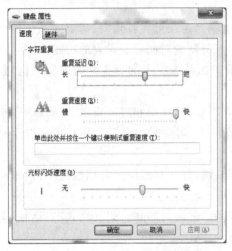

图 2-44　"键盘 属性"对话框　　　　　　图 2-45　"鼠标 属性"对话框

(3)在"鼠标键"选项卡中可设置鼠标键配置(设定鼠标左右手习惯)、双击速度、单击锁定。

(4)单击"指针"标签,在该选项卡中可设置鼠标指针方案、自定义鼠标指针状态、启用指针阴影。

(5)单击"指针选项"标签,在该选项卡中可设置鼠标移动速度、鼠标默认按钮设置、鼠标指针可见性设置。

(6)对于 3D 或 4D 鼠标,还可在"滑轮"标签中指定滚动滑轮一个齿格时滚动的行数。

2.5.4　添加或删除程序

1. 安装软件

一般软件都以 Setup.exe 或 Install.exe 为安装程序文件,双击安装文件则可启动安装应用程序向导,按向导程序提供的步骤完成软件安装。

2. 删除应用程序

在 Windows 7 系统中不要直接删除软件文件夹,这样会在系统中留有很多"垃圾"文件,甚至出现系统错误。一般来说，Windows 软件都有卸载程序，通过卸载程序可删除安装软件。若没有专门的卸载程序，必须通过"程序和功能"向导卸载应用程序。

这里简单介绍通过"程序和功能"向导卸载"暴风影音 5"程序。

打开控制面板窗口，单击"程序和功能"图标，打开程序和功能窗口，如图 2-46 所示。在已安装程序列表中，选择需要删除的"暴风影音 5"程序，单击工具栏上的"卸载/更改"按钮，或在选定的程序名上，单击右键，在弹出的右键菜单中，单击"卸载/更改"命令，按卸载程序向导提供的步骤，完成程序删除。

图 2-46　程序和功能窗口

2.5.5　添加新硬件

Windows 7 提供了大多数通用硬件设备的驱动程序，使硬件设备能即插即用。用户在安装硬件后，系统将为新安装硬件查找驱动程序，找到后，会自动进行安装，这样大大减少了用户的负担。如果系统没有找到新硬件驱动程序，会弹出添加硬件向导对话框，用户根据提示，从驱动程序包中安装驱动程序。用户也可以从驱动程序包中找到新硬件的驱动程序，单击"Setup. exe"来进行安装，步骤和前面安装软件差不多。

用户可通过"设备管理器"轻松管理所有计算机硬件设备，如图 2-47 所示。在"设备管理器"中，可以显示硬件的状态，添加、更新、删除新硬件。下面介绍"设备管理器"和"添加硬件"向导的使用方法。

(1)在桌面上右击"计算机"图标，在右键菜单中单击"属性"，在弹出的窗口中单击"设备管理器"命令，打开如图2-47所示的"设备管理器"窗口。单击设备类别前的倒三角形图标，找到设备，在设备名称上单击右键，在弹出的右键菜单中，可以更新驱动程序软件和禁用、卸载硬件。

(2)单击工具栏上的 ⬛ "扫描检测硬件改动"命令，系统将自动检测未安装硬件，若检测到，则自动进行安装；若系统中没有硬件的驱动程序，则打开"添加硬件"向导对话框，由用户根据向导提示手动完成安装。

(3)有些未知设备，需要用户手动通过"添加硬件"向导来完成驱动程序安装。单击菜单中的"操作"→"添加过时硬件"或使用【Win＋R】快捷键，输入"hdwwiz"命令，可以打开如图2-48 所示的"添加硬件"向导对话框，按提示步骤完成硬件驱动程序安装。

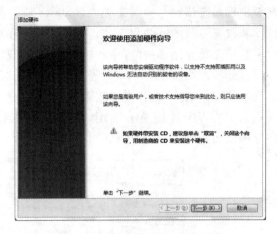

图 2-47 "设备管理器"窗口 　　　　图 2-48 "添加硬件"向导对话框

2.5.6 输入法的添加与删除

如果需要添加或删除 Windows 7 系统自带的某种中文输入法,具体操作步骤如下:

(1)打开控制面板窗口。

(2)单击"区域和语言"图标,弹出"区域和语言"对话框,选择"键盘和语言"选项卡,如图 2-49 所示,单击"更改键盘"按钮,打开如图 2-50 所示的"文本服务和输入语言"对话框。右击状态栏上的  键盘图标,在弹出的快捷菜单中选择"设置"命令,同样可以打开如图 2-50 所示的"文本服务和输入语言"对话框。

(3)单击"已安装的服务"选项组中的"添加"按钮,按照系统提示,可以添加用户需要的输入法。在"已安装的服务"选项组的列表框中选中某个输入语言,单击右侧的"删除"按钮,就可以在显示列表中删除该输入语言;单击"上移"和"下移"按钮,可以调整输入法切换时的顺序。

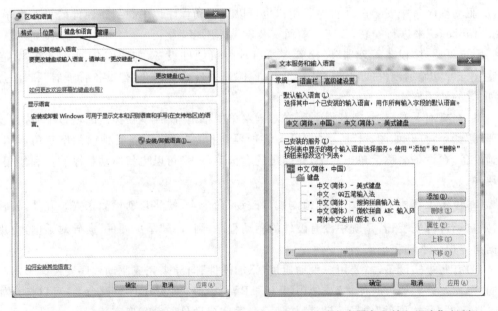

图 2-49 "区域和语言"对话框 　　　　图 2-50 "文本服务和输入语言"对话框

> ❯ **提示**
>
> 　　①通常输入法安装可以通过下载的安装包,直接安装到"已安装的服务"列表中。
>
> 　　②通过单击任务栏上语言栏图标,从弹出的菜单中选择"中文(简体)-美式键盘",可以直接输入英文;选择其他自己喜欢的输入法,则可以输入中文。用户可以按【Ctrl+Shift】组合键,在各输入法之间切换。当选择好自己的中文输入法后,按【Ctrl+空格键】,则可以在该中文输入法和英文输入法之间切换。在中文输入法状态下,按【Shift+空格键】可以在全角和半角字符之间切换;按【Ctrl+.】可以在中文标点符号和英文标点符号之间切换。
>
> 　　③ 代表半角字符, 代表中文标点符号。

2.6　Windows 7 的附件

2.6.1　娱乐

Windows Media Player 12(简称 WMP12)播放器是 Windows 7 系统中的媒体播放软件,它与 Windows 7 的界面已经很统一,相对于以前的版本更简洁,颜色更轻亮。使用它不仅可以轻松地欣赏高品质的音乐、电影,还可以翻录曲目、刻录 CD 音乐等。

1. 工作界面

WMP12 已经将播放窗口和管理窗口进行分离,管理窗口中只有音乐/视频管理操作功能,如图 2-51 所示。播放窗口包含视觉特效、音乐/视频的播放,如图 2-52 所示。由于界面分离,要切换播放窗口和管理窗口,需要通过 来进行。

WMP12 管理界面主要有媒体库、播放、刻录、同步、播放列表等操作功能。使用操作如下:

①播放:用于观看视频,展示可视化效果或有关正在播放的内容的信息。

②媒体库。选择该项后,用户可了解当前有哪些媒体可供播放,包含计算机上的数字媒体文件以及指向 Internet 上内容的链接,也可用于创建用户喜爱的音频和视频内容的播放列表。

图 2-51　WMP12 管理窗口(启动界面)

图 2-52　WMP12 播放窗口

③刻录:用于将音频文件刻录成 CD。

④同步:用于将音乐、视频和图片从播放机媒体库复制到便携式设备。

2. 播放多媒体文件

WMP12 拥有漂亮的操作界面,可视化的窗口随着音乐的起伏,变换着颜色和画面,将收音机、视频播放机、CD 播放机和信息数据库等都融入其中。播放多媒体文件的具体操作步骤如下:

①单击"开始"图标按钮,选择"所有程序"→"Windows Media Player"菜单项或直接单击任务栏上的 ▶ 图标,打开 Windows Media Player 窗口,如图 2-51 所示。

②右击工具栏,单击"文件"→"打开"菜单项或使用【Ctrl＋O】组合键,弹出"打开"对话框。

③在"打开"对话框中,选择要播放的多媒体文件所在的文件夹和需要播放的多媒体文件,然后单击"打开"按钮,多媒体文件将切换到如图 2-52 所示的播放窗口中自动播放。

3. 将音频文件刻录成 CD

①启动 WMP12。

②单击管理窗口上的"刻录"选项卡,然后将文件夹中的音频文件拖入刻录列表中,如图2-53 所示。

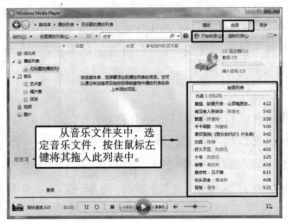

图 2-53 刻录 CD 操作窗口

③单击"开始刻录"按钮,此时,系统会提示放一张空白 CD 到光驱中。放入 CD 后,刻录开始。刻录分为转换和刻录两个过程。当刻录完成后,就可以用这张 CD 聆听刚才所选择的音频文件了。

2.6.2 记事本和写字板

1. 记事本

记事本是 Windows 7 自带的用来创建简单文档的基本文本编辑器。它支持菜单的操作,同时支持打开、保存等快捷键功能。它是最常用的简单文档编辑工具。

记事本最常用来编辑和查看文本文件。如果想查看某一文本文件的内容,打开记事本,然后按住鼠标左键,将文件拖入记事本中,则在记事本中显示文件内容。另外,特殊字符和特殊格式在 Web 中不能显示,有时甚至发生错误,而记事本只支持基本的格式,从而记事本还是编辑 Web 页面的常用工具。

（1）记事本的启动。单击"开始"图标按钮，选择"所有程序"→"附件"→"记事本"菜单项，即可启动如图 2-54 所示的记事本窗口。

（2）文件的打开和保存。单击"文件"→"新建"菜单命令，可以新建一个文本文件。单击"打开"下拉菜单项，可打开一个纯文本文件。单击"保存"或"另存为"下拉菜单命令，可保存文件。

（3）文档的编辑。编辑文档即对文档进行输入、修改、版面设置等操作。在记事本中，通过"编辑"菜单的"剪切""复制"和"粘贴"下拉菜单命令，可以对选定文本进行移动和复制操作。通过"查找""替换"下拉菜单命令，可以查找指定的文本或将指定的文本替换为另外的文本。通过"时间/日期"下拉菜单命令，可以在光标所在处插入时间和日期。

选中"格式"菜单的"自动换行"下拉菜单命令，可以使文档根据窗口的大小自动换行显示，方便用户编辑，但在打印时不会换行。选中"字体"下拉菜单命令，可以对文档字体、字号进行设置。

（4）页面设置和打印。任何一篇文档在打印之前一定要进行页面设置，以满足打印要求。通过单击"文件"→"页面设置"下拉菜单项，可打开如图 2-55 所示的对话框来进行页面设置。通过页面设置对话框，可设置纸张的大小、文档方向、页边距、标题和页脚，再通过单击"文件"→"打印"菜单命令打印文档。

2. 写字板

写字板是 Windows 7 自带的另一个文本编辑工具。它功能强大，采用了浮动智能感知工具栏技术，使用操作更加简单易学。

（1）写字板的启动。单击"开始"图标按钮，选择"所有程序"→"附件"→"写字板"菜单命令即可启动如图 2-56 所示的写字板窗口。

（2）文档的打开和保存。启动写字板后，自动会创建一个默认格式的空白文档。用户可以通过单击快速菜单栏上的 ▇ ▤ ▾ 按钮，利用打开的菜单中的"新建""打开""保存""另存为"等命令来完成文档操作。文档的打开和保存与记事本文档类似，此处不再赘述。

图 2-54　记事本窗口　　　图 2-55　记事本文件"页面设置"对话框　　　图 2-56　写字板窗口

（3）文档的编辑。

①编辑文档内容。写字板拥有比记事本更为强大的编辑功能，通过"剪贴板"工具栏可以快速实现"剪切""复制""粘贴"功能。通过"编辑"工具栏上的"查找""替换""全选"命令，可以查找指定的文本、将指定的文本替换为另外的文本和选定全文。

②编排文档格式。通过"字体"和"段落"工具栏命令可以快速、直观地编排文档格式，使文档既美观悦目又直观清晰。

③在文档中插入对象。通过"插入"工具栏，除了可以进行文字处理外，还可以将图片、绘图、日期和时间、视频剪辑等非写字板程序创建的对象直接插入文档中。

④页面设置和打印。任何一篇文档在打印之前一定要进行页面设置，以满足打印要求。

单击快速菜单栏上的 ▊▊▼ 按钮,从打开的菜单中,选择"页面设置"菜单项,打开如图 2-57 所示的对话框进行页面设置。通过"页面设置"对话框,可设置纸张的大小、文档方向和页边距。单击快速菜单栏上的 ▊▊▼ 按钮,从打开的菜单中,单击"打印"命令打印文档。

2.6.3 画图

画图是 Windows 7 自带的图像处理工具,它具有独立的图像处理工具箱,可以对图像进行编辑、颜色处理、设置图像显示方式等图像操作。

1. 画图的启动

单击"开始"图标按钮,选择"所有程序"→"附件"→"画图"菜单命令,即可启动如图 2-58 所示的画图窗口。

图 2-57　写字板"页面设置"对话框　　　　　　图 2-58　画图窗口

2. 工具箱

绘图工具箱中绘图工具的图形和功能如表 2-2 所示。

表 2-2　绘图工具的图形和功能

图形	功能	图形	功能
	形状选择工具		矩形选择工具
	橡皮,擦除图像		油漆桶,用来填充颜色
	吸管,用来取色		放大镜
	铅笔,画任意细线		刷子,画任意粗线
	线条选择工具		文字,编写文字

3. 编辑图像

通过标题栏上的 ↩ 和 ↪ 工具,可撤消和恢复最近一次的操作。通过"剪贴板"工具栏可剪切、复制和粘贴图像等。通过"工具"工具栏可编辑图像。

4. 颜色处理

在快速菜单栏上单击  按钮，在打开的菜单上，选择"属性"菜单项，弹出"映像属性"对话框，其中可以设置黑白和彩色两种颜色类型。通过"颜色"工具栏提供的常用颜色或单击"编辑颜色"图像命令，可以选取或自定义颜色。

5. 图像操作

使用选择工具选择图像后，单击"图像"工具栏上的 命令，可改变图像的大小和倾斜角度。通过"查看"快速菜单提供的工具，可以缩放图像、显示网格线和全屏显示。单击快速菜单栏上的 按钮，从打开的菜单中可新建、打开、保存、另存为、预览、打印图像以及把图像设为桌面墙纸等功能。

6. 处理拷屏的图像

截取操作屏幕的部分图像时，可以使用 Windows 7 自带的画图工具进行处理，具体操作步骤如下：

(1) 打开要截取的图像，按一下键盘上的拷屏键【Print Screen】获得整个屏幕，或【Alt＋Print Screen】组合键获取当前窗口，这时整个屏幕（窗口）就被拷贝在剪贴板中。

(2) 打开画图窗口。

(3) 在画图窗口的空白处右击鼠标，在弹出的快捷菜单（见图 2-59）中选择"粘贴"，可将拷屏图像粘贴到画图窗口中。

(4) 在"图像"工具栏中选择矩形选择工具。

(5) 此时鼠标变成"十"字形，在要截取图像的左上角，按下鼠标左键拖动，在要截取图像的右下角松开。

图 2-59　画图窗口的快捷菜单

(6) 在选取的图像区域右击鼠标，在弹出的快捷菜单中选择"复制"，如图 2-60 所示。这时可以把截取的图像在需要的位置粘贴或在画图软件中新建一个图片文件进行粘贴，保存。

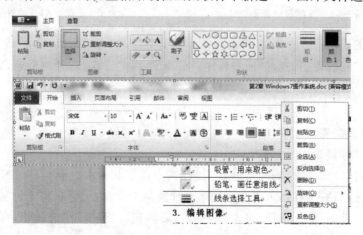

图 2-60　画图中的屏幕截取窗口

2.6.4　计算器

Windows 7 内置的计算器程序不仅可以执行简单的计算，还可以进行科学计算、统计计算以及将运算数据分组显示等。Windows 7 内置标准型、科学型、程序员和统计信息 4 种计算器,分别如图 2-61 至图 2-64 所示。用户使用较多的是标准型和科学型两种计算器。

图 2-61　标准型计算器

图 2-62　科学型计算器

图 2-63　程序员计算器

图 2-64　统计信息计算器

1.计算器的启动

单击"开始"图标按钮,选择"所有程序"→"附件"→"计算器"菜单命令,即可启动"计算器"窗口。用户单击"查看"菜单可在 4 种计算器之间切换。

2.运算

(1)四则混合运算。在"标准型"计算模式下,用户可以完成简单的四则混合运算。计算方法遵循普通计算规则。

(2)进制转换。常用进制有二进制、八进制、十进制和十六进制 4 种。当用户需要将一种进制转换为另一种进制时,可以利用程序员计算器来完成。例如,将十进制 125 转换为二进制时,单击"十进制"单选按钮,输入数 125,然后单击"二进制"单选按钮,则在显示栏中显示 1111101(二进制结果)。

(3)表达式计算。有时用户在使用应用程序的过程中需要计算一些数据,可以借助 Windows 7 中的计算器进行计算。例如,Word 文档中有一个待求算式"135+10+(189-67)×35+36=?",打开计算器,输入"135+10+(189-67)*35+36"后,单击"="号按钮或按【Enter】键,计算结果将会立即显示出来。

2.7　常用工具软件

2.7.1　文件解压缩软件——WinRAR

WinRAR 是一款功能强大的压缩包管理器,它是档案工具 RAR 在 Windows 环境下的应用软件,如图 2-65 所示。它可用于备份数据,缩减电子邮件附件的大小,解压缩从 Internet 上下载的 RAR、ZIP 2.0 及其他文件,并且可以新建 RAR 及 ZIP 格式的文件。

WinRAR 内置程序可以解开 CAB、ARJ、LZH、TAR、GZ、ACE、UUE、BZ2、JAR、ISO、Z 和 7Z 等多种类型的档案文件、镜像文件和 TAR 组合型文件;具有历史记录和收藏夹功能;采用新的压缩和加密算法,压缩率进一步提高,而资源占用相对较少,并可针对不同的需要保存不同的压缩配置;其固定压缩和多卷自释放压缩以及针对文本类、多媒体类和 PE 类文件的优化算法是大多数压缩工具所不具备的;使用非常简单方便,配置选项也不多,仅在资源管理器中就可以完成想做的工作;对于 ZIP 和 RAR 的自释放档案文件,单击属性就可以轻易知道此文件的压缩属性,如果有注释,还能在属性中查看其内容;对于 RAR 格式档案文件,提供了独有的恢复记录和恢复卷功能,使数据安全得到更充分的保障。WinRAR 操作方法与技巧如下。

1. 压缩文件

(1)利用快捷菜单创建压缩包。用鼠标右击待压缩的文件或文件夹,在弹出的快捷菜单中执行"添加到压缩文件""添加到×××.rar""压缩并 E-Mail"和"压缩到×××.rar 并 E-mail"等 4 种压缩方法中的一项即可进行相应的压缩操作。其中"添加到×××.rar"是创建压缩包最简单快捷的方法,执行该命令后,程序将快速地把要压缩的文件在当前目录下创建一个与该文件相同文件名的 RAR 压缩包。

(2)利用 WinRAR 的主界面创建压缩包。

①在 WinRAR 的主界面中选择待压缩的文件或文件夹,单击 WinRAR 主界面中的"添加"按钮,出现如图 2-66 所示的对话框。

图 2-65　WinRAR 的工作界面

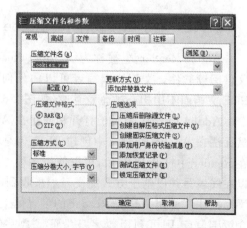

图 2-66　"压缩文件名和参数"对话框

②在"压缩文件名"文本框中设置压缩文件的保存位置和文件名,可以直接输入,也可以通过"浏览"按钮来选择。

2.解压缩文件

通常解压缩文件的方式有两种:使用 WinRAR 窗口解压和使用快捷方式解压。使用快捷方式解压不能对解压文件进行选择,只能将所有被压缩的文件全部解压;使用 WinRAR 窗口解压,则可以有选择地解压文件。

(1)使用 WinRAR 窗口解压。

①双击需要解压的压缩包文件,将压缩包中的内容显示在 WinRAR 窗口中。

②在窗口中选择要解压的文件或文件夹,单击工具栏中的"解压到"按钮,将打开"解压路径和选项"对话框。如果没有选择任何文件,则将对所有文件进行解压,否则只对所选择的文件解压。

③在对话框的"目标路径"文本框中直接输入文件解压后的存放位置,也可以在对话框右边的树形结构中选择某一磁盘或文件夹作为解压文件存放位置。

(2)利用快捷菜单解压。右键单击要解压的文件或文件夹,在弹出的快捷菜单中选择"解压文件"项,在弹出的对话框中选择解压路径后单击"确定"按钮即可。

3. WinRAR 的特点

(1)压缩率更高。

(2)对多媒体文件有独特的高压缩率算法。

(3)能完善地支持 ZIP 格式并且可以解压多种格式的压缩包。

(4)设置项目非常完善,并且可以定制界面。

(5)对受损压缩文件的修复能力极强。

(6)辅助功能设置细致。

(7)压缩包可以锁住。

> **提示**
>
> 压缩率(compression ratio):描述压缩文件的效果名,是文件压缩后减小的大小与压缩前的大小之比。例如,把 100MB 的文件压缩成 90MB,压缩率就是(100-90)/100×100％＝10％。压缩文件一般是压得越小,时间越长。

2.7.2 电子阅读软件——Adobe Reader

Adobe Reader(也被称为 Acrobat Reader)是美国 Adobe 公司开发的一款优秀的 PDF 文件阅读软件。文档的撰写者可以向任何人分发自己制作(通过 Adobe Acrobat 制作)的 PDF 文档而不用担心被恶意篡改,如图 2-67 所示。

Adobe Reader 是用于打开和使用在 Adobe Acrobat 中创建的 Adobe PDF 的工具。虽然无法在 Adobe Reader 中创建 PDF,但是可以使用 Adobe Reader 查看、打印和管理 PDF。在 Reader 中打开 PDF 后,可以使用多种工具快速查找信息。如果收到一个 PDF 表单,则可以在线填写并以电子方式提交。如果收到审阅 PDF 的邀请,则可使用注释和标记工具为其添加批注。使用 Adobe Reader 的多媒体工具可以播放 PDF 中的视频和音乐。如果 PDF 包含敏感信息,则可利用数字身份证或数字签名对文档进行签名或验证。操作方法与技巧如下。

1. PDF 文件制作

PDF 文档使用很简单,然而如何将常用的 Word、Excel 等文档制作成 PDF 格式呢? 其

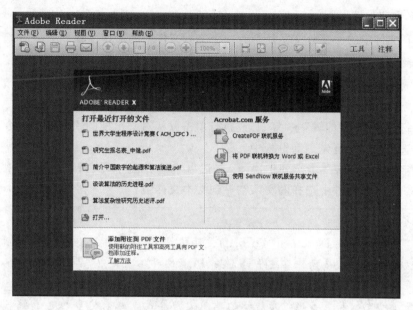

图 2-67　Adobe Reader 的工作界面

实,有了 PDFCreator,一切问题变得非常简单。PDFCreator 是一个开源应用程序,Windows 有打印功能的任何程序都可以使用它创建 PDF 文档。软件安装后会生成虚拟打印机,任何支持 Windows 打印功能的程序生成的文件,在打印时只要选择生成的 PDFCreator 虚拟打印机,就可轻轻松松地将文件转换为 PDF 文档,并且可以生成 PostScript 文档、Encapsulated PostScript 文件等格式。此外,也可以将文件转换为 PNG、BMP、JPEG、PCX、TIFF 等图形格式文件。

2. PDF 文档的转换

要想将 PDF 文档转换为可以进行重新编排格式的 Word 文档,过程同样简单,只要使用"ScanSoft PDF Converter for Microsoft Word"这款 Office 插件即可。该插件安装后,可以在 Word 软件中直接通过菜单命令"文件"→"打开"选项来打开 PDF 文档。文件转换时,插件首先捕获 PDF 文档中的信息,分离文字同图片、表格和卷,再将其统一到 Word 格式,完全保留原来的格式和版面设计。当然,有了该插件,也可以轻松地通过右键来将 PDF 文件转换成为 Word 文件,还可以在 Microsoft Outlook 中直接打开 E-Mail 附件里的 PDF 文件,以及把网上的 PDF 文件直接在 Word 里打开。

3. PDF 文档的管理

PDF 文档越来越多,对文档的管理变得非常重要。有了 Active PDF Searcher 这款 PDF 文件管理软件,问题变得不再复杂。它是一个强大的 PDF 文档阅读与检索工具,具有强大的全文检索功能,并且支持多个 PDF 全文检索。软件内置 PDF 解析和浏览引擎,以及一个 5 万词的中文词库,能够检索中文、英文及其他各种语言,检索速度快,使用非常方便。

4. 阅读 PDF 文件

(1)启动 Adobe Reader 7.0 程序,进入主界面。

(2)执行菜单命令"文件"→"打开",在弹出的对话框中选择要阅读的文件。

(3)Adobe Reader 将读取文件的信息显示在窗口中,用户可以从显示区直接阅读文件的内容,也可以通过"缩小工具"和"放大工具"对 PDF 文件进行缩小和放大操作。

5. PDF 文字处理

将 PDF 文件中的一部分文字复制到一个文本文件中的操作步骤如下：

(1)在阅读文件时，单击工具栏中的按钮"⟨ I⟩"选择工具，进入文本选择状态。

(2)进入文本选择状态后，鼠标变为"I"字形，拖动鼠标，选定当前页中欲复制的文本内容。

(3)执行菜单命令"编辑"→"复制"或执行单击鼠标右键出现的快捷菜单命令，如图 2-68 所示，将被选中的文字复制到剪贴板中。

(4)文字复制完毕后，切换到记事本，在记事本的界面中，执行菜单命令"编辑"→"粘贴"，即可将在 PDF 文件中选择的文字粘贴到文本文件中。

> **提示**
>
> PDF(Portable Document Format)文件格式是 Adobe 公司开发的电子文件格式。这种文件格式与操作系统平台无关，PDF 文件不管是在 Windows、Unix 还是在苹果公司的 Mac 操作系统中都是通用的。这一特点使它成为在 Internet 上进行电子文档发行和数字化信息传播的理想文档格式。越来越多的电子图书、产品说明、公司文告、网络资料、电子邮件开始使用 PDF 格式文件。PDF 格式文件目前已成为数字化信息事实上的一个工业标准，如图 2-69 所示。

图 2-68　文字处理窗口　　　　　　图 2-69　　PDF 文件

 习题 2

1. 单项选择题

(1)在 Windows 中，以下说法正确的是(　　)。

A. 双击任务栏上的日期/时间显示区，可调整机器默认的日期或时间

B. 如果鼠标坏了，将无法正常退出 Windows

C. 如果鼠标坏了，就无法选中桌面上的图标

D. 任务栏总是位于屏幕的底部

(2)在 Windows 中，以下说法正确的是(　　)。

A. 关机顺序是：退出应用程序，回到 Windows 桌面，直接关闭电源

B. 在系统默认情况下，右击 Windows 桌面上的图标，即可运行某个应用程序

C. 若要重新排列图标,应首先双击鼠标左键

D. 选中图标,再单击其下的文字,可修改文字内容

(3)在 Windows 中,从 Windows 图形用户界面切换到"命令提示符"方式以后,再返回到 Windows 图形用户界面下,可以键入(　　　)命令后回车。

A. Esc　　　　　　B. exit　　　　　　C. CLS　　　　　　D. Windows

(4)在 Windows 中,可以为(　　　)创建快捷方式。

A. 应用程序　　　　B. 文本文件　　　　C. 打印机　　　　D. 三种都可以

(5)操作窗口内的滚动条可以(　　　)。

A. 滚动显示窗口内菜单项

B. 滚动显示窗口内信息

C. 滚动显示窗口的状态栏信息

D. 改变窗口在桌面上的位置

(6)在 Windows 中,若要退出一个运行的应用程序,(　　　)。

A. 可执行该应用程序窗口的"文件"菜单中的"退出"命令

B. 可用鼠标右键单击应用程序窗口空白处

C. 可按【Ctrl+C】键

D. 可按【Ctrl+F4】键

(7)搜索文件时,用(　　　)通配符可以代表任意一串字符。

A. *　　　　　　　B. ?　　　　　　　C. 1　　　　　　　D. <

(8)Windows 7 属于(　　　)。

A. 系统软件　　　　B. 管理软件　　　　C. 数据库软件　　　　D. 应用软件

(9)双击一个窗口的标题栏,可以使得窗口(　　　)。

A. 最大化　　　　　B. 最小化　　　　　C. 关闭　　　　　D. 还原或最大化

(10)将文件拖到回收站中后,则(　　　)。

A. 复制该文件到回收站

B. 删除该文件,且不能恢复

C. 删除该文件,但能恢复

D. 回收站自动删除该文件

2. 简答题

(1)为什么说在删除程序时,不能仅仅把程序所在的目录删除?

(2)如何改变任务栏的位置?

(3)如何设置任务栏属性?

(4)如果用户不习惯使用 Windows 的"开始"菜单,如何自定义格式?

(5)如何使用 Windows 的记事本建立文档日志,用于跟踪用户每次开启该文档时的日期和时间(指计算机系统时间)?

(6)如何使命令提示符窗口设置为全屏方式?

3. 填空题

(1)Windows 预装了一些常用的小程序,如画图、写字板、计算器等,这些一般都位于"开始"菜单中_____菜单下。

(2)记事本是一个用来创建简单文档的基本的文本编辑器,最常用来查看或编辑文本文

件,生成_____文件。

(3)在记事本和写字板中,若创建或编辑对格式有一定要求的文件,则要使用_____。

(4)在任务栏的右键快捷菜单中,选中"锁定任务栏"命令,则任务栏被锁定在桌面的_____位置,同时任务栏上的工具位置及大小_____。

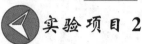 实验项目 2

实验 1　启动和退出应用程序
实验 2　窗口、菜单和对话框的综合应用
实验 3　使用右键快捷菜单方式新建文件夹
实验 4　文件夹的移动
实验 5　管理文件和文件夹
实验 6　搜索文件并设置文件夹属性综合应用
实验 7　写字板文字设置基础
实验 8　写字板文档编辑
实验 9　在画图程序中绘制"草莓"图形
实验 10　为计算机设置屏幕保护程序
实验 11　设置个性化桌面
实验 12　创建标准用户账户

 拓展在线学习 2

第3章 Word 2010 文字处理

【内容提要】

Word 的基本功能大致分为三个部分,即内容录入与编辑、内容的排版与修饰美化、效率工具。本章围绕这三个部分做重点介绍。虽然 Word 的功能和技术日趋复杂,频频升级,但基本上都是围绕上述三个部分做锦上添花的工作,学习时可根据实际需要对各种功能加以整合。

第一个在 Windows 上运行的 Word 1.0 版出现在 1989 年,经过三十多年的不断发展,Word 已由一个简单的文字处理软件发展成为一个功能全面,可以排出精美的书报、杂志版面的桌面排版系统,许多功能能够和专业的印刷排版系统相媲美。

3.1 Word 的基本操作

这里先介绍 Word 2010 的操作界面,然后介绍 Word 2010 文档的基本操作,包括新建、保存、打开和关闭文档,并简要介绍 Word 2010 中的文字输入与编辑。

3.1.1 启动和退出 Word 2010

1. 启动 Word 2010

在 Windows 7 系统环境中,与大多数 Windows 应用程序一样,启动 Word 2010 主要有以下 3 种方法:

(1)Word 2010 安装后,安装向导会在"开始"菜单中创建程序组,如图 3-1 所示。在"开始"菜单"所有程序"中可启动 Microsoft Word 2010。

(2)在桌面上按右键,在弹出的快捷菜单中选择"新建"→"Microsoft Word 文档",这时在桌面上出现"新建 Microsoft Word 文档"命名的文件,再右击该文档(也可以双击该文件),选择"打开",如图 3-2 和图 3-3 所示。

(3)双击 Word 图标启动,即通过双击资源管理器或桌面上的 Word 文档来启动。双击 Word 文档默认图标 W ,即可启动 Word 2010,并打开被双击的文档。

> ⟩ **提示**
>
> Windows 7 之所以能通过双击 Word 文档就可以自动启动 Word,并在程序窗口中打开该文档,是因为在安装该应用程序的时候,系统建立了后缀名为.docx 的文件与 Word 2010 应用程序的关联。
>
> 单击"开始"→"控制面板"→"程序"→"默认程序"→"将文件类型或协议与程序关联",如图 3-4 所示。建议在没有弄清扩展名与程序的关联前,不要修改默认关联,以免文件打开错误。

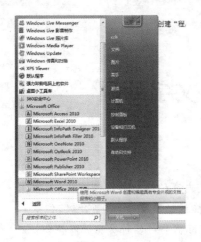  

图 3-1　Word 2010 启动　　　图 3-2　桌面新建 Word 文档　　　图 3-3　打开新建文档

2. 退出 Word 2010

(1)使用功能区退出命令。选择"文件"→"退出"命令,即可退出 Word 2010 应用程序。

(2)使用控制菜单。单击 Word 程序窗口标题栏最左侧的 Word 图标,打开如图 3-5 所示的控制菜单,选择"关闭"选项;或者直接按下【Alt+F4】组合键,即可退出。

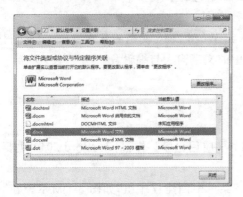 

图 3-4　文件类型关联　　　　　　　　图 3-5　左上角控制菜单

(3)使用"关闭"按钮。在应用程序标题栏的最右侧有一个"关闭"按钮,单击该按钮也可以关闭 Word 2010 应用程序。

当打开或建立多个 Word 文档时,Word 2010 会同时打开多个应用程序窗口。这时除了用第一种方法可以将全部 Word 窗口关闭外,其他方法只能关闭当前窗口。

在发出关闭 Word 2010 命令后,如果文档经过新的改动还没有保存,那么 Word 2010 会显示一个提示对话框,如图 3-6 所示。该对话框中的"保存"表示保存新的修改后退出;"不保存"表示放弃保存新的修改而直接退出;"取消"则不退出 Word,返回继续操作 Word。

(4)在任务栏的 Word 图标上右击,从弹出的快捷菜单中单击"关闭所有窗口",如图 3-7 所示,即可退出 Word。

3.1.2　Word 2010 的操作环境

当启动 Word 2010 后,便可以看到如图 3-8 所示的工作窗口。该窗口大致可分成标题栏、"文件"选项卡、功能区、"导航"窗格、标尺、编辑区、垂直滚动条、水平滚动条和状态栏等几个主要组成部分。在 Word 窗口的编辑区中可以对创建或打开的文档进行各种编辑和排

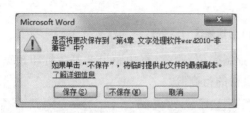

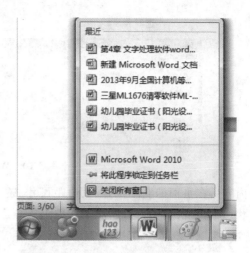

图 3-6　保存提示　　　　　　　　　图 3-7　单击"关闭所有窗口"

版的操作。

（1）标题栏。标题栏位于 Word 窗口的顶部，其中左端有控制菜单图标 ，快速访问工具栏 ，中间有编辑的文档名和程序名称"Microsoft Word"，右端有一组窗口控制按钮，包括"最小化"按钮 、"最大化"按钮 或"还原"按钮 和"关闭"按钮 。

快速访问工具栏集中了 Word 文档操作最常用的几个命令按钮，默认包括"保存""撤消""恢复"等。单击图 3-9 中的"自定义快速访问工具栏"可添加其他命令按钮。

当 Word 窗口非最大化时，用鼠标拖动标题栏可在桌面上任意移动 Word 窗口。

（2）"文件"选项卡。"文件"选项卡的主要内容是 Office 2003 以前的版本对文档的基本操作命令，包括新建文档、保存文档、打印文档以及"信息"和"最近所用文件"等操作，还可以通过"选项"操作对 Word 软件进行各项设置。

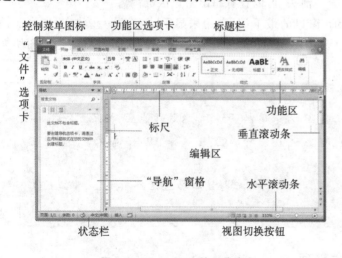

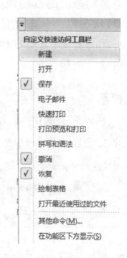

图 3-8　Word 2010 的工作窗口　　　　图 3-9　自定义快速访问工具栏

（3）功能区。Word 2010 标题栏下方区域是功能区，如图 3-10 所示。它替代了早期 Word 窗口中的菜单和工具栏。为了方便浏览，功能区包含若干个围绕特定方案或对象进行组织的选项卡，并把每个选项卡细化为几个组。

（4）标尺。标尺有水平标尺和垂直标尺两种，位于编辑区的上方和左侧，用来显示编辑

图 3-10　Word 2010 的功能区

内容所在页面的实际位置、页边距尺寸,还可以设置制表位、段落、页边距尺寸等。打印预览状态中出现的垂直标尺,用于调整上下页边距和表格的行高等。

> **提示**
>
> 　　Word 2010 在默认情况下不显示标尺。若要显示标尺,需要选择"视图"选项卡中的"标尺"选择项。通过该选择项可以控制是否在屏幕上显示标尺。

　　(5)编辑区。Word 编辑区(或称工作区)是指位于水平标尺以下和状态栏以上的区域。在工作区中可打开一个或多个文档并对它进行录入、编辑或排版等工作。每个文档有一个独立窗口。

　　当 Word 启动后就自动创建一个名为"文档×(×为自然数)"的空文档,在工作区的插入点键入文本,每键入一个字符插入点自动向右移动一格。在编辑文档时,可以移动"I"形鼠标指针并单击一下来改变插入点的位置,也可使用光标移动键来使插入点移到所希望的位置。在普通视图下,文档最后还会出现一小段水平横条,称为文档结束标记(文末符)。

　　(6)滚动条。滚动条包括垂直滚动条和水平滚动条,分别位于编辑区的右侧和下方,通过拖动滚动条上的滚动块或单击滚动箭头,可以查看超出窗口区的内容。

　　(7)状态栏。状态栏位于 Word 窗口的最下端,它用来显示当前的一些状态,如当前插入点所在的页面、文档字数总和以及当前 Word 的工作状态信息。状态栏右端是视图切换按钮和显示比例按钮。

> **提示**
>
> 　　如果要缩小/扩大窗口工作区,可采用以下显示/隐藏功能区、标尺方法:①单击功能区右上角的按钮△,就可显示/隐藏功能区;②选择"视图"选项卡,选择"标尺"选择项可显示/隐藏标尺。
>
> 　　隐藏了功能区和标尺后,窗口上只剩下标题栏和功能区选项卡了,窗口的工作区得到了扩大。

3.1.3　Word 2010 的文件管理

1. 创建新文档

　　启动 Word 2010 后,系统会自动创建一个暂时命名为"文档 1"的空文档,Word 对新建的空文档以创建的顺序,依次命名为"文档 1""文档 2""文档 3"等。

　　除了这种自动创建文档的办法外,在编辑文档的过程中还需另外创建一个或多个新文

档时,有以下几种创建方法:

(1)通过"文件"选项卡:单击"文件"选项卡的"新建"命令,在中间窗格中选择要使用的模板,再单击右侧的"创建"按钮。

(2)通过快速访问工具栏:单击标题栏左侧的"自定义快速访问工具栏"按钮 ,从中选择"新建"命令,这时"新建"命令按钮 就被添加到快速访问工具栏中,这时单击该按钮即可创建空白文档。

(3)利用组合键:按【Ctrl+N】组合键。

(4)利用组合键:按【Alt+F】组合键,打开"文件"下拉菜单,再按字母【N】键,出现如图 3-11 所示的任务窗格,选择"空白文档"。

2.打开文档

打开文档就是将存储在磁盘的文档调入内存的过程。打开单个 Word 2010 文档的方法有以下几种:

(1)在桌面或"计算机"中直接双击要打开的 Word 文档。

(2)在 Word 2010 工作窗口中单击"文件"选项卡中的"打开"命令。

(3)通过快速访问工具栏:单击标题栏左侧的"自定义快速访问工具栏"按钮 ,从中选择"打开"命令,这时"打开"命令按钮 就被添加到快速访问工具栏中,单击该按钮即可。

(4)按【Ctrl+O】组合键。

使用方法(2)、(3)和(4)时,会出现如图 3-12 所示的对话框。如果要打开的文档名不在当前文件夹中,可从"查找范围"下拉列表中选择文档所在的磁盘,在文件列表中,双击文档所在的文件夹,选定要打开的文档,再单击右下方的"打开"按钮。

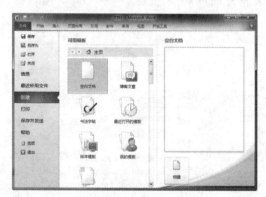

图 3-11　"新建"文档任务窗格

图 3-12　"打开"对话框

3.保存文档

保存文档是指将驻留在内存中的信息写入磁盘文件的过程。文档的保存方法与文档是否为新建的或打开后是否修改过有关。

新文档和文档换名保存的具体操作步骤如下:

(1)新文档的保存可以单击快速访问工具栏上的"保存"按钮 ,或者单击"文件"选项卡中的"保存"命令。如果给正在编辑的文档换名保存,需要选择"文件"选项卡中的"另存为"命令。它们都会弹出如图 3-13 所示的"另存为"对话框。

(2)默认情况下,Word 将文档保存在系统"文档"文件夹中;也可以从左侧的导航窗格中选择相应的选项或选择相应的驱动器及所属文件夹,保存到其他文件夹中。

(3)在"文件名"后的文本框中输入一个新文件名(缺省为"文档 1"或"文档 2"……),Word 2010 文档的扩展名默认是.docx。

(4)单击"保存"按钮。

文档的换名保存,实际是把当前正在编辑的文档用另外一个新的文档名保存在磁盘上,不覆盖磁盘原文档内容,可以起到文档备份的作用。

Word 2010 软件保存文档的默认扩展名是.docx,这是 Word 2007 及以后版本采用的默认格式,该格式不能在更早期版本的 Word 软件中打开。而 Word 2003 生成的.doc 格式文档,可以在 Word 2007 及以后版本中兼容打开。

4."另存为"命令的其他功能

(1)如果需要对文件进行保护,如加密、解密或其他操作,可以通过单击"另存为"对话框中的"工具"按钮,选择其中的"常规选项",在"常规选项"对话框中进行"打开文件时的密码"和"修改文件时的密码"的设置。

(2)"文件"选项卡中"另存为"命令的另一个作用,是当新建文档在存盘过程中由于疏忽大意,而将文档存放在了某一未知位置,此时可选择"文件"选项卡中的"另存为"命令,弹出如图 3-13 所示的"另存为"对话框,显示当前文档的所在位置。

5. 自动保存时间间隔的设置

Word 2010 提供了自动保存的功能,系统能每隔一段时间就自动保存一次。设置步骤如下:

(1)选择"文件"选项卡中的"选项"命令,打开"Word 选项"对话框。

(2)单击"保存"标签,然后选中"保存自动恢复信息时间间隔"复选框,在"分钟"增量框中输入时间间隔数,如图 3-14 所示。

图 3-13 "另存为"对话框   图 3-14 "Word 选项"对话框的"保存"标签

(3)单击"确定"按钮。

3.1.4 Word 2010 文档编辑

1. 对象的选定

对象的选定是编辑文档的先导操作,只有选定了操作对象,才能够对其进行移动、复制、删除等编辑操作。在 Word 2010 中,被选中的文本将反色着重显示。使用鼠标或键盘,都可以选定对象。

(1)用鼠标选定对象。表 3-1 列出了用鼠标选择文本的常用方法。

表 3-1　用鼠标选择文本的常用方法

选 择 文 本	操 作 方 法
任意数量连续的文本	在文本起始位置单击,按住鼠标左键并拖过要选定的正文
选定大范围的文本	单击选定文本块的起始处,按住【Shift】键,单击选定块的结尾处
一个单词	双击该单词
一个句子	按住【Ctrl】键,然后在该句中任何位置单击鼠标
一行文本	在该行左侧的选定区(鼠标形状呈 ⬈ 状的区域)单击
一个段落	在该段左侧的选定区双击,或在该段内任意位置三击鼠标
多个段落	在选定区双击首段或末段,按住鼠标左键并向下或向上拖动
整个文档	在选定区三击

(2)用键盘选定对象。表 3-2 列出了用键盘选择文本的常用方法。

表 3-2　用键盘选择文本的常用方法

选 择 文 本	操作方法(组合键)
插入点右侧一个字符	Shift ＋→
插入点左侧一个字符	Shift ＋←
一个单词结尾	Ctrl ＋ Shift ＋→
一个单词开始	Ctrl ＋ Shift ＋←
至行尾	Shift ＋ End
至行首	Shift ＋ Home
至下一行	Shift ＋↓
至上一行	Shift ＋↑
至段尾	Ctrl ＋ Shift ＋↓
至段首	Ctrl ＋ Shift ＋↑
下一屏	Shift ＋ Page Down
上一屏	Shift ＋ Page Up
文档开始处	Ctrl ＋ Shift ＋ Home
文档结尾处	Ctrl ＋ Shift ＋ End
整篇文档	Ctrl ＋ A,Ctrl＋小键盘上数字键 5
矩形文本块	Ctrl＋Shift＋F8,再用箭头键进行选择,按 Esc 键取消选定模式

(3)用鼠标和键盘结合选定。表 3-3 列出了用键盘和鼠标结合选择对象的常用方法。

表 3-3　用鼠标和键盘结合选择对象的常用方法

选 择 对 象	操 作 方 法
多个图形	在按住【Shift】键的同时单击各图形
矩形文本块	按住【Alt】键,然后将鼠标拖过要选定的文本

在编辑文档时,Word 会保留更改记录,因此可以恢复修改前的状态。如果发生误操作,可以用【Ctrl+Z】组合键恢复最近一次操作,单击快速访问工具栏中 的小三角,则出现下拉列表,可以显示打开文档以前的操作复原点,单击需要的复原点就可以复原到相应的状态。

2. 查找与替换

在文档的编辑过程中,经常需要在文档中快速找到某些内容,或需要对某些内容进行替换。尤其在较长的文档中,如果手工逐字逐句查找或替换,不仅费时费力,而且容易发生遗漏。利用查找和替换功能可方便地在整篇文档或指定的范围内查找字、词、句或带有格式的文字,并进行批量替换。

1)查找

在"开始"选项卡"编辑"组中单击"查找"按钮,或通过组合键【Ctrl+F】打开"导航"窗格,在窗格中输入需要查找的内容,系统将在文档中将所有匹配的结果以高亮背景显示,如图 3-15 所示。同时在"导航"窗格中显示匹配项的个数,此时可以通过单击匹配项快速定位到指定位置。

2)替换内容

①在"开始"选项卡的"编辑"组中单击"替换"按钮,打开"查找和替换"对话框,如图 3-16 所示,或者通过组合键【Ctrl+H】打开"查找和替换"对话框。

②在"查找内容"文本框内输入要搜索的内容。

图 3-15 执行查找命令结果

图 3-16 替换命令

③在"替换为"文本框内输入替换后的内容。

④单击"查找下一处",查找内容将被突出显示。此时,如果单击"替换"按钮,则查找内容将依次被替换。若单击"全部替换"按钮,则可完成在搜索范围内的一次性替换。

还可以通过单击"查找和替换"对话框中的"更多"按钮,对要查找或替换的文本内容的格式进行更精确和具体的设置。

3)替换格式

例如需要将文档中所有的字母符号设置为红色、加粗,则可以通过以下操作实现。

①将光标定位在"查找内容"文本框中。

②单击对话框左下角的"更多"按钮后,单击"特殊格式"按钮,在其下拉列表中选择"任意字母",则系统输入"^$"。

③将光标定位在"替换为"文本框,不需要输入任何内容,单击"格式"按钮,在下拉列表中选择"字体"。

④在"替换字体"对话框中,修改字体为红色、加粗。返回"查找和替换"对话框,此时,"替换为"文本框中下方则出现刚才设置后的格式。

⑤单击"全部替换"按钮,文中所有英文字母都被设置为红色、加粗。

3. 复制与粘贴

复制与粘贴是一种利用剪贴板完成的操作。对于需要重复一些前面已经输入过的文本,使用复制与粘贴可减少重复劳动,提高效率。一般包括以下 4 个步骤:

(1)选定被复制的文本。

(2)将已选文本复制到剪贴板,可用以下三种方法之一。

①单击"开始"选项卡中"剪贴板"组中的"复制"按钮 复制 。

②按【Ctrl＋C】组合键。

③在选定的文本上单击鼠标右键,在弹出的快捷菜单中选择"复制"命令。

(3)定位插入点。

(4)将剪贴板上的内容粘贴到指定位置,可用以下三种方法之一。

①单击"开始"选项卡中"剪贴板"组中的"粘贴"按钮。

②按【Ctrl＋V】组合键。

③在插入点单击鼠标右键,在弹出的快捷菜单中选择"粘贴"命令。

> **提示**
>
> 　　若需复制的文本块较小且复制的目标位置就在同一屏幕中,先选定文本块,再按住【Ctrl】键并拖动鼠标到目标位置时,依次松开鼠标、【Ctrl】键。

4. 粘贴选项

以上提到的粘贴功能,只能粘贴最近一次复制的内容。使用"选择性粘贴"功能实现更灵活的复制粘贴操作。

(1)在文档窗口,选中需要复制或剪切的文本或对象,执行"复制"或"剪切"操作。

(2)在"开始"选项卡的"剪贴板"组中单击"粘贴"按钮下方的下拉三角按钮,出现如图 3-17 所示的粘贴选项。

单击"选择性粘贴"命令,在打开的如图 3-18 所示的"选择性粘贴"对话框中选中"粘贴"单选框,然后在"形式"列表中选中一种粘贴格式,例如,选中"HTML 格式",并单击"确定"按钮。

在 Word 2010 中若采用"编辑"→"Office 剪贴板"的操作,则最多可以进行 24 次不同内容的粘贴,并可以显示剪贴板上的缩略信息,如图 3-19 所示。

3.1.5　文本的输入与编辑

1. 新建文档

打开 Word 2010,新建空白文档,如图 3-20 所示。文档的标题是"文档 1-Microsoft Word"。

2. 保存新文档

单击快速访问工具栏上的"保存"按钮,弹出"另存为"对话框,如图 3-21 所示。设定保存位置,系统默认的保存位置是"文档库"文件夹。输入文件名"护理专业简介",保存类型采

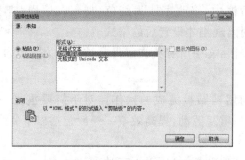

图 3-17 粘贴选项	图 3-18 "选择性粘贴"对话框	图 3-19 Office 剪贴板

用系统默认的 Word 文档。完成之后单击"保存"按钮。保存操作之后,标题栏变更为"护理专业简介-Microsoft Word"。

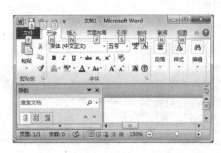

图 3-20 新建空白文档

图 3-21 "另存为"对话框

3.录入文档内容

输入文字时先不用设置字符和段落格式,录入过程中最好不要用空格控制版面。录入一定数量的文字之后,单击快速访问工具栏上的"保存"按钮,以防意外关机丢失数据。录入过程中综合运用文档的编辑操作,加快录入的速度。

录入时包含中英文和特殊符号。录入方法如下:

(1)启动 Word 后,默认的输入状态是英文。输入汉字时,要先选择中文输入法。

(2)输入标点符号。

中英文标点的输入是不一样的,默认状态下为英文标点输入状态。在英文标点状态下,所有标点与键盘的按键一一对应;在中文标点状态下,常用中文标点符号和键盘的对照关系如表 3-4 所示。当选择好输入法后,可以看到输入法状态栏 。其中 为中文标点输入状态, 为英文标点输入状态, 为半角状态, 为全角状态, 为软键盘。用【Ctrl+.】组合键可以进行中/英文标点切换。

表 3-4 常用中文标点与键盘符号对照表

键盘符号	,	.	\	^	—	"	'	<>
中文标点	,	。	、	……	——	" "	' '	《 》
	逗号	句号	顿号	省略号	破折号	双引号	单引号	书名号

(3)插入符号。

在输入文本过程中经常遇到键盘上没有提供的特殊符号,可利用 Word 的"符号"功能解决问题,具体操作步骤如下:

①选择"插入"选项卡中的"符号"组,单击"符号"按钮,出现如图 3-22 所示的"符号"菜单。

②单击"符号"菜单上的某一符号,可以在插入点处插入该符号。

符号工具栏上的符号数量不够丰富,若要使用种类较多的符号,可调出 Word 2010 内备的符号集,具体操作步骤如下:

①将插入点移到文档中要插入符号的位置。

②选择"插入"选项卡中的"符号"组,单击"符号"按钮,出现如图 3-22 所示的"符号"菜单,选择下方"其他符号"命令,出现如图 3-23 所示的"符号"对话框。"符号"对话框中有"字体"和"子集"两个列表框,用户可以选择不同的字体和子集。

图 3-22 "符号"菜单

图 3-23 "符号"对话框

③在"符号"对话框的中部显示了可供选择的符号。用鼠标单击所需的符号,就可以放大显示该符号。

④单击"插入"按钮,可以在插入点处插入该符号。

⑤单击"关闭"按钮关闭对话框。

利用"符号"对话框中的"特殊字符"标签可以插入特殊字符,如版权符号、注册商标符号等。

(4)文本的删除。

将光标定位到需要删除的文本处,按【Delete】键删除光标之后的字符,按【Backspace】键删除光标之前的字符。当删除较多的文本时,先选定所要删除的对象,再按【Delete】键或【Backspace】键,可提高删除文本的效率。

(5)文本的移动和复制。

在 Word 中移动和复制文本的方法有多种,其操作方法与 Windows 中的剪切和复制操作相同。

(6)撤消和恢复。

单击快速访问工具栏中的"撤消"按钮 ,可撤消上一次操作。若要撤消多次操作,则单击按钮右侧的下拉按钮,可在列表中查看和选择需要撤消的操作。使用组合键【Ctrl+Z】也可以执行撤消操作。

与撤消相对应,单击快速访问工具栏中的"恢复"按钮 ,可恢复最近一次的撤消操作,单击按钮右侧的下拉按钮,则可查看和选择需恢复的多次撤消操作。也可使用组合键【Ctrl ＋Y】执行恢复操作。

4.关闭文档

按如图 3-24 所示内容录入完成或者文件编辑完成之后,必须按要求关闭 Word,确保所有内容保存完毕。

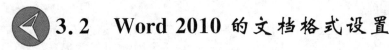

图 3-24   文档内容录入

3.2   Word 2010 的文档格式设置

3.2.1   字符的格式化设置

1.使用字体工具——快速设置字符格式

设置字符格式是指对汉字、字母、标点符号、数字和其他符号设置某种格式或属性,可以利用"字体"工具组或"字体"对话框进行设置。对即将输入的文本可以先设置其字体格式,再输入。而对于已有的文本,则需要先选定文本,再设置其格式。

利用"开始"选项卡的"字体"组,如图 3-25 所示,可以快速地设置文字格式,例如字体、字号、字形等。选中需要改变字体和字号的内容后,分别在"字体"工具组中的字体和字号下拉列表中选择需要的字体和字号。

2.使用"字体"对话框——全面格式化字符

对于一些比较复杂的字体格式,则要通过"字体"对话框来进行设置,如图 3-26 所示。选择"开始"选项卡"字体"工具组右下角的小箭头;或在文档窗口内单击右键,从弹出的快捷菜单中单击"字体"命令,打开"字体"对话框(或按【Ctrl＋D】组合键)。

(1)选中需要设置格式的文本。

(2)执行"开始"→"字体"命令,打开"字体"对话框,如图 3-26 所示。

(3)在"中文字体"下拉列表框中设置中文字体样式,常用的中文字体有宋体、楷体、黑体、仿宋、隶书等。

(4)在"西文字体"下拉列表框中设置西文字体样式。

(5)在"字形"列表框中选择需要的字形,常见的有加粗、倾斜、加粗且倾斜。

(6)在"字号"列表框中选择所需的字号大小。有用汉字表示的字体大小,数字越大字越小,例如,五号字小于四号字;用数字表示的字体大小,数字越大字越大。

(7)在"字体颜色"下拉列表框中选择需要的文字颜色。

(8)在"下划线线型"下拉列表框中选择所需的下划线线型,常见的有双实线、单实线、虚线、波浪线等。

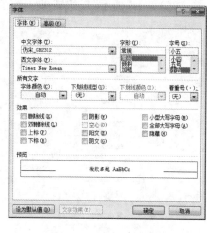

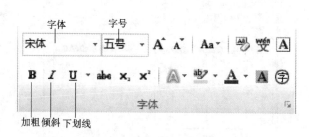

图 3-25　"字体"工具组

图 3-26　"字体"对话框

（9）设置完成后，单击"确定"按钮即可。

3．使用格式刷——复制字符格式

使用格式刷复制字符格式的操作步骤：先将光标停放在已经设置好格式的字符前，单击"开始"选项卡"剪贴板"组中的"格式刷"按钮 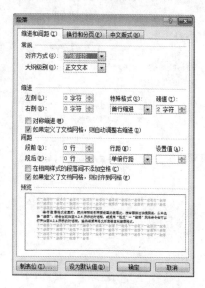，这时鼠标的指针变成刷子，然后拖动或单击需要设置格式的字符，即可把格式复制过来。

> **提示**
>
> 单击"格式刷"，只可以设置一次，刷子状的鼠标就会消失；双击"格式刷"，可连续设置多次格式，直到取消选择格式刷。快捷键：复制格式【Ctrl＋Shift＋C】；粘贴格式【Ctrl＋Shift＋V】。

3.2.2　段落的格式化设置

进行段落格式设置时，把光标移动到需要设置的段落处，按右键弹出快捷菜单，从中选择"段落"，将会出现如图 3-27 所示的对话框；或采用"开始"→"段落"工具组右下角命令也可以打开上述对话框。当然，也可以采用格式刷直接复制段落格式。

3.2.3　页面设置

页面设置是指对文档页面布局的设置，主要包括纸张大小、页边距、版式、文档网络。

图 3-27　"段落"对话框

1．设置页面纸张大小

（1）执行"页面布局"→"纸张大小"命令，打开"纸张大小"菜单。

（2）单击需要的菜单项，如图 3-28 所示。

（3）若要自定义纸张大小，可以选择"其他页面大小"，在弹出的如图 3-29 所示的"页面设置"对话框中的"宽度"和"高度"数值框中输入数值。

(4)单击"确定"按钮即可。

图 3-28　页面纸张大小设置

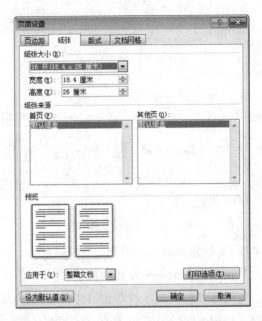

图 3-29　"页面设置"对话框("纸张"选项卡)

2. 设置页边距

(1)执行"页面布局"→"页边距"命令,打开"页边距"菜单。

(2)选择需要的菜单项,如图 3-30 所示。

(3)若要自定义页边距,可以单击"自定义边距",在弹出的如图 3-31 所示的"页面设置"对话框中设置上、下、左、右的边距值。

(4)在"纸张方向"选项组中选择"纵向"或"横向"显示页面。

(5)单击"确定"按钮即可。

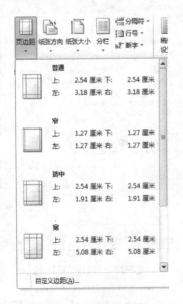

图 3-30　页边距设置

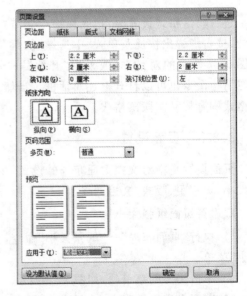

图 3-31　"页面设置"对话框("页边距"选项卡)

3.分页与分节

（1）分页。

文档排版过程中，若文字已录满一个页面并继续录入时，Word 会自动跳转到一个新页面，即自动分页，新页面具有相同的页边距和纸张大小等相关信息。有时要将某段文本放在下一页中（即需要强制分页），可以通过在文档中插入一个分页符来实现。具体步骤如下：

①将插入点移到要强制分页的位置。

②按【Ctrl ＋ Enter】组合键。也可选择"插入"选项卡"页"组"分页"按钮，或者选择"页面布局"选项卡"页面设置"组"分隔符"按钮，弹出"分隔符"下拉式菜单，如图 3-32 所示。

③在"分隔符"菜单中，选定"分页符"，Word 就会在当前插入点位置处插入一个分页符。

在草稿视图中，人工分页符是一条带有"分页符"字样的水平虚线。删除分页符时，只要把插入点移到人工分页符的水平虚线中，按【Delete】键即可。

（2）分节。

节是文档中可以独立设置某些页面格式的部分，用户可以按自己的风格在一个文档中分多个节，每一节可以设置不同的版式，比如一个文档可设置不同纸张。

①插入分节符：打开如图 3-32 所示的"分节符"下拉式菜单，根据需要，选择其中一项即可。其中："下一页"表示插入一个分节符，新节从下一页开始；"连续"表示插入一个分节符，新节从同一页开始；"奇数页"或"偶数页"表示插入一个分节符，新节从下一个奇数页或偶数页开始。

②删除分节符：选择"视图"选项卡"文档视图"组，将视图方式设置为"草稿"视图，这时可以看到分节符标记，将插入点移到分节符标记处，按【Delete】键或退格键就可以删除分节符。其他分隔符的删除也可以采用此方法。

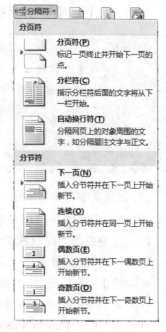

图 3-32　分页符与分节符

3.2.4　设置边框和底纹

1.设置文字与段落边框

选中要设置边框的文字，单击"页面布局"→"页面背景"→"页面边框"命令，会出现"边框和底纹"对话框，选择"边框"选项卡，如图 3-33 所示，在"设置"区域选中"无"选项。

2.设置页面边框

打开 Word 2010 文档窗口，将插入点光标移动到需要设置边框的页面中。单击"页面布局"→"页面背景"→"页面边框"命令，会出现"边框和底纹"对话框，选择"页面边框"选项卡，如图 3-34 所示，在"设置"区域选中"方框"选项。

单击"艺术型"下拉三角按钮，在艺术型边框列表中选择合适的边框类型，并设置颜色和宽度。

单击"应用于"下拉三角按钮，在下拉列表中选择页面边框的设置范围。用户可以选择"整篇文档"、"本节"、"本节-仅首页"和"本节-除首页外所有页"4 种范围，设置完毕，单击"确定"按钮即可。

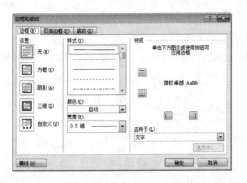

图 3-33　边框设置对话框

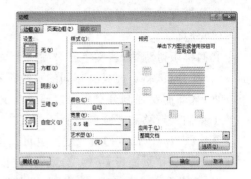

图 3-34　页面边框设置对话框

> **提示**
>
> 　　如果用户需要设置 Word 2010 文档页面边框与页边距的位置，可以单击"边框和底纹"对话框中的"选项"按钮，打开"边框和底纹选项"对话框，在"测量基准"下拉列表中选中"页边"选项；在"边距"区域分别设置上、下、左、右边距数值，并单击"确定"按钮。返回"边框和底纹"对话框，单击"确定"按钮使页面边框和页边距设置生效。

3. 设置文字与段落底纹

在 Word 2010 中可以设置底纹的颜色和图案等，为字符添加底纹的操作步骤如下：

(1)选定要添加底纹的字符或段落。

(2)单击"页面布局"→"页面背景"→"页面边框"命令，会出现"边框和底纹"对话框。

(3)单击"底纹"选项卡，如图 3-35 所示。

(4)在"填充"选项组中选择底纹的底色。

(5)在"样式"列表框中选择底纹的图案样式。

(6)在"颜色"列表框中选择底纹的颜色。

(7)在"应用于"列表中选择"文字"或"段落"选项。

(8)单击"确定"按钮即可。

3.2.5　特殊排版方式

1. 竖排文字

打开一篇文档，单击"页面布局"选项卡上"文字方向"按钮，打开如图 3-36 所示的菜单，选择任一种格式。如想进一步设置，可以单击菜单上的"文字方向选项"，打开如图 3-37 所示的对话框。

2. 分栏排版

创建分栏的具体操作步骤：先将插入点移到要分栏的节内，单击"页面布局"选项卡"页面设置"组中的"分栏"按钮，在如图 3-38 所示的下拉式菜单中选择合适的划分的栏数。如想进一步设置，可以单击菜单中的"更多分栏"，打开如图 3-39 所示的"分栏"对话框。

在"预设"框中，单击要使用的分栏样式。在"宽度和间距"区，可以输入各栏的宽度和间距。选中"分隔线"复选框可以在栏间加上分隔线，在"应用于"列表中选择应用范围是"整篇文档"或"插入点之后"，最后单击"确定"按钮。只有在"页面视图"或"打印预览"下才能显示

图 3-35　底纹设置对话框　　图 3-36　文字方向菜单　　 图 3-37　文字方向对话框

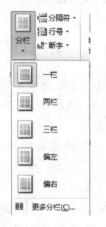

图 3-38　分栏设置

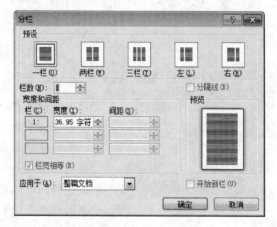

图 3-39　"分栏"对话框

分栏效果。

3. 首字下沉/悬挂

首字下沉就是通过对行首的文字进行设置,达到一种特殊的排版效果。首字下沉分为首字下沉和首字悬挂。设置首字下沉/悬挂的操作如下:

(1)将鼠标定位到需要设置首字下沉的段落中。

(2)选择"插入"选项卡→"文本"→"首字下沉"→"首字下沉选项"按钮,弹出如图 3-40 所示的对话框进行设置。

(3)选中位置中的"下沉"或"悬挂"命令后,可以对"选项"中的内容进行调整,在此可以设置字体、下沉行数、距正文距离等信息。

4. 带圈字符

带圈文字也是中文字符的一种表达形式。为了强调某些文字的作用,可以为这些文字设置带圈的字符效果,如图 3-41 所示。

设置为带圈字符效果的操作步骤:选定需要设置为带圈字符的一个字,选择"开始"选项卡→"字体"→"带圈字符"命令,打开"带圈字符"对话框,如图 3-42 所示,用户可以选择"缩小文字"或"增大圈号"等选项,单击"确定"按钮即可。

图 3-40 "首字下沉"对话框

图 3-41 带圈字符效果

图 3-42 "带圈字符"对话框

3.3 Word 2010 中的图文混排

图 3-43 形状菜单

3.3.1 绘制和编辑基本图形

Word 提供了一套强大的用于绘制图形的工具。用户可以插入现成的形状,如矩形、圆形、线条等,还可以对图形进行编辑并设置图形效果。

如果绘制的是直线、箭头、矩形或椭圆等,只需要切换到功能区的"插入"选项卡,在"插图"组中单击"形状"按钮旁向下的箭头,弹出如图 3-43 所示的菜单。从菜单中选择将要绘制的图形,在需要绘制图形的开始位置按住鼠标左键并拖动到结束为止,释放鼠标即可完成基本图形的绘制。

绘制好的图形还可以根据需要添加文字。方法是右击该图形,在弹出的快捷菜单中选择"添加文字"命令,此时插入点出现在图形的内部,接下来输入所需的文字,可以对文字进行排版。

只有在"页面视图"方式下才能在 Word 中插入图形,因此在创建和编辑图形前,应把视图切换到"页面视图"模式。

Word 提供了 8 大类约 130 种自选图形。利用"绘图工具"选项卡提供的工具,可以绘制许多简单的图形,例如,在"形状"中可以选择绘制各种线条、箭头、标记、流程图、矩形、椭圆等多种图形。在创建形状的同时,Word 2010 会显示"绘图工具"选项卡,如图 3-44 所示。

(1)创建如图 3-45 所示的形状,操作方法如下:

①单击"插入"选项卡"插图"组的"形状"按钮,选择"星与旗帜"中的"前凸带形",此时鼠标指针变成"十"字形状。

图 3-44　"绘图工具"选项卡　　　　　图 3-45　绘制图形实例

②将鼠标指针移至文档中的某一点,按住左键拖动鼠标,便画出了相应的几何图形。

> **提示**
>
> 　　如果在释放鼠标左键前按下【Shift】键,则可以成比例绘图。

图形绘制好后,往图形中添加文字,方法有两种:单击"插入"选项卡"文本"组的"文本框"按钮,或右击图形,选择快捷菜单中的"添加文字",便可以向图形中添加文字了。

同时还可以利用"绘图工具"选项卡的工具,设置图形边框线的线型、颜色,图形的填充颜色、字体颜色、阴影和三维效果等。

(2)设置自选图形(如填充颜色)。单击图 3-45 所示的自选图形,单击"绘图工具"→"形状样式"右下角的小箭头,打开"设置形状格式"对话框,可以设置自选图形的填充颜色、线条、大小、旋转角度以及版式。

(3)图形对象的组合。排版时通常需要把若干图形对象、艺术字、文本框等组合成一个大的对象,以便于进行整体移动、缩放等操作。操作步骤:按住【Shift】键不放,单击要组合的各个对象,可同时选中多个对象,再单击鼠标右键,在弹出的快捷菜单中选择"组合"子菜单中的"组合"命令即可。

3.3.2　插入和编辑图片

1. 插入剪贴画

剪贴画是 Office 2010 程序附带的一种矢量图片,Office 收藏集中包含 39 类剪贴画供选用,涉及人物、工具、建筑、标志等各个领域,精美而且实用,有选择地在文档中使用它们,可以起到美化和点缀文档的作用。插入剪贴画可以按以下操作步骤进行:

(1)将插入点移到指定位置。

(2)单击"插入"选项卡"插图"组中的"剪贴画"按钮,会弹出一个"剪贴画"任务窗格,如图 3-46 所示。

(3)在"搜索文字"文本框中输入描述所需剪辑(剪辑:一个媒体文件,包含图片、声音、动画或电影)的词汇,或键入剪辑的全部

图 3-46　"剪贴画"任务窗格

或部分文件名,并单击"搜索"按钮,下方列表框中显示所包含的剪贴画图标,选择所需的剪贴画图标,在右键快捷菜单中选择"复制"。

(4)回到文档插入点位置,在右键快捷菜单中选择"粘贴"。

> **提示**
>
> 　　老版本 Word 的剪辑管理器功能已移到 Microsoft Office 程序组当中的 Microsoft Office 2010 工具中,如果想使用剪辑管理器功能,可从桌面的"开始"→"所有程序"→"Microsoft Office"→"Microsoft Office 2010 工具"→"Microsoft 剪辑管理器"开始操作。

2. 在 Word 文档中插入剪辑库外的其他图片

可以直接将磁盘上的图像文件插入文档中。操作方法如下:

(1)单击鼠标将插入点置于要插入图片的位置。

(2)单击"插入"选项卡"插图"组中的"图片"按钮,弹出"插入图片"对话框。如果图像文件不在当前文件夹中,则需指定磁盘和文件夹,选定需要的文件,单击"确定"按钮即可。

3. 图形图像的简单处理

(1)选定图形对象。将鼠标指针指向图形,当指针变成 ✥ 形状时,单击鼠标左键,图形框线上会立即出现多个控点,称作选定或选中。

①选定单个图形。直接用鼠标单击该图形的任意位置。

②选定多个图形。用鼠标拖动扫过图片选定;单击选中第一个,然后按住【Shift】键不放,单击其余图形。

(2)图形对象的复制、移动和删除。图形对象的移动:选定需要移动的图形对象,按住鼠标左键拖曳到所需新位置。图片的复制和删除与文本的对应操作相同。

(3)图形对象的缩放。

①鼠标拖动调整图片大小。单击文档中要调整大小的图片时,其周围将出现 8 个黑色实心控制点,然后将鼠标移到图形四周的 8 个控点之一,待鼠标变成双向箭头时,按住鼠标左键拖动,会出现一个虚线框,该框表示图片缩放后的大小,如果达到了要求,即可释放左键。

②利用对话框调整图片大小(精确设置)。单击图片,选择"图片工具"下"格式"选项卡中的"大小"工具组右下角按钮,打开"布局"对话框,切换到"大小"选项卡,如图 3-47 所示,设置完成后单击"确定"按钮。

(4)设定图文混排的格式。选定要修改排版格式的图形或图片,单击图片,选择"图片工具"下"格式"选项卡中的"大小"工具组右下角按钮,打开"布局"对话框,切换到"文字环绕"选项卡,如图 3-48 所示,设置完成后单击"确定"按钮。

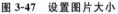

图 3-47　设置图片大小

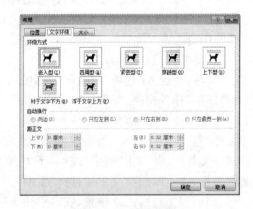

图 3-48　设置图片版式

(5)图形的叠放次序。当两个或多个图形对象重叠在一起时,最后绘制的图形总是覆盖以前的图形。这时就需要利用"图片工具"下"格式"选项卡"排列"组的"位置"按钮或鼠标右键菜单来调整各图形之间的叠放次序。

选定要调整叠放次序的图形,单击"图片工具"下"格式"选项卡"排列"组的"位置"按钮,或在选定的图形上单击鼠标右键,把指针移到快捷菜单中的"置于顶层"或"置于底层"命令,弹出级联菜单,如图 3-49 所示。选择级联菜单中相应的命令,例如"上移一层"等。

4. 其他属性设置

无论是绘制的几何图形还是插入的图形文件,都可以通过右击图形,选择快捷菜单中的"设置图片格式"命令,在弹出的"设置图片格式"对话框中进行图片格式设置,如图 3-50 所示。

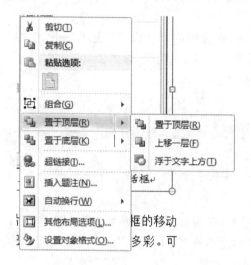

图 3-49　图片快捷菜单

图 3-50　"设置图片格式"对话框

也可以选中图片后,在"图片工具"下"格式"选项卡中,设置图片的"位置""自动换行",还可以设置图片版式、图片效果等。在图文混排设计当中,这些设置相当重要。

以上属性的设置方法,同样适用于艺术字、文本框等对象的格式设置。

3.3.3　文本框的插入和编辑

文本框是一个特殊的图形对象,文本框中可以添加文字和图片,框中的内容随文本框的移动而移动,它与给文字加边框是两个不同的概念。利用文本框可以把文档编排得更加丰富多彩。文本框可以放置于页面上的任意位置,便于使用。

1. 插入文本框

一般使用以下两种方法插入文本框:

(1)单击"插入"选项卡"文本"组"文本框"按钮,在弹出的下拉列表中选择一种文本框式样。如要文字竖排效果,可在"绘图工具"下的"格式"选项卡"文本"组中选择"文字方向"。

(2)单击"插入"选项卡"文本"组"文本框"按钮,在弹出的下拉列表的下端选择"绘制文本框"或"绘制竖排文本框"。随后将十字形状鼠标指针移至文档中的某一点,按住左键并拖动鼠标至另一点,释放左键后,在两点之间就会插入一个文本框。

2. 文本框格式的设置

将鼠标指针移至文本框边框处,形状变为十字形箭头时单击,其周围出现网状边框,这是文本框的选中状态,此时可删除文本框,也可以设置其格式。

单击文本框,按右键,在快捷菜单中选择"其他布局选项",弹出如图 3-47、图 3-48 所示的"布局"对话框。在该对话框中可分别设置文本框的位置、版式、大小。在图 3-50 所示的对话框中设置线条颜色、填充、阴影等。

3.3.4 艺术字的编辑和使用

1. 插入艺术字

艺术字是 Word 的一种图形对象,Word 2010 提供了艺术字库,通过对文字进行变形处理,以增强视觉效果。艺术字添加到文档中后,以图文框的形式存在。外框、背景和环绕都按文本框的设置进行设置。

选择"插入"选项卡"文本"工具组"艺术字"按钮,在弹出的下拉列表中选择一种艺术字式样,在"请在此放置您的文字"框中输入艺术字的文字内容,并利用"绘图工具"下的"格式"选项卡中相应的按钮对文字内容做相应的格式化操作。

> **提示**
>
> 如果要将正文中的文字转变为艺术字,可先选中文字,再进行插入艺术字的操作。

2. 编辑艺术字

选中艺术字后,出现"绘图工具"的"格式"选项卡,单击如图 3-51 所示"艺术字样式"工具组右下角的按钮,将打开如图 3-52 所示的对话框,这里有"文本填充""文本边框""轮廓样式""阴影""映像""三维格式"等选项,可对艺术字进行修饰。

图 3-51 "艺术字样式"工具组

图 3-52 艺术字样式设置对话框

3.3.5 公式编辑器的使用

利用公式编辑器,可以在文档中较方便地加入复杂的数学公式和符号。公式编辑器的使用方法如下:

1. 调出公式编辑器

在确认已经安装了公式编辑器后,有两种方法打开公式编辑器:

(1)单击"插入"选项卡"文本"组"对象"按钮,在弹出的"对象"对话框中的"新建"选项卡中选择"Microsoft 公式 3.0",单击"确定"按钮后,将看到如图 3-53 所示的屏幕状态。

(2)单击"插入"选项卡"符号"组"公式"按钮,从下拉菜单中选择内置的公式。若想自行输入公式,可选择"插入新公式"命令,进入如图 3-54 所示的界面,利用"公式工具"下"设计"选项卡中相应选项创建新公式。

要从公式编辑器状态下的屏幕返回到正常 Word 状态下,只要单击编辑区的空白处即可。

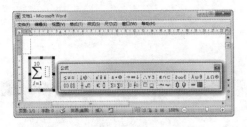

图 3-53　公式编辑器状态下的屏幕

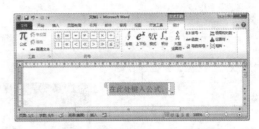

图 3-54　"公式工具"下"设计"选项卡

2. 使用公式编辑器

打开公式编辑器后,利用如图 3-55 所示的符号工具栏和模板工具栏就可以建立和修改公式了。

符号工具栏　　　　　　　　模板工具栏

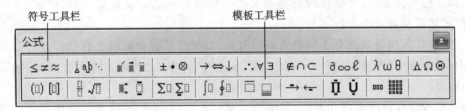

图 3-55　符号工具栏和模板工具栏

输入公式时,小方框中出现的竖线插入点指出了用户从工具栏中选定的符号和模板的插入点位置。建立公式的步骤如下:

①启动公式编辑器。

②从工具栏上选择模板,再从模板中选择符号。

③键入需要的文字,按【Tab】键移动插入点。

公式键入后,单击方框外的任意处关闭公式编辑器,返回原文档。

双击公式,可以打开公式编辑器窗口修改公式。如图 3-56 所示,有些公式可以快速插入。

$$f(x) = a_0 + \sum_{n=1}^{\infty} \left(a_n \cos \frac{n\pi x}{L} + b_n \sin \frac{n\pi x}{L} \right)$$

图 3-56　傅立叶级数公式

3.3.6　页眉和页脚

页眉和页脚是打印在一页顶部和底部的注释性文字或图形。页眉位于一页的顶部,经常用于放置书名和章节号等。页脚位于一页的底部,通常用来显示页号、总页数或日期等。

页眉和页脚的设置方法如下:

(1)选择"插入"选项卡"页眉和页脚"组"页眉"或"页脚"按钮,打开页眉或页脚的下拉菜单,选择页眉或页脚的样式,此时文档中原有的内容呈灰色,不可编辑,并在功能区中出现"页眉和页脚工具"的"设计"选项卡。如果在草稿视图或大纲视图下执行此命令,Word 会自动切换到页面视图。页眉下拉菜单如图 3-57 所示。

"页眉和页脚工具"的"设计"选项卡中的各按钮如图 3-58 所示。在页眉区输入页眉文本,或者选择插入其他对象等。

图 3-57　页眉下拉菜单　　　　图 3-58　"页眉和页脚工具"的"设计"选项卡

单击"设计"选项卡中的"转至页脚"按钮,切换到页脚区输入相应的页脚信息。在页眉区或页脚区输入文本后,可以像对待普通文本一样设置格式。设置完毕后,单击"关闭页眉和页脚"按钮返回到文档中。

(2)创建首页和奇偶页上不同的页眉和页脚。选择"页眉和页脚工具"的"设计"选项卡,在"选项"组中选中"首页不同""奇偶页不同"复选框,再单击"关闭页眉和页脚"按钮返回到文档中即可。

如果要删除或修改页眉和页脚,只要双击页眉或页脚,进行修改和删除即可。页眉和页脚通常用来显示文档的附加信息,例如,徽标、单位名称、时间、日期、页码等。其中,页眉位于页面的顶部,页脚位于页面的底部。页眉和页脚与 Word 文档的正文区域不能同时处于编辑状态。

(3)页码设置。Word 可以在文档中插入页码,页码的样式可选择,并可插入在不同的位置。具体操作如下:

①单击"插入"选项卡"页眉和页脚"组中"页码"按钮,弹出图 3-59 所示的"页码"下拉菜单。

②在菜单列表中可以选择页码在页面上的位置,如果要让奇、偶数页的页码位置不同,则注意选择"左侧"和"右侧"。

③如果要改变页码的样式,单击"设置页码格式"按钮,出现如图 3-60 所示的"页码格式"对话框,在"编号格式"列表中选择一种页码格式,例如"1,2,3,…";用户还可以在"起始页码"框中指定起始页码。单击"确定"按钮完成页码的插入。

页码的设置效果只能在"页面视图"和"打印预览"下才能查看。

删除页眉页脚中的横线,切换到页眉页脚视图下,选中页眉所在行,然后在"页面布局"选项卡的"页面背景"工具组里面单击"页面边框"按钮,在弹出的对话框中选择"无"就可以删除横线了。或者选中横线,然后按【Ctrl+Shift+N】组合键,也可删除横线。

3.3.7　使用 SmartArt 图形功能

SmartArt 图形主要用于演示流程、层次结构、循环或关系。

1. SmartArt 可创建的图形类型

Word 2010 提供的 SmartArt 图形类型包括"列表"、"流程"、"循环"、"层次结构"、"关系"、"矩阵"、"棱锥图"和"图片"等,如图 3-61 所示。

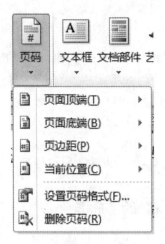

图 3-59　页码下拉菜单　　　　　　　　　　图 3-60　"页码格式"对话框

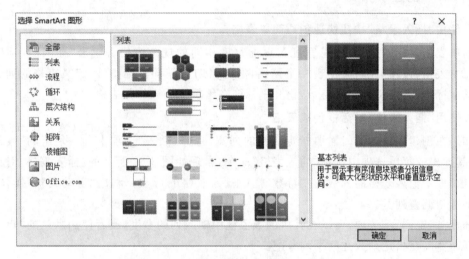

图 3-61　"选择 SmartArt 图形"对话框

　　(1)列表:用于显示非有序信息块或者分组的多个信息块或列表的内容,该类型包括 40 种布局形式。

　　(2)流程:用于显示组成一个总工作的几个流程的行径或一个步骤中的几个阶段,该类型包括 48 种布局形式。

　　(3)循环:用于以循环流程表示阶段、任务或事件的过程,也可以用于显示循环行径与中心点的关系,该类型包括 17 种布局形式。

　　(4)层次结构:用于显示组织中各层的关系或上下层关系,该类型包含 15 种布局形式。

　　(5)关系:用于比较或显示若干个观点之间的关系,有对立关系、延伸关系和促进关系,该类型包括 39 种布局形式。

　　(6)矩阵:用于显示部分与整体的关系,该类型包括 4 种布局形式。

　　(7)棱锥图:用于显示比例关系、互连关系或层次关系,按照从高到低或从低到高的顺序进行排列,该类型包括 4 种布局形式。

　　(8)图片:包括一些可以插入图片的图形,该类型包括 35 种布局形式。

2. 插入 SmartArt 图形

插入 SmartArt 图形的操作步骤如下：

（1）切换到功能区的"插入"选项卡，单击"插图"工具组中的"SmartArt"按钮，打开"选择 SmartArt 图形"对话框，如图 3-61 所示。

（2）在"选择 SmartArt 图形"对话框中，在左侧列表中选择 SmartArt 图形的类型，然后在中间选择一种布局形式。

（3）单击"确定"按钮，即可在文档中插入选择的 SmartArt 图形。

（4）在插入文档中的 SmartArt 图形中，单击图框，添加文本，也可以输入附注信息。

 # 3.4 Word 2010 中表格的编排

3.4.1 创建表格

1. 使用"插入表格"按钮快速创建简单表格

简单表格是指各列等宽、总宽度与页面宽度相同的规范表格。单击"插入"选项卡"表格"组的"表格"按钮，此时会出现一个网格，沿网格向右拖动鼠标指针，定义表格的列数；向下拖动鼠标指针，定义表格的行数，松开鼠标即在编辑区插入一张表格。

2. 使用"插入表格"对话框创建表格

如果在创建表格的同时需要指定表格的列宽，选择"插入"选项卡"表格"组的"表格"按钮，在其弹出的菜单选项中选择"插入表格"命令，出现如图 3-62 所示的"插入表格"对话框。在"列数"框中输入表格的列数；在"行数"框中输入表格的行数。利用"自动调整"操作区中的 3 个选项调整列宽。

选择"固定列宽"选项，可以在其后的数值框中输入列的宽度，或者使用默认的"自动"选项让页面宽度在指定列数之间平均分配。

选择"根据内容调整表格"选项，表示列宽自动适应内容的宽度。

选择"根据窗口调整表格"选项，表示表格的宽度与窗口或 Web 浏览器的宽度相适应。

单击"确定"按钮，即在编辑区插入一张 9 行 10 列的标准表格，如表 3-5 所示。

表 3-5　9 行 10 列标准表格

图 3-62　"插入表格"对话框

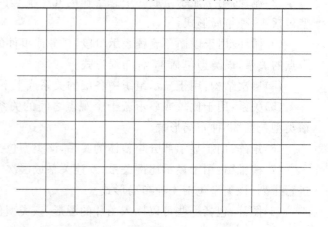

3.4.2　单元格操作

1. 单元格的选择

（1）选定一个单元格。把鼠标的光标移动到单元格的左侧空白处，当鼠标的箭头从"I"变成向右斜倒的粗黑箭头 ➚ 时单击；或者将光标放在该单元格后，按右键从弹出的快捷菜单中单击"选择"→"单元格"。单元格选定之后，该单元格背景反显。

（2）选定连续的多个单元格。光标向单元格的左侧移动，当鼠标的箭头向右斜倒 ➚ 时拖动鼠标扫过需要选择的单元格即可，被选定的多个单元格背景反显。

2. 单元格内容的输入与编辑

（1）光标移到要输入内容的单元格。

（2）表格内容的输入与编辑和文档的操作一样。单元格的内容可以视为普通的段落。可以设置缩进、行距等。

3. 单元格大小与对齐调整

光标移到要调整的单元格上单击右键，从弹出的快捷菜单中选择"表格属性"，打开"表格属性"对话框，在"单元格"选项卡中设置宽度与对齐方式后，按"确定"按钮即可。还可以通过单击"选项"按钮，在打开的"单元格选项"对话框中调整"单元格边距"和"自动换行"，如图 3-63 所示。

4. 单元格的拆分

单元格的拆分是指将选定的单元格分成多个单元格。

（1）选定要拆分的单元格。

（2）选择右键快捷菜单中的"拆分单元格"命令。

（3）在打开的如图 3-64 所示的对话框中输入要拆分成的行数和列数，单击"确定"按钮即可。

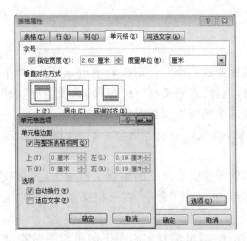

图 3-63　单元格属性设置

图 3-64　"拆分单元格"对话框

5. 单元格合并

单元格的合并是把多个相邻的单元格、整行的各单元格和整列的各单元格，合并为一个单元格。合并前单元格内的原有内容在合并后也将自动按原来顺序合并到新的单元格内。

（1）选定要合并的两个以上的连续单元格（选定要合并的行或列）。

图 3-65　边框下拉菜单

（2）单击右键快捷菜单中的"合并单元格"命令。

6.绘制斜线表头

斜线表头常见于各种中文表格。Word 表头是直线和文本框组合而成的图形，需要有足够的区域才能放下表头的内容。以前版本斜线表头样式较为复杂，且斜线表头在单元格发生变化时，斜线表头的内容不随之变化，因此不是很方便。

Word 2010 表格工具提供单斜线表头绘制，这种表头是随单元格同步变化的；对于多斜线表头则需要插入直线与文本框完成。操作单斜线表头步骤如下：

（1）拖动行线和列线的位置将表头单元格设置足够大，再选定该单元格。

（2）单击"表格工具"中"设计"选项卡"表格样式"组中的"边框"按钮，弹出如图 3-65 所示的下拉菜单，选择需要的"斜下框线"，分别输入"星期""值班时间"，并设置好字体大小后，完成表头设置，如表 3-6 所示。

（3）删除斜线表头的方法：单击要删除的斜线表头单元格，用表格线删除工具完成。

表 3-6　斜线表头示例

星期 值班时间	星期一	星期二	星期三
上午	李四	王五	赵六
下午	罗明	谭红	李伟

3.4.3　行和列操作

1.行与列的选择

（1）选定一行：光标向表格的左侧移动，当鼠标变成右倒空心箭头时单击；选定一个单元格后再一次双击鼠标；光标放在该行任意单元格，选择"表格工具"→"布局"选项卡→"表"组→"选择"命令，在下拉菜单中单击"选择行"。被选中的行以反色显示。

（2）选定连续的多行：光标向表格的左侧移动，当鼠标变成右倒空心箭头时拖动扫过表格的行。被选中的行以反色显示。

（3）选定一列：光标向表格的上边缘移动，当鼠标变实心向下的黑箭头时单击；光标放在该列后，选择"表格工具"→"布局"选项卡→"表"组→"选择"命令，在下拉菜单中单击"选择列"。被选中的列以反色显示。

（4）选定连续的多列：光标向表格的上边缘移动，当鼠标变实心向下的黑箭头时拖动扫过表格的列。被选中的列以反色显示。

（5）选定不连续的行与列：第一个行或列按上述方法直接选，后面的行或列按住【Ctrl】键再选。如图3-66所示，选中了不连续的列。

2.表格的行高

（1）鼠标向表格的横线上移动，当鼠标变为双箭头时拖动，如图 3-67 所示。

图 3-66　选中不连续的列

（2）拖动垂直标尺上行标志。

（3）光标移到表格的任意单元格，执行"表格工具"→"布局"选项卡→"表"组→"属性"按钮，在弹出的"表格属性"对话框中进入"行"选项卡，或在右键快捷菜单中选择"表格属性"命令。

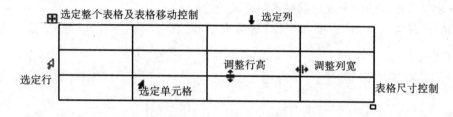

图 3-67　表格中出现的控制点和鼠标指针形状的意义

3. 表格的列宽

（1）鼠标向表格的竖线上移动，当鼠标变为双箭头时拖动，如图 3-67 所示。

（2）拖动水平标尺上列标志。

（3）光标移到表格的任意单元格，执行"表格工具"→"布局"选项卡→"表"组→"属性"按钮，在弹出的"表格属性"对话框中进入"列"选项卡，或在右键快捷菜单中选择"表格属性"命令。

3.4.4　表格操作

1. 选定整个表格

当鼠标指针移向表格内，在表格外的左上角会出现按钮"⊞"，这个按钮就是"全选"按钮，单击它可以选定整个表格；或者执行"表格工具"→"布局"选项卡→"表"组→"选择"按钮→"选择表格"选项。

2. 在表内插入新的行和列

（1）选定要插入的位置。

（2）执行"表格工具"→"布局"选项卡→"行和列"组中相应的按钮。

3. 表格的删除

（1）选定要删除的单元格、行或列。

（2）执行"表格工具"→"布局"选项卡→"行和列"组→"删除"按钮，如图 3-68 所示。

4. 将一个表拆分成两个表

（1）单击表格要拆分的位置。

（2）执行"表格工具"-→"布局"选项卡→"合并"组→"拆分表格"按钮，原来的一个表格变成两个表格，表格内容随之变动。

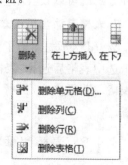

图 3-68　表格删除菜单

5. 边框和底纹

选中表格后选择"表格工具"→"设计"选项卡"表格样式"组中的"边框"按钮,单击"边框和底纹"选项,就出现如图 3-69 所示的"边框和底纹"对话框。在"边框"和"底纹"选项卡中可以设置表格的边框和底纹。需要注意的是,在设置表格的边框和底纹前,应该先把插入点移到表格内部或选定表格。

(1)边框设置。在"边框"选项卡中,可以设置表格是否有边框、边框线的线型、粗细、颜色和内部是否有斜线等,还可以单独设置表格的某一条线,在"预览"下面可以看到设置的效果。在"应用于"列表框中有"文字"、"段落"、"单元格"和"表格"等项,设置时要注意选择。选择"自定义",可以给一个表格设置不同格式的边框。

(2)底纹设置。单击"边框和底纹"对话框中的"底纹"标签,打开"底纹"选项卡,如图 3-70 所示。

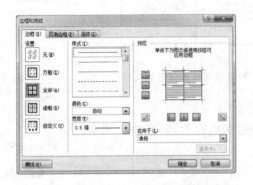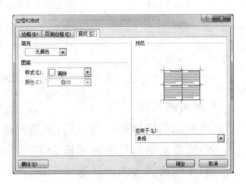

图 3-69 "边框和底纹"对话框"边框"选项卡　　　　图 3-70 "底纹"选项卡

6. 表格内文字对齐方式

表格中的每一个单元格可以看成一个独立的编辑区。在表格中输入文本同文档中输入文本一样,先用鼠标将插入点移到需要输入文本的位置,再进行输入。每个单元格输入完后可以用鼠标或【Tab】键(只能平行移动)将插入点移到其他单元格。在每一个单元格内,文字对齐方式除了水平对齐外还有垂直对齐。设置方法如下:

单击选中表格后选择"表格工具"→"布局"选项卡"表"组中的"属性"按钮,在弹出的"表格属性"对话框中选择"单元格"选项卡,如图 3-71 所示,可以将单元格文字设置成"上"、"居中"或"底端对齐"。单击"选项"按钮,可以对"单元格边距"等进行设置。

也可以右击目标单元格,在弹出的快捷菜单中选择"单元格对齐方式",如图 3-72 所示。这种方式既可以设置垂直对齐,也可以设置水平对齐。

7. 表格自动套用格式

Word 已预先编辑了多种格式的表格,如果所需要的表格格式与之相同,可以直接使用。单击选中表格后选择"表格工具"→"设计"选项卡"表格样式"组,在列表框中选择一种格式的表格。若需修改,执行"修改表格样式"命令,在弹出的"修改样式"对话框中进行相关设置。

3.4.5 表格计算与排序

1. 计算

Word 提供了对表格数据的一些诸如求和、求平均值等计算功能。利用这些计算功能可

图 3-71　"单元格"选项卡

图 3-72　"单元格对齐方式"菜单

以对表格中的数据进行统计计算。操作步骤如下：

(1)将插入点移到存放计算机结果的单元格中。

(2)执行"表格工具"→"布局"选项卡→"数据"组中的"fx 公式"，打开如图 3-73 所示的"公式"对话框。

图 3-73　表格公式

(3)在"公式"列表框中显示"=SUM(ABOVE)"，表明要计算上边各列数据的总和，而要计算其平均值，应将其修改为"=AVERAGE(ABOVE)"。公式名也可以在"粘贴函数"列表框中选定。

SUM( )表示返回一组数值的和，ABS(X)表示返回 X 的绝对值，AVERAGE( )表示返回一组数值的平均值，COUNT( )表示返回列表中的项目个数。

(4)单击"确定"按钮，得到计算结果。

例如，分别右击表 3-7 中的"986.83""16.63"，并分别选取快捷菜单中的"切换域代码"，则在表格中显示"=SUM(LEFT)"、"=AVERAGE(ABOVE)"。

表 3-7　门诊收费表

姓名	药费			其他项目				医疗总费用
	西药费	中药费	中草药	检查费	治疗费	化验费	诊察费	
李明	40.25	51.3	418.78	110	320	39	7.5	986.83
王强	54.6	87.9	348.5	120	120	45	20.5	796.5
于云云	47.2	77.8	645.7	98	85	56	21.9	1031.6
平均费用	47.35	72.33	470.99	109.33	175	46.67	16.63	938.31

⟩ 提示

　　其中的 LEFT、ABOVE 是函数的参数，表示计算范围，LEFT 表示结果单元格左边所有单元格，ABOVE 表示结果单元格上面的所有单元格。

2. 排序

继续如表 3-7 所示以"门诊收费表"为例,介绍具体排序操作。假设按医疗总费用进行递增排序。操作步骤如下:

(1)将插入点置于要排序的表格中,选定表 3-7 的前 2~4 行。

> **提示**
>
> 不要全选,否则平均费用也将参与排序。

(2)执行"表格工具"→"布局"选项卡→"数据"组中的"排序",打开如图 3-74 所示的"排序"对话框。

(3)在"主要关键字"列表中选定"列 9"项,其右边的"类型"列表框中选定"数字",再单击"升序"单选框。

(4)在"次要关键字"列表中选定"列 2"项,其右边的"类型"列表框中选定"数字",再单击"升序"单选框。

(5)在"列表"选项组中,单击"无标题行"单选框。

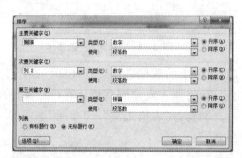

图 3-74 "排序"对话框

①"无标题行"选项:对列表排序时不包括首行。

②"有标题行"选项:对列表中所有行排序,包括首行。

(6)单击"确定"按钮即可。

排序后结果如表 3-8 所示。

表 3-8 门诊收费表排序后的结果

姓名	药费			其他项目				医疗总费用
	西药费	中药费	中草药	检查费	治疗费	化验费	诊察费	
王强	54.6	87.9	348.5	120	120	45	20.5	796.5
李明	40.25	51.3	418.78	110	320	39	7.5	986.83
于云云	47.2	77.8	645.7	98	85	56	21.9	1031.6
平均费用	47.35	72.33	470.99	109.33	175	46.67	16.63	938.31

3.4.6 文本与表格的互相转换

1. 将已有文本转换成表格

将文本转换成表格必须在每项之间插入分隔符(如逗号、制表符、空格等),这些符号用来区分将成为表格的各列的文本。例如,将下面的文本转换成表格:

姓名/西药费/中药费/中草药/检查费/治疗费/化验费/诊察费/医疗总费用

李明/40.25/51.3/418.78/110/320/39/7.5/986.83

王强/54.6/87.9/348.5/120/120/45/20.5/796.5

于云云/47.2/77.8/645.7/98/85/56/21.9/1031.6

选中要转换的文本，单击"插入"选项卡"表格"组中的"表格"按钮，在下拉菜单中单击"文本转换成表格"选项，将出现"将文字转换成表格"对话框，如图 3-75 所示。

设置以后即可将文本转换成如表 3-9 所示的表格。

表 3-9　文本转换成的表格

姓名	西药费	中药费	中草药	检查费	治疗费	化验费	诊察费	医疗总费用
李明	40.25	51.3	418.78	110	320	39	7.5	986.83
王强	54.6	87.9	348.5	120	120	45	20.5	796.5
于云云	47.2	77.8	645.7	98	85	56	21.9	1031.6

2. 将表格转换成文本

选定要转换成文字的表格，单击"表格工具"→"布局"选项卡"数据"组中的"转换为文本"选项，将出现"表格转换成文本"对话框，如图 3-76 所示，设置以后即可将表格转换成文字。

图 3-75　"将文字转换成表格"对话框　　　图 3-76　"表格转换成文本"对话框

 3.5　Word 2010 的高级编排

3.5.1　Word 的视图模式

视图是文档窗口的显示方式，Word 提供的视图方式很多，在文档窗口左下角有 5 个视图选择按钮，如图 3-77 所示。改变视图的方法是打开"视图"菜单并选定需要的视图方式，或单击文档窗口的水平滚动条左下的 5 个快捷按钮来实现。

1. 页面视图

在页面视图中，可以看到包括正文及正文区之外版面上的所有内容。此时，屏幕显示的文档内容与打印输出的效果完全一致，就是所谓的"所见即所得"。这种方式常用于检查文档的外观，比较适合于编辑和格式化操作。

2. 阅读版式视图

如果打开文档是为了进行阅读，阅读版式视图将优化阅读体验。阅读版式视图会隐藏

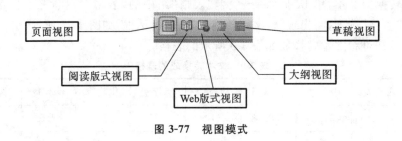

页面视图　　　　　　　　　　　　　　　　　　草稿视图

阅读版式视图　　　　　　　　　　大纲视图

Web版式视图

图 3-77　视图模式

除"阅读版式"和"审阅"工具栏以外的所有工具栏。

3. Web 版式视图

用联机版式视图在屏幕上显示和阅读文档效果最佳。它不按实际页面显示文档,而是将正文内容按窗口大小自动折行显示。

4. 大纲视图

大纲视图可按要求显示文档内容,便于生成目录操作。例如,只显示文档的各级标题,可检查和安排文档的结构;也可通过拖动标题实现移动或复制操作来调整正文内容。

5. 草稿视图

在该视图方式下,屏幕上看不到页眉、页脚、页边距和页号等正文区之外版面上的内容,两页的分界处是用一条虚线表示的。如果图形对象是非嵌入格式,则图形对象不可见。

3.5.2　项目符号和编号

使用项目符号和编号,可以使文档有条理、层次清晰、可读性强。项目符号使用的是符号,而编号使用的是一组连续的数字或字母,出现在段落前。使用了项目符号或编号后,在该段落结束回车时,系统会自动在新的段落前插入同样的项目符号或编号。

1. 设置项目符号和编号

(1)选中需要设置项目符号或编号的文本。

(2)执行"开始"选项卡→"段落"组中的"项目符号" 或"编号" 按钮。

(3)如果需要加入项目符号,单击"项目符号"按钮,在如图 3-78 所示的"项目符号库"中选择需要的项目符号;如果需要加入编号,需要单击"编号"按钮,如图 3-79 所示,从中选择需要的列表编号。

2. 删除项目符号和编号

只需选中已设置项目符号或编号的段落,然后单击"开始"选项卡→"段落"组中的"项目符号" 按钮或"编号" 按钮。

3.5.3　样式

使用 Word 中的字符和段落格式选项,可以创建外观变化多端的文档。若文档很长,如果每次设置文档格式时都逐一进行选择,将重复操作,花很多时间。样式可以避免文档修饰中的重复性操作,并且提供快速、规范化的行文编辑功能。

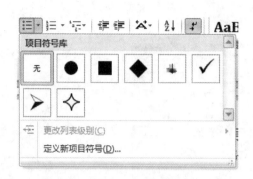

图 3-78 "项目符号库"

图 3-79 "编号库"

1. 使用已有样式

(1) 使用格式工具栏。

①单击要应用样式的段落中的任意位置。

②在"开始"选项卡→"样式"组的样式列表中选取所需要的样式。

> **提示**
>
> 如对段落中的字符设置样式,则要先选中字符,再使用上述方法完成设置。

(2) 使用对话框。

①单击要应用样式的段落中的任意位置。

②单击"开始"选项卡→"样式"组右下角的按钮。

③在"样式"对话框中选择相应的样式。

(3) 使用格式刷。

格式刷可以将选定对象的格式应用到其他指定的对象中。如果选定对象的格式使用了"样式",同样可用格式刷将样式取出并应用到其他指定的对象中。

①单击已确定格式的段落或字符。

②单击"开始"选项卡→"剪贴板"组中"格式刷"按钮。

③移动鼠标至需要改变格式的段落,刷过该段落即可。

2. 创建样式

单击"开始"选项卡的"样式"组的右下角箭头,出现如图 3-80 所示的"样式"对话框,单击"新建样式"按钮 ⚄,出现如图 3-81 所示的"根据格式设置创建新样式"对话框。

在"名称"文本框中输入新样式的名称,在"样式类型"下拉列表中选择"段落"或"字符",分别定义段落样式和字符样式。在"格式"区域编排该样式的格式,例如设置字体、段落、边框等,单击"确定"按钮。

3. 修改或删除已有样式

在编辑文档时,已有的样式不一定能完全满足要求,可能需要小部分改动,可以在已有样式的基础上进行修改,使其符合要求。

(1)单击"开始"选项卡→"样式"组右下角的按钮。

(2)在弹出的对话框中单击"管理样式"按钮,如图 3-82 所示。

(3)在弹出的对话框中进行修改和删除操作。

图 3-80 "样式"对话框　　图 3-81 "根据格式设置创建新样式"对话框　　图 3-82 "管理样式"按钮

> **提示**
>
> 　　如果选择了 Word 内部的样式,"删除"按钮将会变成灰色,表示不能删除样式。

3.5.4 模板

任何 Microsoft Word 文档都是以模板为基础的。模板决定文档的基本结构和文档设置。Normal 模板是可用于任何文档类型的共用模板。可修改该模板,以更改默认的文档格式或内容。Normal 模板所含设置适用于所有文档。文档模板(例如,"模板"对话框中的备忘录和传真模板)所含设置仅适用于以该模板为基础的文档。

处理文档时,通常情况下只能使用保存在文档附加模板或 Normal 模板中的设置。要使用保存在其他模板中的设置,请将其他模板作为共用模板加载。加载模板后,再运行 Word 时都可以使用保存在该模板中的内容。

保存在"Templates"文件夹中的模板文件出现在"模板"对话框的"常用"选项卡中。文件的类型(即后缀名)一般为".dotx"(自动生成)。如果要在"模板"对话框中为模板创建自定义的选项卡,请在"Templates"文件夹中创建新的子文件夹,然后将模板保存在该子文件夹中。这个子文件夹的名字将出现在新的选项卡上。保存模板时,Word 会切换到"用户模板"位置(在"工具"菜单的"选项"命令的"文件位置"选项卡上进行设置),默认位置为"Templates"文件夹及其子文件夹。如果将模板保存在其他位置,该模板将不出现在"模板"对话框中。保存在"Templates"文件夹下的任何文档(.docx)都可以起到模板的作用。

模板的作用,就是保证同一类文体风格的整体一致性,使用户既快又好地建立新文档,避免从头编辑和设置文档格式。模板文件具有两个基本特征：一是文件中包含某类文体的固定内容，包括抬头和落款部分；二是包含此类文体中必须使用的样式列表。

1. 创建模板

（1）将已有文件保存为模板。

①打开已有的文档。

②清除其中所有无用的和可能改变的内容，只保留通用部分。

③检查、修改和调整文档，确保所需的内容和设置等均已添加在文档上。

④执行"文件"选项卡的"另存为"菜单项。

⑤在"保存类型"区选择"Word 模板（＊.dotx）"，在保存位置区内将显示模板文件的默认保存路径。

⑥在"文件名"区输入新模板文件的名称（例如，会议记录），单击"保存"按钮，即可完成模板文件的创建过程。

模板文件的保存位置，默认情况下保存于文档库内的 Templates 文件夹中。

（2）自定义模板。自定义模板就是直接设计所需要的模板文件。

①执行"文件"选项卡中的"新建"菜单项，显示新建文档任务窗格。

②在文档信息区选择"我的模板"项，打开"新建"对话框，如图 3-83 所示。

③单击选中"空白文档"图标，选择"模板"单选按钮，再单击"确定"按钮。

④在打开的模板 1 窗口中，使用与文档窗口相同的操作方法，对页面、特定的各种文字样式、背景、插入的图片、快捷键、页眉和页脚等进行设置。

⑤所有设置完成后，单击快速访问工具栏中的"保存"按钮，打开"另存为"对话框，在"文件名"文本框中输入模板文件名（例如，会议记录），最后单击"确定"按钮。

2. 修改模板

模板创建完成后，可以随时对其中的设置内容进行修改。

（1）执行"文件"选项卡的"打开"项，显示"打开"对话框。

（2）在文件类型区选择"Word 模板（＊.dotx）"项，打开"模板"对话框。

（3）完成设置修改后，保存修改后的模板文件。

3.5.5　目录

我们可以手动创建目录，也可以自动创建指定文档的目录。目录中包括标题和页码，在文档正文发生改变后，可以利用更新目录的功能来同步改变目录。除了可以创建一般的标题目录外，我们还可以创建图表目录以及引文目录等。但是，制作目录的前提是，文档中的各级标题均采用了标题样式。使用标题样式创建目录的步骤如下：

（1）把光标定位到要插入目录的位置，通常是文档的开始处或文档的结尾处。

（2）选择"引用"选项卡，在"目录"组中打开"目录"下拉列表。

（3）可以选择手动目录、自动目录：

手动目录：自动生成模板，其中的章节内容需手工录入。

自动目录：根据文档中设定的标题自动生成多级目录。如图 3-84 所示，显示级别默认为 3，用户可以修改。

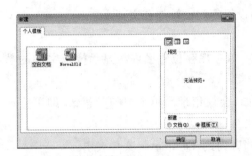

图 3-83　新建文档模板　　　　　　　　图 3-84　"目录"下拉列表

习题 3

1. 选择题

(1)打开 Word 2010 的一个标签后,在出现的功能选项卡中,经常有一些命令是暗淡的, 这表示(　　　)。

　A. 这些命令在当前状态下有特殊效果

　B. 应用程序本身有故障

　C. 这些命令在当前状态下不起作用

　D. 系统运行故障

(2)关于"插入"选项卡下的"文本框"命令,下面说法不正确的是(　　　)。

　A. 文本框的类型有横排和竖排两种类型

　B. 通过改变文本框的文字方向可以实现横排和竖排的转换

　C. 在文本框中可以插入剪贴画

　D. 文本框可以自由旋转

(3)打开"文件"选项卡,所显示的文件名是(　　　)。

　A. 最近所用文件的文件名

　B. 正在打印的文件名

　C. 扩展名为.doc 的文件名

　D. 扩展名为.exe 的文件名

(4)在 Word 2010 中,激活"帮助"功能的键是(　　　)。

　A. Alt　　　　　　B. Ctrl　　　　　　C. F1　　　　　　D. Shift

(5)启动 Word 2010 后,默认建立的空白文档的名字是(　　　)。

　A. 文档 1.docx　　B. 新文档.docx　　C. Doc1.docx　　D. 我的文档.docx

(6)将文档中一部分文本内容复制到其他位置,先要进行的操作是(　　　)。

A. 粘贴　　　　　　B. 复制　　　　　　C. 选择　　　　　　D. 剪切

(7)在 Word 2010 编辑状态下,若要调整左右边界,比较直接、快捷的方法是(　　)。

A. 标尺　　　　　　B. 格式栏　　　　　C. 菜单　　　　　　D. 工具栏

(8)用(　　)中的裁剪功能可以把插入到文档中的图形剪掉一部分。

A.“图片工具”选项卡　　　　　　　　B.“开始”选项卡

C.“插入”选项卡　　　　　　　　　　D.“视图”选项卡

(9)在 Word 文档中,要编辑复杂数学公式,应使用[插入]选项卡中(　　)命令组中的公式命令。

A.“插图”　　　　B.“文本”　　　　　C.“表格”　　　　　D.“符号”

(10)如果在 Word 2010 的文档中,插入页眉和页脚,应使用(　　)。

A.“引用”选项卡　　B.“插入”选项卡　　C.“开始”选项卡　　D.“视图”选项卡

2. 名词解释

(1)PDF 文档。　　(2)移动文本。　　(3)字符格式。　　(4)字形。

(5)字符间距。　　(6)字符边框。　　(7)字符底纹。　　(8)段落间距。

(9)编号。　　　　(10)项目符号。

3. 填空题

(1)第一个在 Windows 上运行的 Word 1.0 版出现在_____年。

(2)Word 2010 创建的文档是以_____为后缀名的文件。

(3)在“改写”状态下,输入的文本将_____光标右侧的原有内容。

(4)在“插入”状态下,将直接在光标处插入输入的文本,原有内容_____。

(5)按_____键或用鼠标双击状态栏上的“改写”按钮,可在“改写”与“插入”状态之间切换。

(6)按_____键删除插入点后一个字符。

(7)按_____键删除插入点前一个字符。

(8)选定需要删除的文本内容,按【Delete】键或_____键可将选定内容全部删掉。

(9)Word 的三个基本功能是内容录入与编辑、内容的排版与修饰美化、_____工具。

(10)单击某个相应的选项卡,可以切换到相应的_____。

4. 简答题

(1)Word 2010 的基本功能主要有哪些?

(2)简述 Word 2010“文件”选项卡的功能。

(3)Word 2010 文档的保存格式是什么?

(4)简述保存 Word 文档的方法。

(5)简述关闭 Word 文档的方法。

(6)简述 Word 2010 中插入符号的操作步骤。

(7)简述 Word 2010 中设置字体的方法。

(8)简述 Word 2010 文档分节的观念。

(9)Word 2010 中有哪几种分节符可以选择?

(10)如何为 Word 2010 设置页码?

5. 操作题

(1)为 Word 2010 的文档创建页眉和页脚。

(2)请对 Word 2010 的文档进行打印之前的页面设置。

(3)用自动创建表格的方法在 Word 2010 的文档中创建表格。

(4)在 Word 2010 文档中插入剪贴画。

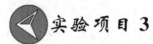 实验项目 3

实验 1　文档的录入及编辑

实验 2　Word 2010 排版功能应用

实验 3　Word 2010 表格功能应用

实验 4　表格制作与修饰

实验 5　公式编辑

实验 6　Word 2010 图文混排(一)

实验 7　Word 2010 表格制作

实验 8　Word 2010 图文混排(二)

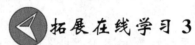 拓展在线学习 3

第 4 章　Excel 2010 电子表格处理

【内容提要】

电子表格软件 Excel 是微软办公套装软件的一个重要组成部分,它可以进行各种数据的处理、统计分析和辅助决策等操作,具有操作简单、函数类型丰富、数据更新及时等特点,广泛地应用于管理、统计财经、金融等众多领域。本章通过案例来介绍 Excel 2010 的基本知识和操作方法,包括数据计算、数据统计、数据分析、图表制作等功能。

4.1　Excel 2010 基本知识

4.1.1　Excel 2010 的启动与退出

1. 启动 Excel 2010

通过执行菜单命令"开始"→"所有程序"→"Microsoft Office"→"Microsoft Excel 2010",可启动 Excel 2010;若桌面上有"Microsoft Excel 2010"图标,双击该图标也可启动。

2. 退出 Excel 2010

退出 Excel 2010 的方法与退出 Word 2010 的完全相同,可以选用如下任意一种方法:

①单击主窗口的关闭按钮 ✖。

②执行菜单命令"文件"→"退出"。

③使用【Alt＋F4】组合键。

④双击主窗口标题栏左边的 🅇 图标。

⑤单击主窗口标题栏左边的 🅇 图标,打开控制菜单,选择"关闭"命令。

4.1.2　Excel 2010 的窗口组成

启动 Excel 2010 后的窗口如图 4-1 所示。其工作界面包含多种工具,用户通过使用这些工具菜单或按钮,可以完成多种运算分析工作。通过对 Excel 2010 工作界面的了解,用户可以快速了解各个工具的功能和操作方式。

(1)快速访问工具栏:位于 Excel 2010 工作界面的左上方,用于快速执行一些操作。默认情况下,快速访问工具栏中包括 3 个按钮,分别是"保存"按钮 💾、"撤消键入"按钮 🔙 和"恢复键入"按钮 🔜。在 Excel 2010 的使用过程中,用户可以根据工作需要,添加或删除快速访问工具栏中的工具。

(2)标题栏:位于 Excel 2010 工作界面的最上方,用于显示当前正在编辑的电子表格和程序名称。拖动标题栏可以改变窗口的位置,用鼠标双击标题栏可最大化或还原窗口。在

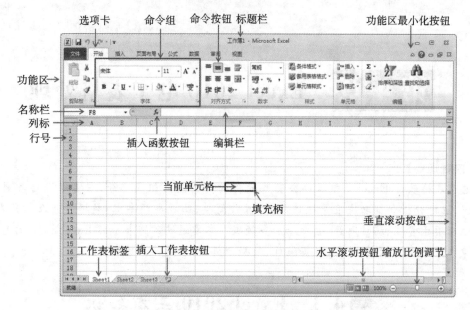

图 4-1 Excel 2010 的窗口

标题栏的右侧是"最小化"按钮 ![最小化]、"最大化"按钮 ![最大化]/"还原"按钮 ![还原] 和"关闭"按钮 ![关闭],用于执行窗口的最小化、最大化/还原和关闭操作。

(3)功能区:位于标题栏的下方,默认情况下由 8 个选项卡组成,分别为"文件""开始""插入""页面布局""公式""数据""审阅""视图"。每个选项卡中包含不同的功能区,功能区由若干个组组成,每个组中由若干功能相似的按钮和下拉列表组成。

(4)工作区:位于 Excel 2010 程序窗口的中间,是 Excel 2010 对数据进行分析对比的主要工作区域,用户在此区域可以向表格中输入内容并对内容进行编辑,插入图片、设置格式及效果等。

(5)编辑栏:位于工作区的上方,其主要功能是显示或编辑所选单元格中的内容,用户可以在编辑栏中对单元格中的数值进行函数计算等操作。

(6)状态栏:位于 Excel 2010 窗口的最下方,在状态栏中可以显示工作表中的单元格状态,还可以通过单击视图切换按钮选择工作表的视图模式。在状态栏的最右侧,可以通过拖动显示比例滑块或单击"放大"按钮 ![放大] 和"缩小"按钮 ![缩小],调整工作表的显示比例。

4.1.3 工作簿、工作表、单元格的概念

(1)工作簿(Book)。一个工作簿就是一个 Excel 文件,其扩展名为 .xlsx。一个工作簿可以包含若干张工作表,新建一个工作簿默认包含 3 张工作表,一个工作簿最多可包含 255 张工作表。工作簿和工作表之间的关系如同账簿和账页之间的关系。用户可以将若干相关工作表组成一个工作簿,在同一个工作簿的不同工作表之间可以方便地切换。

(2)工作表(Sheet)。工作表又称为电子表格,用于计算和储存数据。工作表由行号、列标和网格线组成,位于工作簿的中央区域。在 Excel 2010 窗口中看到的由多个单元格构成的工作区域就是一张工作表。

每张工作表都有一个标签,用来表示工作表的名称,如 Sheet1、Sheet2 等。单击某张工作表的标签时,该表就成为活动工作表。当工作表比较多时,可以通过工作表导航按钮来选

择需要显示的工作表。

(3)单元格(Cell)。单元格是由行和列的交叉部分组成的区域,是组成工作表的最小单位,输入的数据均保存在单元格中。

①单元格地址。为具体指明某一特定单元格,需要对每个单元格进行标识。每一个单元格都处于工作表的某一行和某一列的交叉点,这就是它的"地址"。通常以列标、行号的组合来标识单元格。例如地址为 B3 的单元格表示这是一个第 2 列第 3 行的单元格。

在 Excel 2010 中,列标采用英文字母标记,从左至右依次将列标记为"A,B,C,…,Z,AA,AB,…,AZ,BA,…,BZ,…,IA,…,IV",共 256 列。行号采用阿拉伯数字标记,依次为"1,2,3,…,65536",共 65536 行。

②单元格区域。单元格区域是指一组选定的单元格,可以是连续的,也可以是离散的。连续的单元格区域一般用"左上角单元格地址:右下角单元格地址"的方式来表示。如 A1:G10,表示以 A1 单元格为左上角,G10 单元格为右下角的单元格区域。

(4)填充柄(Fill Handle)。活动单元格右下角的小方块称为填充柄。当用户将鼠标定位到填充柄上时,鼠标指针变为实心"+",拖动它可将活动单元格的数据复制到其他单元格中。在输入计算公式、函数时填充柄非常有用。

4.1.4　工作簿与工作表的基本操作

1. 新建工作簿

启动 Excel 时系统自动建立一个名为"工作簿 1"的工作簿。还可以有以下方式新建工作簿:

(1)工具栏方式。单击工作簿左上角的 ▯ ,便可新建一个工作簿,这与 Excel 启动时自动建立的工作簿一样,都是基于默认模板的工作簿。若想快速建立有特殊格式的工作簿,可选菜单方式。

(2)功能选项方式。执行功能选项卡"文件"→"新建",即进入新建工作簿的任务窗口。它是基于默认模板创建新工作簿及系统提供的各类模板的。

2. 打开工作簿

对已建立的工作簿进行编辑、修改,首先需将其打开。打开工作簿的操作很简单,与 Word 2010 完全一样,有以下 4 种方式:

(1)功能选项方式。单击功能选项卡"文件"→"打开"。

(2)工具栏方式。单击工具栏中的 ▱ 。

(3)单击功能选项卡"文件"→"最近所用文件",可以打开最近使用过的 10 个 Excel 文件。

(4)在"计算机"中找到要打开的工作簿文件,双击文件图标也可打开工作簿。

3. 保存工作簿

(1)首次存盘。与 Word 2010 相似,新工作簿第一次保存时,会弹出"另存为"对话框,其操作方法与 Word 2010 相同,这里不再介绍。

(2)编辑过程中存盘。编辑工作簿的过程中,为了避免死机或意外断电造成数据丢失,应随时单击 ▯ 按钮存盘;也可执行功能选项卡"文件"→"保存",或执行【Ctrl+S】组合键。

(3)换名存盘。有时想将编辑的工作簿换一个文件名、换一个文件夹或换一种文件类型存放,则执行功能选项卡"文件"→"另存为",重新选择"保存位置""文件名"或"文件类型",完成换名存盘工作。

4. 工作表的重命名

当新建一个工作簿时,新工作簿中默认有 3 个工作表,分别以 Sheet1、Sheet2 和 Sheet3 命名,为了使工作表名称更直观,可更改工作表的名称。

在工作表标签上双击某工作表名,工作表名称处于编辑状态,输入新的工作表名即完成更名操作;直接将鼠标移到工作表标签上按右键,执行快捷菜单中的"重命名",也可完成工作表的重命名。

5. 工作表的选定

要对工作表进行操作,先要选择该工作表。在工作表选项卡中单击相应工作表,即将其选择为当前工作表,当前工作表以白底显示。

当工作表的个数较多时,可单击窗口左下角 中的相关按钮,滚动显示出要选定的工作表。要同时选择多个工作表,按【Shift】键或【Ctrl】键配合鼠标单击,能选择相邻或不相邻的工作表。

6. 插入工作表

新建工作簿时,缺省的工作表个数为 3,不够时可增加工作表。右击某工作表,执行快捷菜单中的"插入"命令,如图 4-2 所示,则在该工作表的前面插入一张新的工作表。或者选定某工作表,执行菜单命令"插入"→"工作表",也可插入工作表。

7. 工作表的移动、复制

移动工作表,即改变工作表的摆放顺序,用鼠标拖动工作表标签即可。

复制工作表则是为工作表建立副本,当需要建立的工作表与已有的工作表有许多相似之处时,可以先复制再进行修改。要复制工作表,先选择待复制的工作表,再按住【Ctrl】键拖动,即复制了一个工作表,其名称是原工作表名后加一个带括号的序号。

8. 在不同工作簿中移动或复制工作表

上述的工作表操作是在同一个工作簿中进行的,把一个工作表从一个工作簿移动或复制到另一个工作簿中,操作步骤如下:

(1)选择工作表,单击"开始"选项卡"单元格"组中的"格式"→"移动或复制工作表"命令,弹出"移动或复制工作表"对话框,如图 4-3 所示。也可用鼠标右击工作表标签,在快捷菜单中选择"移动或复制工作表"。

(2)在"工作簿"列表框中选择目的工作簿。如果该工作簿已打开,会在"工作簿"列表中显示;如果复制或移动到新工作簿中,则在"工作簿"列表中选择"(新工作簿)"。

(3)选择该工作表在目的工作簿中的位置。

(4)如选中"建立副本",则是复制操作,否则为移动操作。

(5)单击"确定"按钮,完成操作。

9. 删除工作表

选择一个或多个工作表,在"开始"选项卡"单元格"组中单击"删除"→"删除工作表"命令,如图 4-4 所示。

右击选定需删除的工作表,执行快捷菜单中的"删除"命令也可完成工作表的删除。

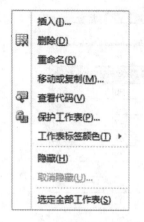

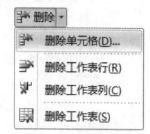

图 4-2　工作表标签快捷菜单　　图 4-3　"移动或复制工作表"对话框　　图 4-4　"删除"下拉菜单

4.1.5　输入与编辑数据

1. 输入数据

在 Excel 2010 的工作表中,用户输入基本数据类型有常量和公式两种。常量指的是不以等号开头的单元格数据,包括文本、数字以及日期和时间等。Excel 2010 中的公式会基于用户所输入的数值进行计算,若改变了公式中引用的值,就会改变公式的计算结果。

要输入数据,首先要选择单元格使之成为活动单元格。完成选择之后,活动单元格以黑色边框显示,其名称在名称栏中显示,其数据在编辑栏中显示。要输入数据到单元格,可以直接在单元格中输入,也可以在编辑栏中输入。选择活动单元格之后,再将鼠标移到编辑栏单击,即可输入或修改数据。此时编辑栏左边显示 3 个按钮,单击 ✔ 即确认输入数据;单击 ✖ 则取消刚输入的数据,保留原有数据; f_x 主要用于公式的输入。

(1)输入文本数据。

在 Excel 2010 中,文本可以是文字、数字、空格和各类符号的组合。Excel 2010 将数字与非数字的符号组合均做文本处理。例如 Excel 2010 将下列数据项视作文本:10AA109、127AXY、12-976 和 2084675。

在默认情况下,所有文本在单元格中均为左对齐。如果要改变其对齐方式,可单击"开始"选项卡"对齐方式"组中的命令,也可以右键单击单元格,选择"设置单元格格式"命令,在"设置单元格格式"对话框中单击选择"对齐"选项卡,从中选择所需选项。如果要在同一单元格中显示多行文本,可选中"对齐"选项卡中的"自动换行"复选框。如果要在单元格中输入硬回车,则可按【Alt+Enter】组合键。

【例 4-1】　创建工作簿及向表格内输入和编辑文本数据。

①创建工作簿。在文档库中创建一个名为"医学专业学生成绩表. xlsx"的电子表格文件,完成后的最终效果如图 4-5 所示。

②向表格内输入和编辑文本数据。

步骤一:在预定单元格中输入数据,首先要单击选定该单元格,该单元格就变成活动单元格,然后键入数据并按【Enter】键或【Tab】键。

在 Sheet1 工作表的 A1 单元格中输入标题文字:医学专业学生成绩表。

说明:若输入的文字过多,超出了单元格宽度,会出现两种情况:

	A	B	C	D	E	F	G
1	医学专业学生成绩表						
2	制表时间：2020年7月6日 21：00						
3	学号	姓名	性别	专业	大学英语	高等数学	计算机基础
4	202005001	刘小河	男	护理	89	36	67
5	202005002	王江心	女	护理	78	67	97
6	202005003	李 雷	男	护理	69	97	87
7	202005004	刘其宇	男	临床医学	76	87	88
8	202005005	周百通	男	临床医学	93	88	77
9	202005006	陈晓英	女	临床医学	87	77	76
10	202005007	陈玉成	女	临床医学	85	89	93
11	202005008	张江科	男	临床医学	78	95	87
12	202005009	张家兴	男	药学	77	45	85
13	202005010	刘 江	女	药学	79	93	78

图 4-5　医学专业学生成绩表

➤右边相邻的单元格中没有数据，超出的文字在右边相邻的单元格中显示，如图 4-6 所示。

➤右边相邻的单元格中有数据，超出的文字将不再显示，如图 4-7 所示。这部分文字仍然存在，只需加大列宽或以折行方式格式化该单元格后，就可以显示全部内容。

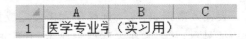

	A	B	C
1	医学专业学生成绩表		

图 4-6　右边相邻列没有数据的显示结果

	A	B	C
1	医学专业学（实习用）		

图 4-7　右边相邻列有数据的显示结果

步骤二：选择 A1 至 G1 单元格，单击"开始"选项卡"对齐方式"组中的"合并后居中"按钮，此时 A1 至 G1 单元格合并为一个单元格，A1 单元格中的标题文字在这个单元格居中。

(2)输入日期/时间数据。

Excel 2010 的日期是从 1900 年 1 月 1 日开始进行计算的。Excel 2010 将日期和时间视为数值处理。工作表中的时间或日期的显示方式取决于所在单元格中的数字格式。在键入了 Excel 可以识别的日期或时间数据后，单元格格式会从"常规"数字格式改为某种内置的日期或时间格式。默认状态下，日期和时间项在单元格中右对齐。如果 Excel 不能识别输入的日期或时间格式，输入的内容将被视作文本，并在单元格中左对齐。

在中文 Windows 系统的默认日期设置下，Excel 可以自动识别为日期数据的输入形式，包括短横线分隔符"－"、斜线分隔符"/"和中文"年月日"等输入形式。如键入"2015/6/30""2015－6－30""2015 年 6 月 30 日"，它们都是可以识别出的日期数据。而其他不被识别的日期输入方式则被识别为文本形式的数据，例如键入"2015/15/12"。

输入时间要用"："作为时间分隔符。如果要基于 12 小时制键入时间，则在时间后键入一个空格，然后键入 AM 或 PM(A 或 P)，用来表示上午或下午。例如输入"9：18　A"，表示上午 9 时 18 分。否则，Excel 将基于 24 小时制计算时间。例如输入 5：00 而不是 5：00 PM，将被视为 5：00 AM 保存。

日期和时间可以在同一个单元格内输入，但它们之间要用空格分开。

时间和日期可以相加、减，并可以包含到其他运算中。如果要在公式中使用日期或时间,请用带引号的文本形式输入日期或时间值。例如:公式"="2004/5/12"-"2004/3/5""
得出的差值为 68。

【例 4-2】 向表格内输入和编辑日期数据。

选择 A2 单元格,输入"制表时间:";选择 C2 单元格,输入"2020 年 7 月 6 日";在 E2 单
元格中输入"21:00",效果如图 4-8 所示。

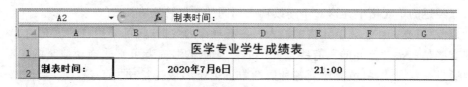

图 4-8 时间数据输入

说明:如果要修改已输入的数据,可以单击要编辑的单元格,在编辑栏中进行编辑;也可
以先双击单元格,然后直接在单元格中进行编辑。

如果要输入当天的日期,按【Ctrl+;】组合键。

如果要输入当前的时间,按【Ctrl+Shift+:】组合键。

(3)输入数值数据。

Excel 2010 中使用的数学符号只限于下列字符:数字 0~9、正号"+"、负号"-"、货币符
号"$"或"¥"、分数号"/"、指数符号"E"或"e"、百分号"%"、千位分隔号","等。在默认时,
所有数值数据在单元格中均右对齐。Excel 2010 忽略数字前面的正号"+",并将单个句点
视作小数点。

若直接在单元格中输入分数,该数值将会自动右对齐。选中输入数据的单元格或区域,
单击"开始"选项卡"数字"组中的"千位分隔样式"按钮 **,** ,就可以使单元格中的数字显示千
位分隔符",",如图 4-9 所示。

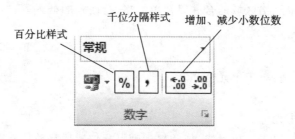

图 4-9 "数字"组上的按钮

在 Excel 中输入分数时,为了避免把分数视作日期,应在分数键入前输入 0 和一个空
格。例如,输入分数 1/5,应先输入"0"和一个空格,再输入"1/5"。如果不输入"0",Excel 则
会把该数据作为日期格式处理,存储为"1 月 5 日"。

当输入的数值外面包含一对小括号时,例如(123456)系统会自动以负数形式来保存和
显示括号中的数值,而括号不再显示。

Excel 数字输入与显示未必相同,如果数字的长度超过 11 位,在默认情况下,Excel 自动
以科学计数法表示。

【例 4-3】 向表格内输入和编辑数值数据。

参照图 4-5 所示的"医学专业学生成绩表",在"大学英语"等列输入相应的数值。

2. 智能填充数据

例4-1中的学号数据很有规律,性别一栏则重复项很多,对于这种数据,可以利用Excel的智能填充功能来完成。智能填充就是给出某种规律,让Excel按规律在相邻单元格中填入数据。智能填充数据要用到填充柄,即活动单元格右下角的小方块。

(1)填充柄的作用。用鼠标左键按住活动单元格的填充柄拖动,可将该单元格的数据复制到鼠标经过的单元格中。这对于连续输入相同的数据特别有用。

(2)自动填充。在连续单元格中输入一些有规律的数据时,可采用自动填充的方法。这些规律有些是Excel"已知的",有些是Excel未"掌握的",前者可直接拖动填充柄实现,后者则需要通过一定方式,将填充序列各种属性告诉Excel,或先给出"示范",让Excel"学习"其规律后再按规律来填充。

【例4-4】 填充数据及数据序列。在"学号""专业"项中完成数据的输入。

①在D4单元格中填入"护理",将鼠标指向该单元格右下角边缘,使其形状由空心"✚"字形变为实心"✚"字形(填充柄),按住鼠标左键拖动到D6单元格即可。"专业"列其他数据的添加方法与此相同。也可水平方向拖动填充柄,在水平方向的单元格中填充数据。如果自动填充的数据是星期、月份、序列数时,要使所有单元格填充相同的数据,拖动鼠标时应按住【Ctrl】键,否则将以序列进行填充。

②在A4单元格中输入"'202005001",然后选择这个单元格,将鼠标指向该单元格右下角边缘,使其形状由空心"✚"字形变为实心"✚"字形(填充柄),按住鼠标左键拖动到A13单元格即可。

4.1.6 单元格的基本操作

向工作表内输入数据实际上是向单元格内输入数据。单元格的一些基础操作,包括单元格与区域的选取,单元格区域的合并以及单元格、行或列的插入等。

1. 单元格的选择

(1)鼠标选择。

①选择一个单元格:单击单元格。

②选择一行:单击行号。

③选择一列:单击列标。

④选择矩形区域:单击一单元格,拖动鼠标到目标位置后释放鼠标即可。

⑤全部选择:单击全选按钮(工作表区域最左上角的按钮)。

(2)鼠标与按键组合选择。

①选择相邻的多行(列):选择一行(列),按【Shift】键再选择另一行(列),则两行(列)中间的行(列)均被选中。

②选择不相邻的行(列):按住【Ctrl】键,再依次单击各行行号(各列列标)。

③选择相邻的单元格:选择一个单元格,按住【Shift】键再单击另一单元格,其间的矩形区域内的单元格都被选择。

④选择不相邻的单元格:按住【Ctrl】键,依次选择各单元格。

⑤同时选择列、行或单元格:按住【Ctrl】键,依次单击行号、列标或单元格。

(3)选择区域内活动单元格的选择。当选择若干单元格之后,会看到总有一个单元格与其他单元格不一样,它就是选择区域内的活动单元格。活动单元格一般为白底,而其他单元格为浅蓝色。

要改变选择区域内的活动单元格,使用【Tab】键或【Shift＋Tab】组合键即可,或按【Ctrl】键再单击选区内的单元格。

2. 行、列、单元格操作

(1)插入空白单元格、行或列。插入空白单元格、行或列的基本操作方法是一致的,参考方法如下:

①插入新的空白单元格:选定要插入新的空白单元格的单元格区域(选定的单元格数目应与要插入的单元格数目相等),单击"开始"选项卡下"单元格"组中的"插入"按钮,在弹出的下拉菜单中选择"插入单元格"命令。

②插入一行:单击需要插入的新行之下相邻行中的任意单元格,例如,要在第 5 行之上插入一行,请单击第 5 行中的任意单元格,单击"开始"选项卡下"单元格"组中的"插入"按钮,在弹出的下拉菜单中选择"插入工作表行"命令

③插入多行:选定需要插入的新行之下相邻的若干行(选定的行数应与要插入的行数相等),单击"开始"选项卡下"单元格"组中的"插入"按钮,在弹出的下拉菜单中选择"插入工作表行"命令。

④插入一列:单击需要插入的新列右侧相邻列中的任意单元格,例如,若要在 B 列左侧插入一列,请单击 B 列中的任意单元格,单击"开始"选项卡下"单元格"组中的"插入"按钮,在弹出的下拉菜单中选择"插入工作表列"命令。

⑤插入多列:选定需要插入的新列右侧相邻的若干列(选定的列数应与要插入的列数相等),单击"开始"选项卡下"单元格"组中的"插入"按钮,在弹出的下拉菜单中选择"插入工作表列"命令。

> **》提示**
>
> 　如果插入、移动或复制的是单元格区域,而不是一行或一列,则在"插入"对话框中要选择"活动单元格右移"或"活动单元格下移"。

(2)删除单元格、行或列。删除操作与插入操作类似,基本操作步骤如下:

①选定要删除的单元格、行或列,在"开始"选项卡的"单元格"组中单击"删除"按钮。

②如果删除单元格区域,请在"删除"对话框中,选择"右侧单元格左移""下方单元格上移""整行"或"整列"。

3. 插入与编辑批注

在对数据进行编辑修改时,有时需在数据旁做注释,注明与数据相关的内容,这可以通过添加"批注"来实现。其操作步骤如下:

(1)单击需要添加批注的单元格,执行菜单命令"审阅"→"新建批注"。

(2)在弹出的批注框中键入批注文本。

(3)完成文本键入后,单击批注框外部的工作表区域。这时在单元格的右上角有三角形标志。

当然,有时还需对批注进行修改,编辑批注的方法是先单击需要编辑批注的单元格,再执行菜单命令"审阅"→"编辑批注",即可进行修改。

4. 移动、复制和清除数据

移动、复制是 Windows 中的常用操作,Excel 中的移动、复制操作与 Word 中的一样,不

再介绍。

Excel 中的清除是指删除单元格的数据、格式、批注等属性,而保留单元格的位置。选择单元格,按【Delete】键即将所选单元格中的数据清除,并且不在剪贴板上保存选定的内容。在单元格中按【Delete】键也可直接删除光标后面的字符,按【Backspace】键删除光标前面的字符。

也可使用菜单清除数据,其方法是选择待清除的单元格,单击"开始"选项卡下"编辑"组中的"清除"按钮,从下拉菜单中选择要清除的项(格式、内容或批注)。

5. 选择性粘贴

Excel 中的数据除了有其具体值以外,还包含公式、格式、批注等,有时只需要单纯地复制其中的值、公式或格式,必须使用"选择性粘贴"命令。其操作步骤如下:

(1)选定需要复制的单元格,单击"复制"按钮。

(2)选定待粘贴的目标单元格,执行选项卡"开始"→"剪贴板"组中的"粘贴"按钮下侧的下拉箭头,在下拉菜单中选择"选择性粘贴",打开"选择性粘贴"对话框,如图 4-10 所示。

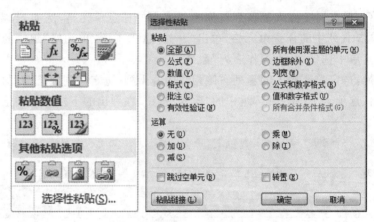

图 4-10 选择性粘贴

(3)单击"粘贴"标题下的所需选项,再单击"确定"按钮。

其中:"全部"表示将所有信息都复制过去;"数值、公式、格式、批注"等表示只单纯复制指定的内容;若选"运算"中的"加、减、乘、除",则自动与相应目标单元格中的数据进行相应运算,相当于表与表、列与列、行与行的一个叠加运算。

6. 数据的查找和替换

Excel 的查找和替换与 Word 的查找和替换一样,请参阅 Word 的相关操作。

7. 数据有效性

工作表中某些数据一般都有一个有效范围。例如,学生成绩应在 0 至 100 之间,学生性别只能为"男"或"女",只有处在这些范围内的数据才是有效的。为了保证数据的有效性,Excel 提供了有效性工具。操作步骤:选定单元格,单击"数据"选项卡"数据工具"组中的"数据有效性"按钮,即进入如图 4-11 所示的对话框。

(1)选择"设置"选项卡,用来设置数据有效性的条件。

(2)选择"输入信息"选项卡,用于设置单元格选定时的输入信息。

（3）选择"出错警告"选项卡，用于显示输入无效数据时的出错警告。其中"样式"有 3 种选择，即停止 ❌、警告 ⚠ 和信息 ℹ，可选择不同样式，其警示框上的图标也不同，如图 4-12 所示。

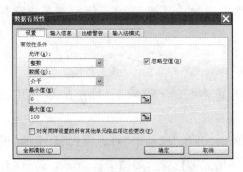
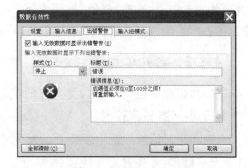

图 4-11　"数据有效性"对话框　　　　　　　**图 4-12　"出错警告"选项卡**

（4）选择"输入法模式"选项卡，其"模式"有随意、打开和关闭（英文模式）3 种。"随意"是不做任何限制，任意一种输入法均可；"打开"是打开排在第一位的输入法，可将自己最熟悉的输入法设置成第一位，实现输入法的自动切换。

 4.2　工作表的格式化

4.2.1　设置工作表的格式

1. 设置行高、列宽

（1）鼠标操作。将光标移到两列的列标之间，此时光标变为 ↔ 形状，拖动鼠标即可任意改变左列的宽度。双击两列标的交界处，左边列宽改变为与该列数据相适应的宽度。若选择多列（相邻或不相邻），然后改变其中一列的宽度，则所有被选择的列与该列变成等宽；双击某列的列标右边界，则被选择的列均变为与列中数据相适应的宽度。

> **提示**
> 按上述类似的方法也可以改变行高。

（2）设置特定的行高、列宽。选择要更改列宽的列，单击"开始"选项卡下"单元格"组中的"格式"按钮，在下拉菜单中单击"列宽"，然后输入所需的宽度（用数字表示）。选择要更改行高的行，单击"开始"选项卡下"单元格"组中的"格式"按钮，在下拉菜单中单击"行高"，然后输入所需的高度（用数字表示）。

> **提示**
> 以上操作也可以通过右键快捷菜单操作。

2. 设置工作表背景

Excel 2010 中可以给每个工作表指定不同的背景。激活需设置背景的工作表，选择"页面布局"选项卡下"页面设置"组中的"背景"按钮，弹出"工作表背景"对话框（文件选择对话框），选择需要的背景图片即可。

3.改变工作表标签的颜色

改变工作表标签的颜色可以美化工作簿，更便于识别工作表的分类。激活需设置表标签颜色的工作表，选择"开始"选项卡下"单元格"组中的"格式"按钮，在其下拉菜单中选择"工作表标签颜色"，再选择需要的颜色即可。

4.2.2　合并单元格

（1）利用命令按钮。选取要合并的单元格区域，单击"开始"选项卡"对齐方式"组中的"合并后居中"按钮。

（2）利用对话框。选取要合并的单元格区域，单击"开始"选项卡"对齐方式"组中的"设置单元格格式:对齐方式"按钮，弹出"设置单元格格式"对话框，如图 4-13 所示。勾选"合并单元格"复选框，单击"确定"按钮。

4.2.3　设置单元格的格式

单元格格式设置主要包括 5 个方面的内容：数字、对齐、字体、边框、填充（底纹）等。首先选择待格式化的单元格，单击"开始"选项卡"单元格"组中的"格式"下拉菜单，选择"设置单元格格式"即进入如图 4-13 所示的对话框。

图 4-13　"设置单元格格式"对话框

1.设置数字格式

【例 4-5】　将图 4-5"医学专业学生成绩表"中的"制表时间"字段再进行格式设置："制表时间"字段数据设置为"日期"，日期格式类型设置为"＊2001/3/14"型。

（1）选择 C2 单元格。

（2）单击"开始"选项卡"数字"组中的"设置单元格格式:数字"按钮；也可以右击已选定的单元格区域，在弹出的快捷菜单中执行"设置单元格格式"命令，打开如图 4-14 所示的"设置单元格格式"对话框"数字"选项卡。

（3）在"数字"选项卡中，其"分类"框中已默认选择为"日期"，选择类型为"＊2001/3/14"的样式，如图 4-14 所示。

（4）单击"确定"按钮。

2.设置单元格对齐格式

【例 4-6】　按照图 4-5"医学专业学生成绩表"的对齐方式进行设置，效果要求：标题为水平方向（A1:G1）跨列居中，垂直方向为居中，其他单元格设置水平和垂直对齐方式均为居中。

（1）选择 A1:G1 单元格区域。

（2）单击"开始"选项卡"对齐方式"选项组中的"设置单元格格式:对齐方式"按钮；也可以右击已选定的单元格区域，在弹出的快捷菜单中执行"设置单元格格式"命令，打开如图 4-15 所示的"设置单元格格式"对话框"对齐"选项卡。

图 4-14　"设置单元格格式"对话框"数字"选项卡

图 4-15　设置单元格对齐方式

（3）在"水平对齐"列表框中选择"跨列居中"，在"垂直对齐"列表框中选择"居中"。

（4）单击"确定"按钮，完成设置。

其他单元格区域的对齐方式的设置参照"标题"的对齐方式设置。

3.设置字体

在默认情况下，单元格中的字体是宋体、黑色，12 号字，如果要突出某一部分文字，可以根据需要将其设置成不同效果。设置字体有两种方法，可以使用"开始"选项卡"字体"选项组中的命令设置，也可以使用快捷字体工具栏（选中文本块后自动弹出）进行设置。以下主要介绍使用菜单方式设置标题的方法。

【例 4-7】　对图 4-5"医学专业学生成绩表"的字体进行设置，效果要求：标题格式为黑体、16 磅、常规；表头的格式为宋体、12 磅、加粗；记录的格式为宋体、12 磅、黑色字。所有数字均设置为数值型并保留 2 位小数。

（1）选择单元格区域（例如 A1:G1 单元格区域或 A1 单元格）。

（2）单击"开始"选项卡"字体"选项组中的"设置单元格格式:字体"按钮 ；也可以右击已选定的单元格区域，在弹出的快捷菜单中执行"设置单元格格式"命令，打开如图 4-16 所示的"设置单元格格式"对话框"字体"选项卡。

（3）在"字体"列表框中选择"黑体"，在"字形"列表框中选择"常规"，在"字号"列表框中选择"16"，在"颜色"列表框中选择"黑色"或"自动"。

（4）单击"确定"按钮，完成设置。

表头和记录的字体设置参照标题的字体设置。

4.设置边框线

【例 4-8】　按照图 4-5，对"医学专业学生成绩表"的边框样式进行设置。

（1）选择 A3:G13 单元格区域。

（2）单击"开始"选项卡"字体"选项组中的"其他边框"按钮 ；也可以右击已选定的单元格区域，在弹出的快捷菜单中执行"设置单元格格式"命令，打开如图 4-17 所示的"设置单元格格式"对话框"边框"选项卡。

（3）在"线条样式"框中选择相应的线条样式；在"颜色"框中选择边框线的颜色。单击"预置"选项组中的"外边框"和"内部"添加边框线。

（4）单击"确定"按钮，完成设置。

边框线也可以单击"开始"选项卡"字体"选项组中的"边框"按钮旁的 来设置，这个列

 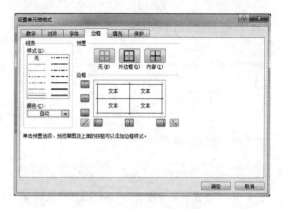

图 4-16 "设置单元格格式"对话框"字体"选项卡　　图 4-17 "设置单元格格式"对话框"边框"选项卡

表中含有多种不同的边框线设置方式,如图 4-18 所示。

5. 设置底纹

【例 4-9】 对图 4-5"医学专业学生成绩表"的底纹进行设置,效果要求:表头部分底纹为深红色。

(1)选择待设置底纹的单元格区域,例如选择 A3:G3。

(2)单击"开始"选项卡"字体"选项组中的"填充颜色"按钮，再单击其旁边的下拉按钮 ，在弹出的面板中选择填充的颜色;也可以右击已选定的单元格区域,在弹出的快捷菜单中执行"设置单元格格式"命令,打开如图 4-19 所示的"设置单元格格式"对话框"填充"选项卡。

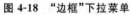

图 4-18 "边框"下拉菜单　　　　　　图 4-19 "设置单元格格式"对话框"填充"选项卡

(3)在"背景色"框中选择相应的颜色样式;如颜色框中无相应的颜色,可单击"其他颜色"按钮进行设置。如要填充图案,单击"图案样式"及"图案颜色"旁边的下拉箭头选取相应的样式。如要填充渐变效果的图案,可单击"填充效果"按钮进行设置。

(4)单击"确定"按钮,完成设置。

4.2.4 条件格式设置

有时需要对某些特殊数据设置某种指定格式,从而醒目地显示这些特殊数据,这时可以采用条件格式来设置。

【例 4-10】　设置符合条件的数值为指定颜色。在"医学专业学生成绩表"中的课程成绩部分,将小于 60 分的成绩设置为红色字体。

选择"医学专业学生成绩表"中课程成绩的三列,单击"开始"选项卡"样式"选项组中的"条件格式"按钮 ▦,从下拉选项中选择"新建规则"命令,打开"新建格式规则"对话框,如图 4-20 所示。在"选择规则类型"选项框中选取"只为包含以下内容的单元格设置格式"选项,在"编辑规则说明"选项框中选择"单元格值""小于",在其后面的空白文本框中填入"60"。单击"格式"按钮,在弹出的与图 4-16 类似的"设置单元格格式"对话框"字体"选项卡中,设置字体颜色为红色,单击"确定"按钮,回到如图 4-20 所示的"新建格式规则"对话框,再单击"确定"按钮即可。

4.2.5　自动套用格式

虽然手动设置表格格式可以自由地表达用户的意图,但如果用户希望更省心省力地完成数据表格的格式设置,可以借助 Excel 的自动套用格式功能来实现。

设置方法:选中需要套用格式的单元格区域,单击"开始"选项卡"样式"选项组中的"套用表格格式"按钮 ▦,打开下拉选项框,如图 4-21 所示。在预置的多种表格样式选项中,用户只需将鼠标指针从其上面掠过,即可预览其添加的效果,单击选择任意一种,完成格式套用。

图 4-20　"新建格式规则"对话框

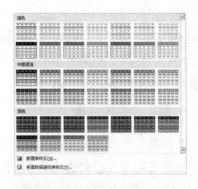

图 4-21　套用表格格式下拉选项框

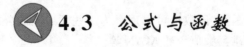

> **提示**
> 单击图 4-21 中的"新建表样式"和"新建数据透视表样式"可完成自定义表格式的设置。

4.3　公式与函数

构成公式的元素有等号、运算符、运算对象、函数。

4.3.1　运算符

1. 算术运算符

算术运算符主要实现对数值数据的加、减、乘、除等运算操作,常见的有＋(加法)、－(减法)、*(乘法)、/(除法)、^(乘方)、%(百分数)、括号等几种。

使用这些运算符运算的原则是"先乘除,后加减"。

2. 关系运算符

关系运算符的功能是完成两个运算对象的比较,并产生逻辑值 TRUE(真)或 FALSE
(假)。常见的有>(大于)、<(小于)、>=(大于或等于)、<=(小于或等于)、=(等于)、<
>(不等于)等几种。

例如,单元格 A8 的数据为 20,则 A8<5 的值为 FALSE(假),A8>5 的值为 TRUE
(真)。再如,A3 单元格中的值为"学习",A4 单元格中的值为"工作",则 A3>A4 为 TRUE
(真),A3<A4 为 FALSE(假)。这两个词是按照词的拼音的字符串来比较的。

3. 文本运算符

Excel 的文本运算符只有一个,即 &,它可以实现将一个或多个文本数据连接起来,产
生一个新的数据的功能。

例如,单元格 A2 的数据为"北京",单元格 A3 的数据为"奥运会",则 A2&A3 的值为
"北京奥运会",A3&A2 的值为"奥运会北京"。

4. 单元格引用运算符

(1)冒号(:):用于表示某一连续区域的所有单元格。如"A3:A5"表示 A3、A4、A5 这一
组单元格。

(2)逗号(,):用于表示某几个不连续单元格或区域的所有单元格。如"A2:A4,B5,D8"
表示 A2、A3、A4、B5、D8 这一组单元格。

(3)空格:用于表示某几个区域中交叉区域的所有单元格。如"A2:A4 A3:D3"表示交
叉区域 A3 单元格,如图 4-22 所示。

4.3.2 运算对象

1. 常量

常量是指输入的数值或文本,如公式"=3+
5"中的 3、5 都是常量,是数值常量。

2. 单元格引用

单元格引用表示的是一个或者多个单元格

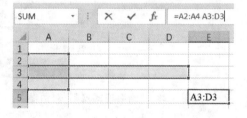

图 4-22　单元格引用运算符:空格

的地址,通过单元格的地址对相应单元格中已存储的数据进行运算。如公式"=IF(A2>
A3,TRUE,FALSE)"中 A2、A3 就是两个单元格的地址,也称为单元格引用,是公式中的两
个对象。

3. 函数

Excel 提供了大量的函数,函数也可以理解为一些预定义的公式,如求和函数 SUM、求
平均数函数 AVERAGE、求最大值函数 MAX 等。

在公式中使用函数,必须遵循以下有关函数的语法规则。

(1)使用函数必须以函数名开头(函数名是系统定义的),后面圆括号里面是参数表(变
量值的罗列)。

(2)书写格式:函数名(参数表)。

(3)函数名后面的括号(英文半角圆括号)必须成对出现,括号与函数名之间不能有

空格。

（4）函数的参数可以是文本、数值、日期、时间、逻辑值或单元格的引用等。但每个参数必须有一个确定的有效值。

4.3.3 公式的输入与编辑

1. 运算符号

Excel 中的运算符号分成如下 3 类。

①算术运算符：＋（加）、－（减）、＊（乘）、/（除）、∧（乘方）、％（百分比）。

②比较运算符：＝（等于）、＜＞（不等于）、＜（小于）、＜＝（小于或等于）、＞（大于）、＞＝（大于或等于）。

③文本连接符：&（连接，即将两个字符串连成一个串）。

2. 公式及公式的基本结构

在 Excel 2010 中，公式指的是单元格内的一系列数值、单元格引用、常数、函数和运算符的集合，可共同产生新的值。在 Excel 中，公式总是以等号（＝）开始。公式中可以只包括常数，例如，"＝100－20＋（20＊5）"；也可以由常数、单元格引用、函数等混合组成，例如，"＝B5＊2＋SUM(C3:E4)"。

其中：

①"＝"是公式的开始符，"2"是常数，"＊""＋"是两个运算符。

②"B5""C3:E4"是单元格引用，即用单元格中的数据值参与计算。

③"SUM"是求和函数，SUM(C3:E4)表示对所指区域单元格数值求和。

3. 公式的输入和修改

在单元格中输入或修改公式，是先选择该单元格，然后从编辑栏中输入或修改公式。单击 ✔ 确认修改，单击 ✘ 则取消输入。

4. 单元格引用

在编辑公式时引用单元格是必然的，单元格引用有相对引用、绝对引用、混合引用和跨工作表引用等。

（1）相对引用：基于包含公式的单元格与被引用的单元格之间的相对位置。如果复制公式，相对引用将自动调整。相对引用采用"A1"（A 列 1 行）样式。

【例 4-11】 如要在 I2 单元格中计算出 D2、E2、F2、G2 四个单元格的数值总和，其操作步骤如下：

①选定 I2 单元格。

②在 I2 中键入"＝D2＋E2＋F2＋G2"并回车，如图 4-23 所示。

就在 I2 单元格中建立了一个公式，I2＝D2＋E2＋F2＋G2。I3～I5 的值也可按相似的公式求出，即使用复制公式，方法是先选择 I2，然后按住填充柄向下拖动至 I5 止，这时各单元格相继出现计算结果，如图 4-24 所示。若选择这些单元格查看，其中的公式是 I3＝D3＋E3＋F3＋G3，…，I5＝D5＋E5＋F5＋G5。

由此表明，在复制 I2 中的公式时，Excel 并没有机械地复制，而是按一定的规律改变相应的地址，这就是相对引用。

（2）绝对引用：公式中单元格的精确地址，与包含公式的单元格的位置无关。绝对引用采用的形式为"＄A＄1"，表示绝对列和绝对行。使用绝对引用，复制公式时其地址不发生

图 4-23 键入公式　　　　　　图 4-24 填充柄复制公式

变化。

(3)混合引用:与相对引用、绝对引用相对应,在复制公式时,只有行可变或只有列可变的引用均为混合引用。例如,"＄A1"(列固定,行可变)、"A＄1"(列可变、行固定)均为混合引用。

(4)跨工作表引用:在一个工作表中引用另一工作表中的单元格数据。为了便于进行跨工作表引用,单元格的准确地址应该包括工作表名,其形式为:

[工作表名]! 单元格地址

如果单元格是在当前工作表中,其前面的工作表名可省略。

(5)引用区域的表示。

①连续区域。例如,(D3:H3),表示的是从 D3 单元格到 H3 单元格之间的所有单元格。

②多个区域。例如,(C6:D10,E13:F17),表示的是两个不同的连续区域。

4.3.4 函数

函数其实是一些预定义的公式,它们使用一些称为参数的特定数值,按特定的顺序或结构进行计算。用户可以直接用它们对某个区域内的数值进行一系列运算,例如,分析和处理日期值和时间值、确定贷款的支付额、确定单元格中的数据类型、计算平均值、排序显示和运算文本数据等。函数的基本格式:

函数名(参数序列)

每一个函数名后一定有小括号,括号内一般有一个或多个参数,这些参数多以逗号","分开,有些函数也可以无参数。

Excel 2010 中包含众多的函数。函数的输入方法主要有以下几种:

(1)单击编辑栏旁边的"fx"按钮。

(2)单击"公式"选项卡"函数库"组中的"插入函数"按钮,在弹出的如图 4-25 所示的"插入函数"对话框中,从"或选择类别"框中选择函数类型,在"选择函数"列表框中选定所需要的函数,单击"确定"按钮打开相应的"函数参数"对话框,如图 4-26 所示。

(3)单击"公式"选项卡"函数库"组中的"自动求和"按钮 ∑ 的下拉按钮 ▼,打开函数列表,也可选择插入其他函数。

下面介绍一些常用函数的用法。

1. 求和函数 SUM( )

格式:SUM(number1,number2,…)。

作用:返回某一单元格区域(number1,number2,…)中所有数字之和。

【例 4-12】 例 4-11 中的 I2 单元格的数值刚才是用简单公式来进行计算的,这里再用函数来进行计算。

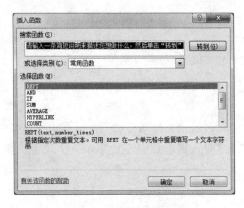

图 4-25　"插入函数"对话框

图 4-26　"函数参数"对话框

①选定 I2 单元格。

②键入"＝SUM(D2:G2)"(或在"公式"选项卡"函数库"组中单击"自动求和"按钮,注意选择正确的求和范围),按【Enter】键确认,如图 4-27 所示。

③利用填充柄将公式复制到 I3 到 I5 单元格中。

2.条件求和函数 SUMIF( )

格式:SUMIF (range, criteria, sum _ range)。

作用:根据指定条件对若干单元格求和。

参数说明:range,要进行计算的单元格区域,一般用来指定条件的范围;criteria,以数

图 4-27　键入求和公式

字、表达式或文本形式定义的条件;sum_range,用于求和计算的实际单元格,省略时将使用区域中的单元格。

3.求平均值函数 AVERAGE( )

格式:AVERAGE(单元格区域)。

作用:计算出指定单元格区域数值的平均值。

4.求最大值、最小值函数 MAX( )、MIN( )

格式:MAX(单元格区域或数值列表);MIN(单元格区域或数值列表)。

作用:MAX( ),求出指定单元格区域或数值列表中的最大值;MIN( ),求出指定单元格区域或数值列表中的最小值。若各单元格中的数据不为数字,则可能出错。

5.计数函数 COUNT( )、COUNTIF( )

(1)COUNT( )函数。

格式:COUNT(单元格区域)。

作用:计算出指定单元格区域中包括的数值型数据的个数,它用来从混有数字、文本的单元格中统计出数字的个数。

(2)COUNTIF( )。

格式:COUNTIF(单元格区域,条件)。

作用:计算出指定单元格区域中满足一定条件的数值数据的个数。"条件"可为一个常量,也可为一个比较式,对于"复合"条件只能用多个 COUNTIF( )的加减运算来实现。

6. IF( )函数

格式:IF(逻辑表达式,值1,值2)。

作用:当逻辑表达式的值为真时,返回值1,否则返回值2。

7. 四舍五入 ROUND( )

格式:ROUND(n,m)。

作用:当 m≥0 时,对第 m+1 位小数进行四舍五入,若有"入"则入到第 m 位;当 m<0 时,对小数点左边第 m 位整数进行四舍五入,若有"入"则入到小数点左边第 m+1 位上。数字 n 可以为常数,也可为单元格的数据。

8. 取整函数 INT( )

格式:INT(n)。

作用:取 n 的整数部分,小数部分全部舍弃掉。

9. 取子串函数 LEFT( )、RIGHT( )、MID( )

(1)LEFT()。

格式:LEFT(字符串,数字 n)。

作用:从"字符串"的左边取出 n 个字符,若 n 缺省则为1,若数字 n 大于字符串的长度,则全取下。

(2)RIGHT()。

格式:RIGHT(字符串,数字 n)。

作用:从"字符串"的右边取出 n 个字符,若 n 缺省则为1,若数字 n 大于字符串的长度,则全取下。

(3)MID()。

格式:MID(字符串,起点 m,个数 n)。

作用:从字符串的第 m 个字符起,连续取出 n 个字符。

10. 字符串长度函数 LEN( )

格式:LEN(字符串)。

作用:返回指定字符串的长度。

11. 日历、时间函数

此类函数使用简单,其功能描述如下:

NOW():返回系统的日期与时间。　　WEEKDAY(日期):返回日期是本星期的第几天。

TODAY():返回系统日期。　　DAY(日期):返回日期中的日。

YEAY(日期):返回日期中的年号。　　HOUR(时间):返回时间中的小时。

MONTH(日期):返回日期中的月份。　　MINUTE(时间):返回时间中的分钟。

12. 排序函数 RANK( )

格式:RANK(number,ref,order)。

功能:返回指定数值在一列数值中相对其他数值的大小排位。其中:number 表示指定的数值,即需排位的数值;ref,一组数或对一个数据列表的引用,如果是指定一单元格区域,则单元格区域要用绝对地址引用;order,指定数据的排序方式,0 或忽略为降序,非零值为升序。

Excel 2010 中的函数很多,覆盖各行各业。其基本使用方法是一致的,对于不熟悉的函数可以使用函数向导,参照向导的说明进行操作。

4.3.5　函数应用

1. 单工作表中数据运算

单工作表中数据运算指的是计算对象和计算结果在同一个工作表中,公式与被计算的对象在同一个工作表中的不同的单元格中。

【例 4-13】　计算图 4-28 所示的表格中各科的年级平均成绩。

(1)选定要输入函数的单元格。本例应选定单元格 B7。

(2)单击工具条 ![icon] 上的 *fx*,会自动在 B7 中添加一个"="",并弹出"插入函数"对话框,如图 4-29 所示,在对话框中选择"AVERAGE",单击"确定"按钮。

图 4-28　班级成绩表中计算"平均成绩"　　　图 4-29　插入求算术平均值的函数 AVERAGE

(3)如图 4-30 所示,在打开的"函数参数"对话框中,Excel 会智能推断需要用哪些单元格的内容计算平均值,如果 Excel 推断错误,可以在"Number1"中进行修改,无误后单击"确定"按钮。

(4)此时 B7 单元格显示的值即为语文的年级平均分,用同样的方法计算数学和英语的年级平均分,结果如图 4-31 所示。

图 4-30　"函数参数"对话框

	A	B	C	D
1	高一各班考试成绩统计表			
2	班级	语文	数学	英语
3	1班平均分	97	87	82
4	2班平均分	90	94	73
5	3班平均分	85	79	86
6	4班平均分	96	92	94
7	年级平均分	92	88	83.75

图 4-31　各科年级平均分计算结果

2. 多工作表中数据运算

多工作表中数据运算指的是计算对象和计算结果在多个工作表中,公式与被计算的对象在不同工作表的不同单元格中。

在公式引用中,书写为"<工作表名>!<单元格地址>",如"数据"工作表 A3 单元格中的公式是"=价格!A2",意思是"数据"工作表 A3 单元格中的数据来源于"价格"工作表中 A2 单元格中的数据。

4.3.6 公式隐藏

隐藏公式分两步处理:第一步设置含有公式的单元格具有隐藏公式的属性;第二步对工作表进行保护,一旦保护开始,隐藏属性就生效。

(1)在准备隐藏公式所在的单元格上调出右键菜单,单击"设置单元格格式"命令,打开"设置单元格格式"对话框,选择"保护"选项卡,勾选"隐藏"前的复选框,单击"确定"按钮,如图 4-32 所示。

(2)单击"审阅"选项卡→"更改"命令组→"保护工作表"命令,保护该工作表。

图 4-32 设置单元格隐藏属性

此时再选中被隐藏公式的单元格,可以看到编辑栏中不再显示公式内容,而其他未被隐藏公式的单元格,选中后编辑栏中会显示其公式内容,如图 4-33 所示。

图 4-33 隐藏公式

4.4 数 据 处 理

Excel 除了具有数据计算功能外,还可以把工作表作为简单的数据库,实现对其中的数据进行排序、筛选与统计等工作。

要实现数据的排序、筛选与统计等工作,首先要建立一个被称为数据列表或数据清单的 Excel 工作表。

4.4.1 数据列表

1. 数据列表标签

创建数据列表(数据清单),首先是创建数据列表的第一行(标题行),第一行是数据列表的描述性标签,如图 4-34 所示。

2. 列的同质性

同质性就是确保每一列中包含有相同类型的信息,即每列中的数据(除第一个数据标签)的数据类型是一致的。用户可以预先格式化整列,以保证同列数据拥有相同的数据格式类型。

3. 数据列表结束标志

在 Excel 中,一个空行预示着数据列表的结束。

4.4.2　排序

数据排序可以是对一列或多列中的数据按文本(升序或降序)、数字(升序或降序)以及日期和时间(升序或降序)进行排序,还可以按自定义序列(如大、中和小)或格式(包括单元格颜色、字体颜色或图标集)进行排序。

1. 单列排序

(1)简单排序方法:选择要排序的列,或者确保活动单元格位于要排序的数据列中,单击功能区的"数据"选项卡→"排序和筛选"命令组→"升序"或"降序"命令,如图 4-35 所示。

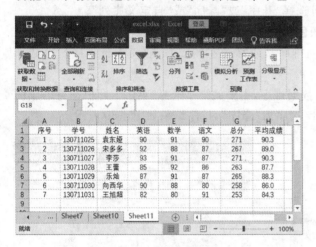

图 4-34　一个数据列表

图 4-35　"升序"和"降序"排序命令

:升序排序,对于文本数据,按字母升序排序;对于数值数据,按从小到大排序;对于日期和时间数据,按从早到晚排序。

:降序排序,排序规则与升序排序相反。

(2)"排序"对话框方法:选择要排序数据所在列,或者确保活动单元格位于要排序的数据列中,单击"数据"选项卡→"排序和筛选"命令组→"排序"命令,打开"排序"对话框,如图 4-36 所示。

在"排序"对话框中,单击"选项"按钮,打开"排序选项"对话框,如图 4-37 所示。在"排序选项"对话框中,若是对文本排序,可选择"区分大小写"。

如果工作表有数据列表标签(标题),则勾选"排序"对话框中的复选框"数据包含标题"。

另外,在"排序"对话框中还有如下设置:

①在"列"下的"主要关键字"框中,选择要排序的列。

②在"排序依据"下,选择排序类型。执行下列操作之一:

·若要按单元格值,选择"数值";

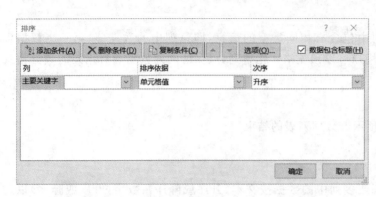

图 4-36 "排序"对话框 　　　　　　　　　　　图 4-37 "排序选项"对话框

·若要按单元格颜色排序,选择"单元格颜色";

·若要按字体颜色排序,选择"字体颜色";

·若要按图标集排序,选择"单元格图标"。

③在"次序"下,选择排序方式。执行下列操作之一:

·如在"排序依据"下选择"数值",可选择"升序"或"降序"或"自定义序列";

·如在"排序依据"下选择"单元格颜色""字体颜色"或"单元格图标",可将单元格颜色、字体颜色或图标移到顶部或底部(对于列排序),或移到左侧或右侧(对于行排序),可选择"在顶端""在底端""在左侧""在右侧"。

如图 4-38 所示,对图 4-34 中展示的数据排序,主要关键字选择"英语",即根据英语成绩排序,排序依据为"单元格值",主要关键字次序为"降序",排序结果如图 4-39 所示

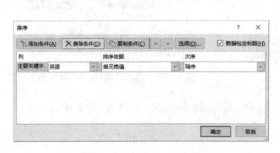

图 4-38 单列排序设置

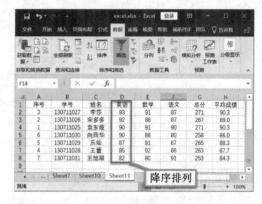

图 4-39 单列排序结果

2. 多列排序

多列排序最多可以按 64 列进行排序,实现步骤如下:

(1)选择要排序数据所在列,或者确保活动单元格位于要排序的数据列中。

(2)单击"数据"选项卡→"排序和筛选"命令组→"排序"命令,打开"排序"对话框,通过"添加条件"增加次要关键字。

(3)依次选择各排序关键的"列"、"排序依据"和"次序"。

(4)单击"确定"按钮完成排序。

若要删除作为排序依据的列,选择该条目,然后单击"删除条件"按钮。

若要更改列的排序顺序,选择一个条目,然后单击"向上"或"向下"箭头更改顺序。

　　仍以图 4-34 中展示的数据为例,如图 4-40 所示,主要关键字选择"总分",次要关键字选择"语文",即先根据总分排序,如果总分相同,再根据语文成绩排序,排序依据均为"单元格值",次序均为"降序",排序结果如图 4-41 所示。

图 4-40　多列排序设置

4.4.3　筛选

1. 筛选的概念

　　通过筛选工作表中的信息,可以快速查找数值。可以筛选一个或多个数据列。不但可以利用筛选功能控制要显示的内容,而且还能控制要排除的内容。既可以基于从列表中的选择进行筛选,也可以创建仅用来限定要显示的数据的特定筛选器。

2. 自动筛选

　　单击"数据"选项卡→"排序和筛选"命令组→"筛选"命令,列标题右下角出现箭头 ▼,单击列标题中的箭头,会出现一个筛选器选择列表,如图 4-42 所示。

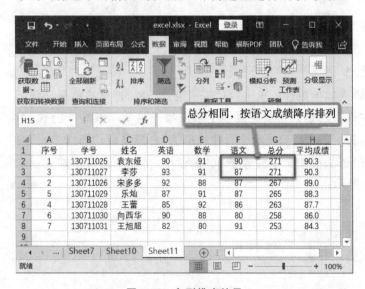

图 4-41　多列排序结果

图 4-42　筛选器选择列表

　　选中或清除用于显示从数据列中找到的值的复选框。

　　若要按列表中的值进行选择,清除"(全选)"复选框,这样将删除所有复选框的复选标记。然后,仅选中希望显示的值,单击"确定"按钮即可查看结果。

　　若要在列中搜索文本,在搜索框中输入文本或数字。还可以选择使用通配符,例如星号

— 125 —

(＊)或问号(?)。按【Enter】键,查看结果。

如图 4-43 所示,仅勾选"271",确定后仅显示总分为 271 分的学生。

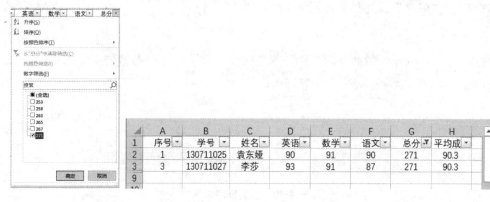

图 4-43   自动筛选总分为 271 的学生

3. 自定义筛选

完成自动筛选后,根据筛选列中的数据类型,Excel 会在列表中显示"数字筛选"或"文本筛选"。如图 4-44 所示,左边是"数字筛选"条件,右边是"文本筛选"条件。

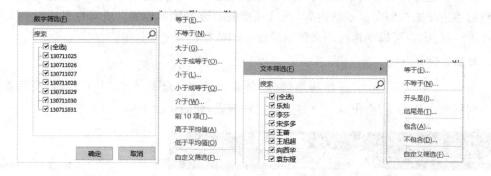

图 4-44   数字筛选条件和文本筛选条件

选择一个条件,然后选择或输入其他条件。单击"与"按钮组合条件,即筛选结果必须同时满足两个或更多条件;而选择"或"按钮,只需要满足多个条件之一即可。如图 4-45 所示,单击"语文"列的 ▼,选择"数据筛选"→"大于或等于",在弹出的"自定义自动筛选方式"对话框中,填写条件"90",即要选择"语文成绩大于或等于 90"的学生,另一个条件不选表示没有其他条件,筛选结果如图 4-46 所示。

图 4-45   "自定义自动筛选方式"对话框设置

	A	B	C	D	E	F	G	H
1	序号	学号	姓名	英语	数学	语文	总分	平均成
2	1	130711025	袁东娅	90	91	90	271	90.3
8	7	130711031	王旭超	82	80	91	253	84.3
9								
10								
11								

图 4-46　"语文成绩大于或等于 90"的筛选结果

4. 高级筛选

高级筛选可以在原区域显示筛选结果,也可以将筛选结果复制到指定位置。实现高级筛选的操作如下:

(1)打开要进行高级筛选的工作簿中的某个工作表,在此工作表无数据的单元格中输入高级筛选的条件。如要筛选"数学不低于 90 分,平均成绩不低于 85 分"的学生,如图 4-47 所示。

	A	B	C	D	E	F	G	H
1	序号	学号	姓名	英语	数学	语文	总分	平均成绩
2	1	130711025	袁东娅	90	91	90	271	90.3
3	2	130711026	宋多多	92	88	87	267	89.0
4	3	130711027	李莎	93	91	87	271	90.3
5	4	130711028	王蕾	85	92	86	263	87.7
6	5	130711029	乐灿	87	91	87	265	88.3
7	6	130711030	向西华	90	88	80	258	86.0
8	7	130711031	王旭超	82	80	91	253	84.3
9								
10								
11								
12	数学	平均成绩						
13	>=90	>=85						

图 4-47　设置高级筛选的条件

(2)单击"数据"选项卡→"排序和筛选"命令组→"高级"命令,打开"高级筛选"对话框,单击"列表区域"文本框,然后选择需要排序的数据区域,如图 4-48 所示,Excel 将把所选的数据区域填在"列表区域"文本框中。

	A	B	C	D	E	F	G	H
1	序号	学号	姓名	英语	数学	语文	总分	平均成绩
2	1	130711025	袁东娅	90	91	90	271	90.3
3	3	130711027	李莎	93	91	87	271	90.3
4	2	130711026	宋多多	92	88	87	267	89.0
5	5	130711029	乐灿	87	91	87	265	88.3
6	4	130711028	王蕾	85	92	86	263	87.7
7	6	130711030	向西华	90	88	80	258	86.0
8	7	130711031	王旭超	82	80	91	253	84.3

高级筛选 - 列表区域: Sheet1!$A$1:$H$8　　8R x 8C

图 4-48　选择列表区域

(3)单击"高级筛选"对话框中的"条件区域"文本框,然后选择条件区域,如图 4-49 所示,Excel 将把所选的区域填在"条件区域"文本框中。

(4)如图 4-50 所示,选择是在原有区域显示筛选结果,还是复制到其他位置,如果需要复制到其他位置,需要用与(2)、(3)中同样的方法选择"复制到"区域,单击"确定"按钮完成高级筛选,结果如图 4-51 所示。

4.4.4　分类汇总

1. 设置分类汇总

以一个年级的学生为例,分类是指按"班级"进行分类,即一个班的学生排列在一起;汇

图 4-49　选择条件区域

图 4-50　"高级筛选"对话框

	A	B	C	D	E	F	G	H
1	序号	学号	姓名	英语	数学	语文	总分	平均成绩
2	1	130711025	袁东娅	90	91	90	271	90.3
4	3	130711027	李莎	93	91	87	271	90.3
5	4	130711028	王蕾	85	92	86	263	87.7
6	5	130711029	乐灿	87	91	87	265	88.3

图 4-51　高级筛选结果

总是指统计同一个班所有学生"语文成绩"之和,其中,"班级"为分类字段,"语文"为汇总列。

Excel 提供的分类汇总功能可以使分类与统计一步完成,操作步骤如下:

(1)打开要分类汇总的工作簿中的某个工作表,先按分类字段对数据表进行排序,关于排序方法已经在前面介绍过,这一步是前提,不可忽略,否则得不到正确的结果。如图 4-52 所示,对表中数据按"班级"排序。

(2)单击"数据"选项卡→"分级显示"命令组→"分类汇总"命令,打开"分类汇总"对话框,如图 4-53 所示,其中"分类字段"选择"班级","汇总方式"为"求和","选定汇总项"勾选"语文",单击"确定"按钮完成分类汇总,结果如图 4-54 所示。

图 4-52　按"班级"排序数据

图 4-53　"分类汇总"对话框

除了求和之外,Excel 还提供了例如求平均、计数、最大值、最小值等多种汇总方式。

勾选"替换当前分类汇总"复选框,可使新的汇总替换数据清单中已有的汇总结果。

勾选"每组数据分页"复选框,可使每组汇总数据之间自动插入分页符。

勾选"汇总结果显示在数据下方"复选框,可使每组汇总结果显示在该组下方。

1 2 3	A	B	C	D	E	F	G	H	I
1	序号	学号	姓名	班级	英语	数学	语文	总分	平均成绩
2	1	130711025	袁东娅	1301	90	91	90	271	90.3
3	5	130711029	乐灿	1301	87	91	87	265	88.3
4				1301 汇总			177		
5	2	130711026	宋多多	1302	92	88	87	267	89.0
6	7	130711031	王旭超	1302	82	80	91	253	84.3
7				1302 汇总			178		
8	3	130711027	李莎	1303	93	91	87	271	90.3
9	4	130711028	王蕾	1303	85	92	86	263	87.7
10	6	130711030	向西华	1303	90	88	80	258	86.0
11				1303 汇总			253		
12				总计			608		

图 4-54　分类汇总结果

2. 分类汇总表的使用

分类汇总操作完成后,在工作表窗口的左侧会出现一些小控制按钮,如 1 2 3 、 ➕ 、
➖ 等,这些按钮可以改变显示的层次,便于分析数据。

(1)数字按钮:单击"1"仅显示总计结果,单击"2"显示小计的结果,单击"3"显示详细数据,如图 4-55 所示。

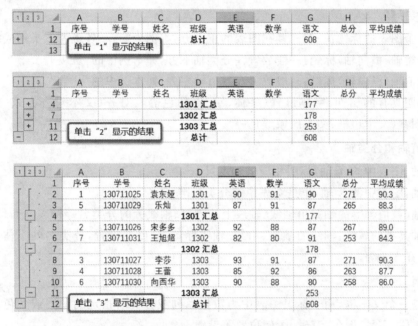

图 4-55　单击数字按钮的不同显示结果

(2) ➕ 、➖ 按钮:单击"＋""－"按钮可以展开/折叠局部数据。

(3)取消分类汇总:选中已分类汇总的数据列表中的任意一个单元格,单击"分类汇总"对话框中的"全部删除"按钮  。

4.5　图　　表

Excel 把数据表转换成图表,是数据的可视化表示,通过图表直观地显示工作表中的数据,形象地反映数据的差异、发展趋势。

4.5.1 图表结构

图表是由多个图表元素构成的,如图 4-56 所示。

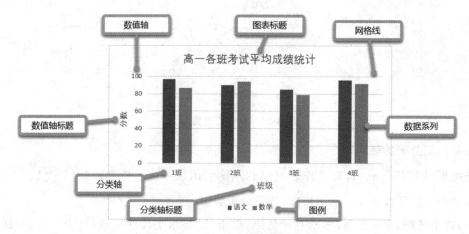

图 4-56 Excel 图表结构

1.图表标题

(1)整个图表的标题:一般放置在图表的正上方,本例为"高一各班考试平均成绩统计"。

(2)分类轴(横向轴)标题:一般放置在分类轴下方,如本例中的"班级"。

(3)数值轴(纵向轴)标题:一般放置在数值轴左方,如本例中的"分数"。

(4)标题具有的属性:字体设置(字体、字号、颜色等)、对齐(文本对齐方式、文本方向等)、文本图案(文本边框、文本区域颜色等)。

2.数值轴和分类轴

数值轴:图表中的 Y 轴,标明相应的刻度尺。

分类轴:图表中的 X 轴,也是图表中的分类标准。

分类轴、数值轴等的轴又由轴线、轴线上的刻度、轴线旁的分类名等构成。

每个轴具有的属性:轴线的颜色、粗细、轴线标签,刻度的设置,分类名的字体、大小、颜色,文本对齐方式等。

3.图例

图例是一个文本框,用于标识图表中为数据系列或分类所指定的图案或颜色。可以对图例进行字体、字号、颜色、背景、图例位置等设置。

4.数据系列

根据不同的图表,数据系列的呈现方式不同。可以对绘图区的背景色进行设置,也可以对数据系列颜色、形状、网格线、系列次序、数据标志等进行设置。

4.5.2 图表类型

1.按图表所处位置分类

1)嵌入式图表

嵌入式图表与数据在一起,浮于数据之上,在工作表的绘图层中。嵌入式图表可在工作表中移动、改变大小、改变比例、调整边界和实施其他运算。

2) 图表工作表

图表工作表是一个占据整个工作表的图表。生成图表工作表的数据表在视图上与图表工作表不在同一个工作表上,如果一个数据表有多个图表,通常会采用图表工作表方式建立图表,这样可以保证每个图表占据独立的表格区。图表工作表一样可以编辑。

2. 按图表形状分类

Excel 2010 提供了 11 种图表类型供用户进行数据分析,包括柱形图、折线图、饼图、条形图、面积图、散点图、股价图、曲面图、圆环图、气泡图和雷达图。不同的图可以从不同的角度,对同样的数据进行不同的表达或理解,说明不同的视角观点。

4.5.3　创建图表

将图 4-57 所示内容创建成图表的过程如下:

(1)选中准备创建图表的数据区域 A1:D12,如图 4-57 所示。

	A	B	C	D
1		运动会各系成绩表		
2	序号	系名	田赛得分	径赛得分
3	1	艺术系	82	82
4	2	信息系	90	89
5	3	新闻传播系	78	80
6	4	经济贸易系	86	85
7	5	金融系	83	86
8	6	基础部	80	76
9	7	工商管理系	82	83
10	8	法律系	80	87
11	9	财会系	91	90
12	10	外语系	88	86

图 4-57　要创建图表的数据区域 A1:D12

(2)单击功能区"插入"选项卡→"图表"命令组→"柱形图"→"所有图表类型"命令,打开"插入图表"对话框,如图 4-58 所示,打开的是"柱形图"选项卡,选择合适的柱形图,单击"确定"按钮创建图表。本例中选择的是"簇状柱形图",生成的图表如图 4-59 所示。

图 4-58　"插入图表"对话框

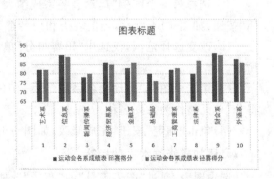

图 4-59　生成的簇状柱形图

4.5.4 编辑图表

1. 编辑图表标题

选中图表,在"图表工具"的"布局"选项卡→"标签"组→"图表标题"的子菜单中,可以设定图表标题的位置,如图 4-60 所示。

双击图 4-59 中的"图表标题",进入编辑模式,将标题修改为"运动会成绩表"。

2. 编辑坐标轴

选中图表,通过"图表工具"的"布局"选项卡→"坐标轴"组中的"坐标轴"和"标签"组中的"坐标轴标题",可以设置是否需要坐标轴和坐标轴标题。"坐标轴标题"子菜单如图 4-61 所示。

双击数值轴和分类轴的标题进入编辑模式,分别修改为"得分情况"和"系部名称"。

3. 添加或调整图例

选中图表,通过"图表工具"的"布局"选项卡→"标签"组中的"图例"子菜单,可以设置图例的位置,如图 4-62 所示。

图 4-60 图表标题位置设置

图 4-61 "坐标轴标题"子菜单

图 4-62 图例位置设置

在图例上调出右键菜单,选择"选择数据"命令,打开"选择数据源"对话框,如图 4-63 所示,当前表头和列名同时显示在图例上,现在要修改为只显示"田赛得分"或"径赛得分",实现步骤为:

(1)选择第一个图例"运动会各系成绩表 2010 田赛得分",单击"图例项(系列)"中的"编辑"按钮,如图 4-64 所示,当前表头和列名都在"系列名称"中。

(2)改变选择范围,仅选中"田赛得分"单元格,"系列名称"中的值会随之变化,如图 4-65 所示。

(3)第二个图例"运动会各系成绩表 2010 径赛得分"使用同样的方法修改,但选择"径赛得分"单元格作为系列名称。

(4)单击"确定"按钮,完成修改,如图 4-66 所示。

4. 添加或修改水平轴标签

选中图表,通过"图表工具"的"布局"选项卡→"坐标轴"组→"坐标轴"菜单,可以设置坐标轴的位置。

在坐标轴上调出右键菜单,选择"选择数据"命令,打开"选择数据源"对话框,如图 4-63

图 4-63　"选择数据源"对话框

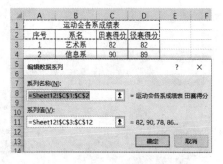

图 4-64　修改前图例选择范围

图 4-65　仅选择"田赛得分"作为图例名称

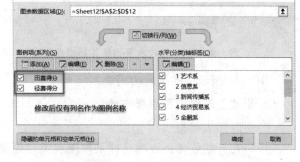

图 4-66　修改图例后的结果

所示,可以设置水平轴显示的内容。单击"水平(分类)轴标签"中的"编辑"按钮,如图 4-67 所示,当前序号和系名同时显示在图例上,现在只选择"系名"列,如图 4-68 所示,单击"确定"按钮,图例上就只有系名了,如图 4-69 所示。

	A	B	C	D	E
1	运动会各系成绩表				
2	序号	系名	田赛得分	径赛得分	
3	1	艺术系	82	82	
4	2	信息系	90	89	
5	3	新闻传播系	78	80	
6	4	经济贸易系	86	85	
7	5	金融系	83	86	
8	6	基础部	80	76	
9	7	工商管理系	82	83	
10	8	法律系	80	87	
11	9	财会系	91	90	
12	10	外语系	88	86	
13					

轴标签
轴标签区域(A):
=Sheet12!$A$3:$B$12　= 1 艺术系, 2 信息系, ...
确定　取消

图 4-67　序号和系名同时作为图例名称

	A	B	C	D	E
1	运动会各系成绩表				
2	序号	系名	田赛得分	径赛得分	
3	1	艺术系	82	82	
4	2	信息系	90	89	
5	3	新闻传播系	78	80	
6	4	经济贸易系	86	85	
7	5	金融系	83	86	
8	6	基础部	80	76	
9	7	工商管理系	82	83	
10	8	法律系	80	87	
11	9	财会系	91	90	
12	10	外语系	88	86	
13					

轴标签
轴标签区域(A):
=Sheet12!$B$3:$B$12　= 艺术系, 信息系, 新闻传
确定　取消

图 4-68　仅系名作为图例名称

5. 添加数据标签

选中图表,通过"图表工具"的"布局"选项卡→"标签"→"数据标签"子菜单,可以设置数据标签放置的位置,如图 4-70 所示,本例中选择"数据标签外"。

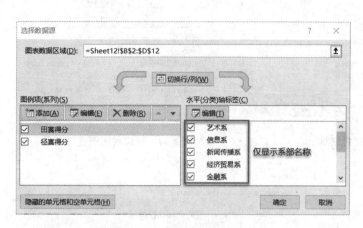

图 4-69　修改水平轴标签后的结果

图 4-70　数据标签位置设置

图 4-71 所示为修改后的图表。

6. 更改图表类型及图表布局

1)更改图表类型

用户在开始创建图表时选择某种图表类型创建了相应的图表,以后可能因应用的需要,要调整或更改为新的图表类型。

(1)在要更改的图表上调出右键菜单,选择"更改图表类型"命令,或单击功能区"图表工具"的"设计"选项卡→"类型"命令组→"更改图表类型"命令,如图 4-72 所示。

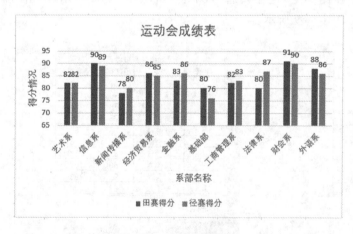

图 4-71　修改后的图表

图 4-72　"更改图表类型"命令

(2)打开"更改图表类型"对话框,如图 4-73 所示,选择另一种类型图表,再从右窗格中的子类型中选择一种具体的类型,这时图表的类型就变更为新设定的图表类型。图 4-74 展示了更改为簇状条形图的效果。

2)更改图表布局

图表布局是对图表中图表元素结构合理组合的处理。如图 4-75 所示,Excel 对图表布局提供了 11 种基本布局方式,以抽象的模型结构表示图表元素不同排列方式的格局。

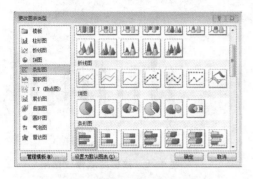

图 4-73　"更改图表类型"对话框

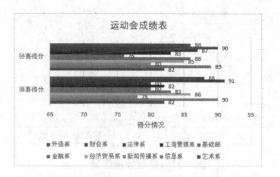

图 4-74　修改为簇状条形图的效果

实现图表布局操作如下：

（1）在要更改布局的图表上调出右键菜单，或单击功能区"图表工具"下"设计"选项卡→"图表布局"组，打开"图表布局"命令菜单。

（2）选择其中某布局命令，新布局的图表就会显示出来。本例中选择了"布局 5"，图4-76 展示了图 4-71 更改为布局 5 后的结果。

图 4-75　11 种基本布局方式

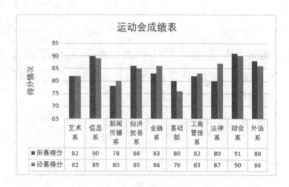

图 4-76　应用布局 5 后的结果

7. 更改图表数据区域

如要对图 4-76 所示图表中的数据进行更改，操作步骤如下：

（1）在要更改数据的图表上调出右键菜单，选择"选择数据"命令，或者单击功能区"图表工具"下"设计"选项卡→"数据"命令组→"选择数据"命令，打开"选择数据源"对话框，如图 4-63 所示。

（2）在"图表数据区域"中可以对生成图表的数据区域进行重新选择，如图 4-77 所示，当前"系名""田赛得分""径赛得分"均在数据区域内，现修改为只要"系名"和"田赛得分"，单击"确定"按钮完成修改，结果如图 4-78 所示。

8. 移动图表及调整图表大小

1）移动图表

选择工作表中的图表，将鼠标移到图表的边框位置，当鼠标指针变为 时，拖动图表到新的位置。

如果希望图表与产生图表的数据在不同的工作表中，可将图表单独地放在一个工作表中，该工作表称为图表工作表。移动图表到另一工作表的操作如下：

图 4-77 修改数据区域　　　　　　　　　　图 4-78　数据区域修改结果

(1)单击要移动的图表,然后单击功能区"图表工具"下"设计"选项卡→"位置"命令组→"移动图表"命令,如图 4-79 所示。

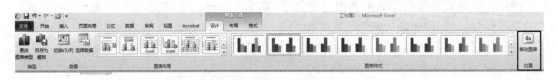

图 4-79　"移动图表"命令

(2)在打开的"移动图表"对话框中,如图 4-80 所示,选中"新工作表"单选按钮,再单击"确定"按钮,就可将工作表中的数据与图表分开显示,实现图表放在单独的一个工作表中。本例运动会成绩表在 Sheet12 中,它的图表在 Chart1 中。这里 Chart1 是一个图表工作表,移动效果如图4-81所示。

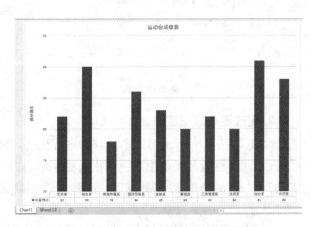

图 4-80　"移动图表"对话框　　　　　　　图 4-81　移动图表的效果

2)调整图表大小

(1)手动调整:单击工作表图表,在图表的边框上会有 8 个尺寸控点,将鼠标移至图表边框控点处,当鼠标指针变为双向箭头形状时,拖动鼠标就可调整图表的大小。

(2)使用"设置图表区格式"对话框调整:选择需要调整的图表,然后单击功能区"图表工具"下"格式"选项卡→"大小"命令组右下角的箭头,就打开了"设置图表区格式"对话框,在此对话框中完成图表大小的设置。

 习题 4

1. 单项选择题

(1)在 Excel 中执行存盘操作时,作为文件存储的是(　　)。

A. 工作表　　　　　　B. 工作簿　　　　　　C. 图表　　　　　　D. 报表

(2)在 Excel 中,在单元格中输入"04/8",回车后显示的数据是(　　)。

A. 4 8　　　　　　　B. 0.5　　　　　　C. 048　　　　　　D. 4 月 8 日

(3)在 Excel 中,下列为绝对地址引用的是(　　)。

A. $A5　　　　　　B. $E$6　　　　　　C. F6　　　　　　D. E$6

(4)在 Excel 中,计算工作表 A1:A10 数值的总和,使用的函数是(　　)。

A. SUM(A1:A10)　　　　　　　　　B. AVERAGE(A1:A10)

C. MIN(A1:A10)　　　　　　　　　D. COUNT(A1:A10)

2. 名词解释

(1)工作簿。　　　(2)工作表。　　　(3)单元格。　　　(4)单元格地址。

(5)单元格区域。　(6)填充柄。　　　(7)图表。　　　　(8)数据清单。

(9)图表区。　　　(10)公式。

3. 填空题

(1)Excel 标题栏左上角是_____。

(2)Excel 工作窗口就是一个_____。

(3)打开 Excel 工作窗口就有一个_____,默认名为_____。

(4)工作簿的默认文件名为_____。

(5)下面的操作可以选定多个不相邻工作表:首先单击其中一个工作表标签,再按住_____键,然后分别单击要选定的工作表的标签。

(6)如果用户不想让他人看到自己的某些工作表中的内容,可使用_____功能。

(7)Excel 新建工作簿时,会默认并自动创建_____个工作表。

(8)冻结工作表的冻结功能主要用于冻结_____和列标题。

(9)在进行查找操作之前,需要首先_____。

(10)Excel 关于编辑工作表实际上就是编辑_____中的内容。

4. 简答题

(1)试述 Excel 常用的退出方法。

(2)图表创建以后,可能需要调整图表的大小,以便更好地显示图表及工作表中的数据。简述调整图表大小可以使用的方法。

(3)如何取消选定的工作表?

(4)如何删除一个工作表?

(5)如何设置日期格式?

(6)简述引用单元格的引用方式,并举例说明。

(7)在进行"分类汇总"时,可以选择具体的汇总方式有哪些?

5. 操作题

(1)新建工作簿。

(2)重命名工作表标签。

(3)设定工作表标签颜色。

(4)保护工作表。

(5)设置自动筛选。

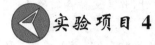 实验项目 4

实验 1 建立.xlsx 文件

实验 2 IF 函数应用

实验 3 求和功能的应用

实验 4 多工作表的数据运算

实验 5 分类汇总

实验 6 创建图表

实验 7 Excel 2010 数据图表化

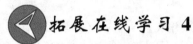 拓展在线学习 4

第 5 章　PowerPoint 2010 制作演示文稿

【内容提要】

PowerPoint 2010 是 Microsoft 公司的 Office 2010 系列办公软件中的一个演示文稿处理软件。该软件简称 PPT，应用很广泛。PowerPoint 通过对文字、图形、图像、色彩、声音、视频、动画等元素的应用，设计制作出符合要求的产品宣传、工作汇报、教学培训、会议演讲等演示文稿。PowerPoint 具有数据计算、数据统计、数据分析、图表制作等功能。

PowerPoint 的中文意思是演示文稿之意。演示文稿是把静态文件制作成动态文件浏览，把复杂的问题变得通俗易懂，使之更加生动，给人留下更为深刻印象的幻灯片。所以 PowerPoint 别称幻灯片，简称 PPT。

 **5.1　预备知识**

Microsoft Office PowerPoint 2010 是一种演示文稿的创建和编辑程序，使用它可以更加方便轻松地创建、编辑和保存演示文稿。

5.1.1　启动与退出

1. 启动

启动 PowerPoint 2010 的方法也有多种。其中常用的方法有以下几种。

（1）在 Windows 7 的任务栏上选择"开始"→"所有程序"→ Microsoft Office → Microsoft PowerPoint 2010，然后单击。

（2）在计算机任务栏上选择"开始"→"所有程序"→ Microsoft Office → Microsoft PowerPoint 2010，右键单击，在弹出的菜单中选择"发送到"→"桌面快捷方式"命令，建立起 PowerPoint 2010 的桌面快捷方式，然后，双击 PowerPoint 2010 的桌面快捷方式图标，即可快速启动 PowerPoint 2010。

（3）在计算机任务栏上选择"开始"→"所有程序"→ Microsoft Office → Microsoft PowerPoint 2010，右键单击，在弹出的菜单中选择"锁定到任务栏"命令（有的 Windows 7 版本可能没有"锁定到任务栏"命令）。此后，在任务栏上单击 PowerPoint 2010 程序图标即可快速启动该程序。

（4）双击已经存在的演示文稿，即可打开并启动 PowerPoint 2010 程序。

2. 退出

常用的方法有以下几种。

（1）通过标题栏"关闭"按钮退出。

单击 PowerPoint 2010 窗口标题栏右上角的"关闭"按钮，退出 Excel 2010 应用程序。

(2)通过"文件"选项卡关闭。

单击"文件"选项卡 **文件**，再单击"退出"按钮，退出 PowerPoint 2010 应用程序，如图 5-1 所示。

(3)通过标题栏右键快捷菜单，或者右上角控制图标的控制菜单关闭。

右击 PowerPoint 2010 标题栏，再单击快捷菜单中的"关闭"命令，或者单击右上角的控制图标，在控制菜单中单击"关闭"命令，退出 PowerPoint 2010 应用程序，如图 5-2 所示。

图 5-1　单击"文件"选项卡退出　　　　图 5-2　通过标题栏右键快捷菜单退出

(4)使用快捷键关闭。

按键盘上的【Alt＋F4】键，关闭 PowerPoint 2010。

5.1.2　界面

启动界面完成后，显示图 5-3 所示的主界面，包括标题栏、功能区、幻灯片窗格、缩略图窗格、备注窗格和状态栏。

图 5-3　PowerPoint 2010 主界面

1. 标题栏

标题栏位于窗口的顶部，分为三部分。左侧是程序图标 **P** 和快速访问工具栏 ，单击 可以自定义快速访问工具栏。中间用于显示该演示文稿的文件名。右侧是控制按钮区，包括最小化、还原和关闭按钮。

2. 功能区

功能区的上面一行最左边是"文件"选项卡，接着是"开始""插入"等选项卡。

功能区中所有的命令按钮按逻辑被组织在"命令组"(或称"组")中，同时集中在相关的选项卡下面。

在功能区的右上角,有一个图标 △,单击它可以将功能区最小化,即仅显示功能区上的选项卡名称,如图 5-4 所示。此时右上角的图标变为 ♡,单击该图标又可以展开功能区。

3．幻灯片窗格

幻灯片窗格是用来编辑演示文稿中当前幻灯片的区域,在这里可以对幻灯片进行所见即所得的设计和制作。

4．缩略图窗格

缩略图窗格包括"幻灯片"和"大纲"两个选项卡。"幻灯片"选项卡显示演示文稿中每张幻灯片的一个完整大小的缩略图版本,单击相应的缩略图,即可在幻灯片窗格

图 5-4　功能区最小化后的 PowerPoint 2010 主界面

中显示并编辑该幻灯片。在"幻灯片"选项卡中拖动缩略图可以重新排列演示文稿中的幻灯片。还可以在"幻灯片"选项卡上进行添加和删除幻灯片的操作。

单击"大纲"选项卡,即可从"幻灯片"选项卡切换到"大纲"选项卡。

"大纲"选项卡显示演示文稿中每张幻灯片的编号、标题和主体中的文字,因此使用大纲视图更容易快速地查看幻灯片内容的大纲。

5．备注窗格

在演示文稿中的每张幻灯片里都可以添加相应的备注信息,备注窗格中显示当前幻灯片窗格中的幻灯片的备注信息,单击备注窗格即可添加和修改备注信息。

6．状态栏

状态栏位于应用程序的底端。PowerPoint 2010 中的状态栏与其他 Office 软件中的略有不同,而且在 PowerPoint 2010 运行的不同阶段,状态栏会显示不同的信息。图 5-5 所示的状态栏中,显示的内容包括当前幻灯片的编号和总数、"Office 主题"名称、拼写检查按钮和语言、幻灯片的四种视图(变色显示当前视图)、幻灯片的缩放栏。

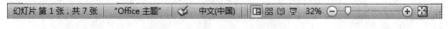

图 5-5　PowerPoint 2010 状态栏

5.1.3　视图方式

PowerPoint 2010 的窗口可以根据不同的视图方式来显示演示文稿的内容。常用的视图方式有四种,分别是普通视图、幻灯片浏览视图、阅读视图和幻灯片放映视图,单击状态栏上的视图切换按钮 中对应按钮即可切换到不同的视图状态,如图 5-6 所示。

普通视图是 PowerPoint 2010 默认的视图,如图 5-6(a)所示。在对幻灯片编辑时一般都使用普通视图。这种视图里有"幻灯片"和"大纲"两个选项卡,默认为"幻灯片"选项卡。在"幻灯片"选项卡下,列出演示文稿中所有幻灯片,可以单击选择幻灯片为当前幻灯片,在幻灯片窗格中进行编辑当前幻灯片。

幻灯片浏览视图如图 5-6(b)所示。在这种视图中,可以查看演示文稿中所有幻灯片的缩略图,从而方便地定位、添加、删除和移动幻灯片。

单击幻灯片阅读视图按钮,即可一页一页地浏览每张幻灯片。如图 5-6(c)所示,通过右

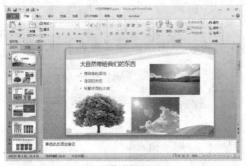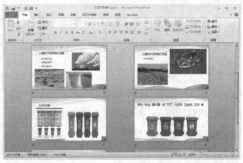

(a)普通视图   (b)幻灯片浏览视图

(c)阅读视图   (d)幻灯片放映视图

图 5-6 PowerPoint 2010 的四种视图方式

下角的按钮组合 ，可以方便地向前翻页、对幻灯片进行相关操作、向右翻页等。

单击幻灯片放映视图按钮，即可从第一张幻灯片开始放映幻灯片。在放映时，幻灯片会铺满整个屏幕，如图 5-6(d)所示。如果显示器是宽屏，左右未铺满部分均显示为黑色。

5.2 基本操作

演示文稿的基本操作包括创建新演示文稿、保存、关闭和打开演示文稿等。

5.2.1 创建新演示文稿

当在已存在的演示文稿中创建新演示文稿时，单击"文件"选项卡，选择"新建"命令，出现可以用来创建新演示文稿的模板和主题，如图 5-7 所示。PowerPoint 2010 提供了多种创建演示文稿的方法，包括"空白演示文稿"、"样本模板"、"主题"等新建演示文稿的方式。下面介绍几种常用的创建方法。

1)创建空白演示文稿

(1)单击"文件"选项卡，选择"新建"命令，出现如图 5-7 所示页面。

(2)在"可用的模板和主题"窗格中，选择"空白演示文稿"，并在右侧窗格中单击"创建"按钮即可创建一个新的空白演示文稿。

2)根据"主题"创建新演示文稿

(1)单击"文件"选项卡，选择"新建"命令，出现如图 5-7 所示页面。

(2)在"可用的模板和主题"窗格中，选择"主题"，出现如图 5-8 所示页面。

(3)选择合适的主题，如图 5-8 中的"流畅"主题，在右侧窗格中单击"创建"按钮即可创建一个基于"流畅"主题的新演示文稿。

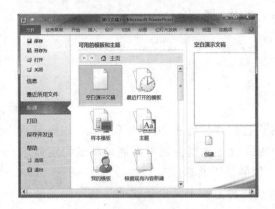

图 5-7　创建空白演示文稿

图 5-8　基于"主题"创建新演示文稿

3）根据"样本模板"创建新演示文稿

（1）单击"文件"选项卡，选择"新建"命令，出现如图 5-7 所示页面。

（2）在"可用的模板和主题"窗格中，选择"样本模板"，出现如图 5-9 所示页面。

（3）单击选择合适的样本模板，如图 5-9 中的"PowerPoint 2010 简介"，在右侧窗格中单击"创建"按钮即可创建一个基于"PowerPoint 2010 简介"样本模版的新演示文稿。

4）根据"Office.com 模板"创建新演示文稿

（1）单击"文件"选项卡，选择"新建"命令，出现如图 5-7 所示页面。

（2）在"可用的模板和主题"窗格中，拖动下拉滑块，在"Office.com 模板"中选择模板类型，图 5-10 所示是先选择"证书、奖状"，然后选择"学院"后出现的页面。

（3）单击选择合适的模板，如图 5-10 中的"学生考勤优秀奖"模板，在右侧窗格中单击"下载"按钮即可从 Office.com 上下载模板，并创建一个基于下载的"学生考勤优秀奖"模版的新演示文稿。

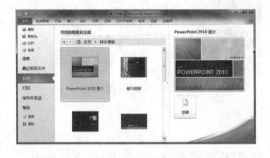

图 5-9　通过"样本模板"创建新演示文稿

图 5-10　通过"Office.com 模板"创建新演示文稿

在"可用的模板和主题"窗格中，通过后退按钮 ← 即可返回当前内容的上一级页面，通过前进按钮 → 即可返回刚退出的下一级页面。

5.2.2　演示文稿的保存

演示文稿创建或编辑之后，需要将其保存。最简单的方式是直接在程序左上角的快速访问工具栏中单击"保存"按钮 💾 或是按【Ctrl＋S】组合键。第一次保存时会弹出"另存为"对话框，设置好文件名和保存路径后，单击"保存"按钮，新演示文稿就保存为扩展名为.pptx 的文档。

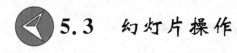

5.3 幻灯片操作

5.3.1 添加和修改

1. 添加幻灯片

PowerPoint 中除"空白"版式外,还包含 9 种内置幻灯片版式,如图 5-11 所示,根据演示文稿所采用的主题和模板的不同,这 9 种内置的版式也有区别。也可以创建满足特定需求的自定义版式,并与使用 PowerPoint 创建演示文稿的他人共享。

添加新幻灯片的方法主要有如下 4 种。注意这 4 种方法中无论新建的是哪种版式的幻灯片,都可以继续对其版式进行修改。

(1) 选择所要插入幻灯片的位置,按下回车键,即可创建一个"标题和内容"幻灯片。

(2) 选择所要插入幻灯片的位置,在该幻灯片上单击右键,从弹出的快捷菜单中选择"新建幻灯片",创建一个"标题和内容"幻灯片。

(3) 在默认视图(普通视图)模式下,单击"开始"选项卡下的"新建幻灯片"命令上半部分图标，即可在当前幻灯片的后面添加系统设定的"标题和内容"幻灯片。

(4) 在"开始"选项卡下单击"新建幻灯片"命令的下半部分字体或右下脚的箭头，则出现不同幻灯片的版式供挑选,单击即可选择并新建相应的幻灯片。

2. 修改幻灯片版式

(1) 单击"开始"选项卡下"幻灯片"命令组中的"版式"按钮。

(2) 弹出如图 5-11 所示的页面,页面中反色显示的,是当前选中幻灯片的版式。

(3) 单击所需要的版式即可对当前幻灯片的版式进行修改。

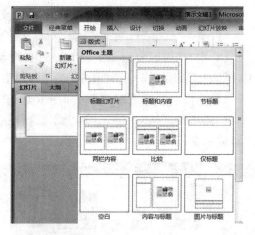

图 5-11　幻灯片版式

5.3.2 选择和复制

1. 选择幻灯片

在普通视图下,用鼠标单击缩略图窗格中"幻灯片"选项卡下的幻灯片图标,即可选中一张幻灯片。在幻灯片浏览视图下,直接用鼠标单击幻灯片图标即可选中一张幻灯片。

选中一张幻灯片后,按住【Ctrl】键,单击其他幻灯片图标,即可选中多张不一定连续的幻灯片。

选中一张幻灯片后,按住【Shift】键,再单击另外一张幻灯片,即可选中这两张幻灯片及其中间的所有幻灯片。

2. 复制幻灯片

在普通视图或幻灯片浏览视图下,选中一张或多张幻灯片后,按住【Ctrl+C】组合键,或者单击"开始"选项卡下的"剪贴板"命令组中的"复制"命令,或者单击鼠标右键,在弹出的菜单中选择"复制"命令,即可将所选中的幻灯片复制到剪贴板里。

此时在本演示文稿或其他已打开的演示文稿中的相应位置按住【Ctrl＋V】组合键,或者单击"开始"选项卡下的"剪贴板"命令组中的"粘贴"命令,或者单击鼠标右键,在弹出的菜单中选择"粘贴"命令,即可将剪贴板中复制的幻灯片复制到所选演示文稿的相应位置。

5.3.3　移动和删除

1. 移动幻灯片

在本演示文稿中进行幻灯片复制和移动时,可以在选中一张或多张幻灯片后,用鼠标拖动到本演示文稿中待放置的位置,来实现幻灯片的移动,如果在移动之前按住【Ctrl】键不动至移动结束,那么就实现了幻灯片的复制和移动操作。

另外,用【Ctrl＋X】(剪切)和【Ctrl＋V】(粘贴)两个组合键也可以实现幻灯片的移动。

2. 删除幻灯片

(1)选中所需删除的一张或多张幻灯片。

(2)按【Delete】键,或者单击"开始"选项卡中"剪贴板"命令组下的"剪切"命令,或者单击鼠标右键,在弹出的菜单中选择"删除"命令,即可删除不需要的幻灯片。

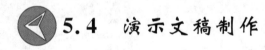

5.4　演示文稿制作

5.4.1　幻灯片编辑

幻灯片的编辑包括在幻灯片中输入文本内容,将输入的文本以更加形象的格式或效果呈现出来,还包括在幻灯片中插入图形、图像、音频、视频等多媒体元素等。下面分别介绍。

1. 文本输入

在幻灯片中输入文本一般是通过占位符来实现的。通俗地讲,占位符就是先占住一个固定的位置,等着用户再往里面添加内容的符号。占位符在幻灯片上表现为一个虚框,虚框内部往往有"单击此处添加标题"之类的提示语,一旦鼠标单击,提示语会自动消失。

在演示文稿中输入文本内容时,首先选中需要添加文字的幻灯片为当前幻灯片,然后单击当前幻灯片中的占位符,最后添加文字即可。

如图 5-12(a)所示,在新建空白演示文稿中选中第一张标题幻灯片,单击"单击此处添加标题"占位符,添加主标题;单击"单击此处添加副标题"占位符,添加副标题。

图 5-12(b)所示是标题内容幻灯片,其中虚线占位符内可以添加文本、表格、图像、视频等内容,但是只能选择一种进行添加。当添加完内容之后,占位符内其他内容自动消失。由此可见,占位符能起到规划幻灯片结构的作用。

2. 设置文本格式

1) 设置文本字体格式

PowerPoint 2010 中的字体格式通过功能区中"开始"选项卡下的"字体"命令组来完成,"字体"命令组中的大部分格式设置与 Word 2010 类似,如图 5-13 所示。单击图 5-13 中"字体"命令组右下角的展开按钮 ,弹出如图 5-14 所示的"字体"对话框,在该对话框中可以对

 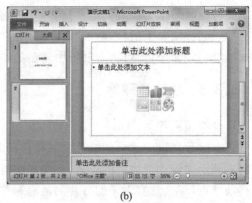

(a)   (b)

图 5-12　幻灯片文本输入

"字体"及"字符间距"进行详细的设置。

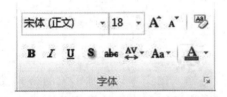

图 5-13　"开始"选项卡下的"字体"命令组　　　图 5-14　"字体"对话框

设置字体格式的操作步骤如下。

(1)在幻灯片中选中待设置的文本,如本例中的"判断小能手"。

(2)在"开始"选项卡下的"字体"命令组中设置字体为华文琥珀,字号为 36,颜色为红色,文字加粗,单击文字阴影按钮 **S** 给文本添加阴影,效果如图 5-15 所示。

2)设置文本艺术字样式

当鼠标置于占位符内,或选定幻灯片上的文字时,单击"绘图工具格式"选项卡,功能区会反色显示出"绘图工具格式"选项卡,出现图 5-16 所示的"艺术字样式"命令组。

为文字或标题设置艺术字样式,可以增强视觉冲击力。PowerPoint 2010 在"艺术字样式"命令组提供了艺术字样式库,单击图 5-16 中的下拉按钮 ⏷ ,即可弹出图 5-17 所示的艺术字样式库。当鼠标停留在某个样式上面时可以实时预览当前选中文字或形状的艺术字样式的效果。

也可以对已有艺术字样式的填充效果、边框效果及特殊效果进行修改或自定义。如图 5-16所示,单击"艺术字样式"命令组中的"文本填充""文本轮廓""文本效果"三个下拉按钮进行设置即可,如图 5-18 所示。其中:"文本填充"使用纯色、渐变、图片或纹理填充文本,如图 5-18(a)所示;"文本轮廓"指定文本轮廓的颜色、宽度和线型,如图 5-18(b)所示;"文本效果"对文本应用外观效果(如阴影、发光、映像或三维旋转),如图 5-18(c)所示。

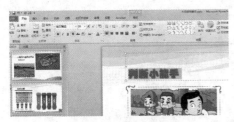

图 5-15　设置字体格式

图 5-16　"艺术字样式"命令组

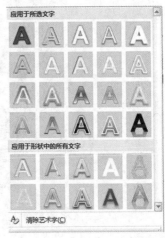

图 5-17　艺术字样式库

单击"艺术字样式"命令组右下角的 ⬚，弹出如图 5-19 所示的"设置文本效果格式"对话框，在该对话框中可以对文本的填充、轮廓和效果进行全面设置。

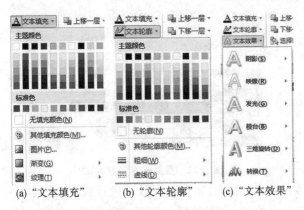

(a)"文本填充"　(b)"文本轮廓"　(c)"文本效果"

图 5-18　自定义艺术字样式

图 5-19　"设置文本效果格式"对话框

设置艺术字的操作步骤如下。

(1)选中需要设置艺术字的文字，如图 5-15 中的标题"判断小能手"。

(2)在"绘图工具格式"选项卡下的"艺术字样式"命令组中，单击"文本效果"命令，弹出图 5-18(c)所示的菜单。

(3)单击"转换"菜单，在弹出的列表中单击即可选择某种艺术字样式如"上弯弧"，如图 5-20所示。

(4)如果对已经设置的艺术字样式不满意，可以清除艺术字样式或重新设置艺术字样式。"清除艺术字"命令在图 5-17 中的最后一行。

3)设置文本样式

以下为设置文本样式的操作步骤，其他形状样式的处理与下面操作步骤类似。

(1)选中需要设置的样式目标，例如单击图 5-15 中的主标题"判断小能手"占位符的边框。

(2)在"开始"选项卡下，单击"绘图"命令组中"快速样式"命令的下拉按钮 ⬚，弹出形状样式库，当鼠标停留在某个样式上面时可以即时预览当前样式的效果，如图 5-21 所示，当鼠标停留在"细微效果-褐色，深色 1"形状样式上时，"判断小能手"占位符框就有效果。

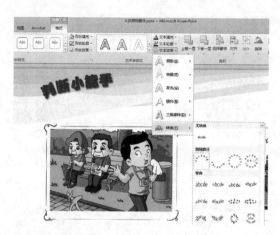

图 5-20　设置"转换"艺术字样式

（3）单击某个形状样式即可将其应用于选中的文本样式。

（4）如果对已经设置的形状样式不满意，可以重新选择形状样式。单击"其他主题填充"，将鼠标放置在"样式 5"上预览效果，单击即可设置该形状样式，如图 5-22 所示。

图 5-21　选择形状样式

图 5-22　重新选择形状样式

（5）如果希望对库中已有形状样式的填充效果、边框效果及特殊效果进行修改或自定义形状样式，如图 5-23 所示，单击"形状样式"命令组中的"形状填充""形状轮廓""形状效果"三个命令的下拉按钮进行设置即可，如图 5-24 所示。其中："形状填充"使用标准色、渐变、图片或纹理填充选定形状，如图 5-24（a）所示；"形状轮廓"指定选定形状轮廓的颜色、粗细和线型，如图 5-24（b）所示；"形状效果"对选定形状应用外观效果，如阴影、发光、映像或三维旋转，如图 5-24（c）所示。

图 5-23　"形状样式"命令组

也可以单击"形状样式"命令组右下角的 ▣ ，弹出如图 5-25 所示的"设置形状格式"对话框，在该对话框中可以对形状的填充、线条颜色和阴影等进行全面设置。

4）设置段落格式

设置段落格式的操作步骤如下。

（1）在幻灯片中选中待设置的段落，如图 5-26（a）所示。

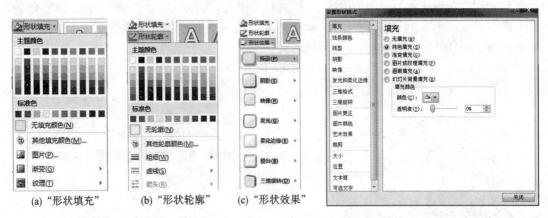

(a)"形状填充"　　(b)"形状轮廓"　　(c)"形状效果"

图 5-24　自定义形状样式　　　　　　　图 5-25　"设置形状格式"对话框

(2)在"开始"选项卡中的"段落"命令组中,单击项目符号按钮,选择"带填充效果的钻石形项目符号",如图 5-26(b)所示。也可以单击"项目符号和编号",在弹出的菜单中设置合适的项目符号。

(3)在"段落"命令组中,单击行距按钮,设置行距为"1.5"倍行距,如图 5-26(c)所示。

(4)在"段落"命令组中,单击文字方向按钮,设置文字方向为"竖排",如图 5-26(d)所示。

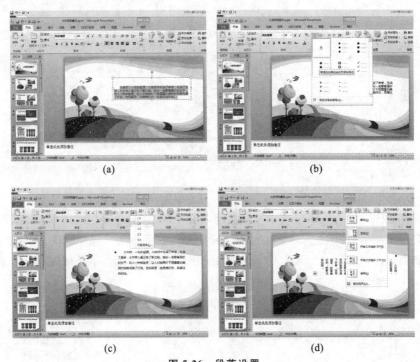

(a)　　　　　　　　　　　(b)

(c)　　　　　　　　　　　(d)

图 5-26　段落设置

3. 插入图形图像

在幻灯片中插入图形图像,可以丰富幻灯片内容,加强演示文稿的表达效果。

1)插入图像

在幻灯片中插入图像时,首先选择要插入图片的幻灯片,然后单击"插入"选项卡下的"图像"命令组的"图片"命令,如图 5-27 所示。"图像"命令组将可插入的图像分为图片、剪贴画、屏幕截图、相册四种类别,如图 5-28 所示。

(1)"图片":插入来自文件的图片。如果插入图片,选择幻灯片上插入的地方后,单击"图片"命令弹出图 5-29 所示的"插入图片"对话框,显示插入的图片来源。单击要插入的图片缩略图,再单击"插入"按钮完成图片的插入。

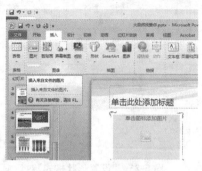

图 5-27 "图片"命令

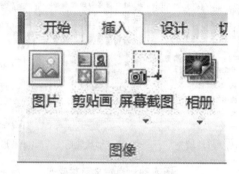

图 5-28 "图像"命令组

(2)"剪贴画":将剪贴画插入文档,包括绘图、影片、声音或库存照片,以展示特定的概念。单击"剪贴画"命令,在右边弹出剪贴画窗格,在这里搜索如"计算机"有关的插图文件,如图 5-30 所示,搜索完毕后的结果如图 5-31 所示。单击某个剪贴画即可完成剪贴画插到幻灯片的当前位置,并可调整大小和所需位置。

图 5-29 "插入图片"对话框

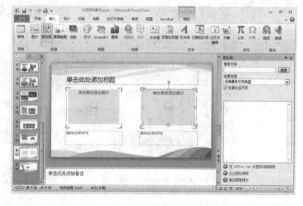

图 5-30 插入剪贴画操作

(3)"屏幕截图":插入任何未最小化到任务栏的程序的图片,包括"可用视窗"和"屏幕剪辑"两个部分。"可用视窗"显示当前未最小化到任务栏的所有活动程序的图片,单击图片即可将其插入到幻灯片,如图 5-32 所示。"屏幕剪辑"用于自行选择插入屏幕任何部分的图片。

图 5-31 搜索剪贴画后单击插入

图 5-32 插入屏幕截图

例如,要在图 5-33 的当前幻灯片上插入当前桌面部分画面。当前桌面如图 5-34 所示。

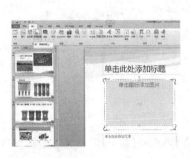

图 5-33　在当前幻灯片上插入屏幕截图　　　　　　　　图 5-34　当前桌面

单击"屏幕剪辑"后屏幕反灰显示,鼠标变成十字形,单击并拖动鼠标选择当前屏幕上所需部分的图片,如图 5-35 所示,放开鼠标后当前所选图片便插入到了幻灯片中,然后可以进行编辑,如图 5-36 所示。

图 5-35　屏幕截图剪辑　　　　　　　　　　　　　图 5-36　插入屏幕截图

(4)"相册":根据一组图片创建或编辑一个演示文稿,每张图片占用一张幻灯片。单击"相册"命令,选择"新建相册"命令,弹出如图 5-37 所示的"相册"对话框,单击"文件/磁盘"按钮,弹出"插入新图片"对话框,可以选择插入一张或多张相片。单击"新建文本框"按钮,可以在相册中添加文字。

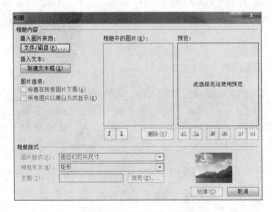

图 5-37　"相册"对话框

以上四种类型的图像在插入完毕后,菜单栏上会出现"图片工具格式"选项卡,如图 5-38所示。"图片工具格式"选项卡包括"调整""图片样式""排列""大小"四个命令组。通过这些命令组的功能设置,可以对插入图像的大小、效果、样式等做进一步的调整。

图 5-38 "图片工具格式"选项卡

2)插入图形

插入图形的操作方法如下。

(1)单击"插入"选项卡下"插图"命令组中的"形状"命令,即可弹出形状库,如图 5-39 所示。

(2)单击选择所需图标,鼠标变成十字形,在幻灯片中需要添加形状的地方单击并拖动鼠标即可绘制出所选形状。

可以参阅本章实验指导中的"笑脸"和"云形"图形的插入方法。

(3)在插入图形之后,菜单栏出现"绘图工具格式"选项卡,如图 5-40 所示。"绘图工具格式"选项卡包括"插入形状""形状样式""艺术字样式""排列""大小"等命令组。通过这些命令组的功能设置,可以继续插入形状,对形状的样式以及形状上字体的样式等进行进一步的细致调整。

4. 页眉和页脚

单击"插入"选项卡下的"文本"命令组中的"页眉和页脚"命令,弹出如图 5-41 所示的"页眉和页脚"对话框。

通过选择"页眉和页脚"对话框中的"日期和时间""幻灯片编号""页脚"等复选框,可以将幻灯片的其他信息,如日期和时间、幻灯片编号、演示文稿的标题或主旨、演示文稿作者等信息添加到每一张幻灯片的底部。

以上信息如果不想显示在标题幻灯片中,可以选中"标题幻灯片中不显示"。

5. 声音

插入声音的操作步骤如下。

图 5-39 形状库

图 5-40 "绘图工具格式"选项卡

(1) 选择要插入声音的幻灯片,在"插入"选项卡下的"媒体"命令组中,单击"音频"命令,如图 5-42 所示,弹出的菜单中包括 3 个命令:"文件中的音频""剪贴画音频""录制音频"。

（2）如果想添加文件夹中的音频到幻灯片，则单击"文件中的音频"命令，弹出图 5-43 所示的"插入音频"对话框，选择自己喜欢的音频文件插入。

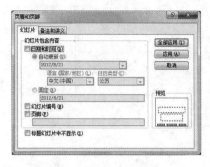

图 5-41　"页眉和页脚"对话框

图 5-42　插入音频

图 5-43　"插入音频"对话框

如果想添加剪贴画中的音频，则单击"剪贴画音频"命令，弹出图 5-44 所示的页面，搜索相关音频文件，单击插入。

如果想即时录制音频插入，单击"录制音频"命令，弹出图 5-45 所示的"录音"对话框。单击有红色圆形的"录制"按钮 ● 开始录音，单击有蓝色长方形的"停止"按钮 ■ 停止录音，单击有蓝色三角形的"播放"按钮 ▶ 对录制的音频进行播放。单击对话框中的"确定"按钮即可将当前录制的音频加到幻灯片中，单击"取消"按钮可以取消此次的音频插入。

（3）预览音频文件。插入音频文件后，幻灯片中会出现声音图标 🔊，它表示刚刚插入的声音文件。在幻灯片中单击选中声音图标，如图 5-46 所示，在幻灯片上会出现一个音频工具栏，通过"播放/暂停"按钮可以预览音频文件，通过"静音/取消静音"按钮可以调整音量的大小。

图 5-44　插入剪贴画中的音频

图 5-45　"录音"对话框

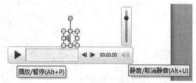

图 5-46　声音图标及其控制工具栏

（4）利用"音频工具"编辑声音文件。在幻灯片中单击声音图标，在菜单栏上会出现"音频工具"选项卡，包括"格式"和"播放"两个选项页，选择"播放"选项页中的命令来控制音频的播放。如图 5-47 所示，"预览"命令组可以播放预览音频文件；"书签"命令组可以在音频中添加书签，方便定位到音频中的某个位置；"编辑"命令组可以对音频的长度进行裁剪；"音频选项"命令组的下拉框和复选框可以对播放时间、次数和是否隐藏声音图标等进行设置。

6. 视频

插入视频的操作步骤与插入音频的操作类似，基本步骤如下。

（1）选择需要插入视频的幻灯片。

（2）单击"插入"选项卡下"媒体"命令组中"视频"命令下的小三角形箭头，弹出如图 5-48所示的下拉菜单，下拉菜单包括"文件中的视频""来自网站的视频""剪贴画视频"等

图 5-47　"音频工具"选项卡下的"播放"选项页

3 个命令。

如果要从文件中添加视频,选择"文件中的视频"命令,在弹出的"插入视频文件"对话框中选择视频文件进行插入即可。

如果要插入网站上的视频,选择"来自网站的视频"命令,弹出"从网站插入视频"对话框,将视频文件的嵌入代码拷贝、粘贴到文本框中,如图 5-49 所示,单击"插入"按钮即可完成插入。

注意:视频文件的嵌入代码并不是它所在的网址,打开视频网址,鼠标放在视频右边,单击右侧的"分享"命令,在弹出的"分享"对话框中单击"复制 html 代码"按钮,即可复制该视频的嵌入代码。

图 5-48　插入视频

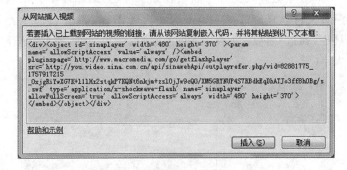

图 5-49　"从网站插入视频"对话框

如果要插入剪贴画视频,那么选择"剪贴画视频"命令,即可在弹出的剪贴画页面中,查找并插入相应的视频文件。

(3)视频文件的编辑。选中视频文件后,通过"视频工具"选项卡下的"格式"和"播放"选项页来进行编辑和预览。

"视频工具"选项卡下的"格式"选项页如图 5-50 所示,通过命令组中的命令,可以对整个视频重新着色,或者轻松应用视频样式,使插入的视频看起来雄伟华丽、美轮美奂。

图 5-50　"视频工具"选项卡下的"格式"选项页

"视频工具"选项卡下的"播放"选项页如图 5-51 所示,通过命令组中的命令,可以对整个视频的播放进行预览、编辑和控制,如通过添加视频书签,可以轻松定位到视频中的某些位置。

图 5-51　"视频工具"选项卡下的"播放"选项页

7. 幻灯片切换

PowerPoint 2010 添加了很多新的切换效果。"切换"选项卡如图 5-52 所示。单击"切换到此幻灯片"命令组中的下拉按钮 ，弹出如图 5-53 所示的切换效果库，选择某个效果，如图中的"框"，则将"框"的切换效果添加到当前幻灯片上，并实时播放切换效果。如果要再次预览，则单击"预览"命令组中的"预览"命令，可以设置垂直和水平效果。单击"切换到此幻灯片"命令组中的"效果选项"，在下拉菜单中可以设置效果的变化方向。

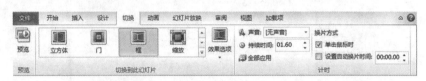

图 5-52　切换菜单

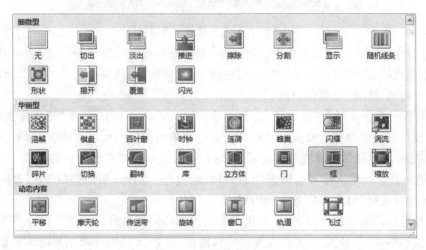

图 5-53　切换效果库

通过"计时"命令组中的"声音"下拉列表框可以为切换效果添加声音，通过"持续时间"下拉列表框可以设置切换效果的持续时间。如果想要对所有的幻灯片应用当前效果，则单击"全部应用"命令，还可以通过"换片方式"来设置根据时间来自动切换幻灯片还是单击鼠标时切换幻灯片。

5.4.2　母版

在 PowerPoint 2010 中有 3 种母版，分别是幻灯片母版、讲义母版和备注母版。

幻灯片母版是 PowerPoint 2010 模板的一个部分，用于设置幻灯片的样式，包括标题和正文等文本的格式、占位符的大小和位置、项目符号和编号样式、背景设计和配色方案等。幻灯片母版使得整个演示文稿保持一致的格式，因此在编辑演示文稿时，可以先使用母版对幻灯片的格式进行预设置,母版中的预设置就会应用到演示文稿的所有幻灯片中。

讲义母版用于更改讲义的打印设计和版式。通过讲义母版,在讲义中设置页眉页脚,控制讲义的打印方式,如将多张幻灯片打印在一页讲义中,还可以在讲义母版的空白处添加图片文字等内容。

备注母版用于控制备注页的版式和备注文字的格式。

使用母版可以使整个演示文稿统一背景和版式,使编辑制作更简单,更富有整体性。

1. 打开母版视图

(1)进入母版编辑界面。打开"视图"选择卡,在"母版视图"命令组中单击"幻灯片母版"命令,弹出如图 5-54 所示的母版编辑窗口,并在菜单栏上出现"幻灯片母版"选项卡。

图 5-54　幻灯片母版视图编辑窗口

(2)设置文本格式。用鼠标单击幻灯片中"单击此处编辑母版标题样式"占位符,右击鼠标,在弹出的快捷菜单中选择"字体"命令,在弹出的"字体"对话框中修改字体。对于其余占位符中文本的格式都可以类似修改。

(3) 设置背景。在"幻灯片母版"选项卡下的"背景"命令组中,单击"背景样式"命令,可以直接通过系统预设的背景样式对母版背景进行简单的设置。也可以单击"背景"命令组右下角的 █ 按钮,在弹出的"设置背景格式"对话框中对背景格式进行全面的设置。

(4) 退出母版视图。母版编辑完毕后,可以通过"幻灯片母版"选项卡下"关闭"命令组中的"关闭母版视图"命令退出母版视图状态。

打开和退出讲义母版视图、备注母版视图的操作与幻灯片母版视图的操作类似,只是母版编辑窗口不同,图 5-55 是讲义母版视图编辑窗口,图 5-56 是备注母版视图编辑窗口。

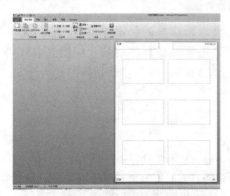 

图 5-55　讲义母版视图编辑窗口　　　　图 5-56　备注母版视图编辑窗口

2. 编辑母版

在 PowerPoint 2010 中，一个演示文稿中可以有多个幻灯片母版，每个幻灯片母版可以应用一个主题。幻灯片母版针对每个版式都有单独的版式母版。图 5-57 中幻灯片母版编辑窗口左侧显示的是分组在幻灯片母版的下面的各种可用的版式母版。

修改幻灯片母版时，这些修改会应用到与其关联的各个版式母版。而修改单独的版式母版时，修改只应用到该母版中的该版式。

如其他版式母版不想要幻灯片母版中的背景，需要在图 5-57 所示的功能区选中"背景"命令组的"隐藏背景图形"选项。

若要使演示文稿包含两个或更多个不同的主题（如背景、颜色、字体和效果），则需要为每个主题分别插入一个幻灯片母版。插入和删除幻灯片母版的操作步骤如下。

（1）插入幻灯片母版：如图 5-54 所示，在"幻灯片母版"选项卡下的"编辑母版"命令组中，单击"插入幻灯片母版"命令，则在当前母版下方插入如图 5-58 所示的编号为 2 的一个新的幻灯片母版，对于编号为 2 的母版可以为它设置与母版 1 不同的主题和样式。

图 5-57　多个幻灯片母版

图 5-58　在演示文稿中插入新母版

（2）删除幻灯片母版：选中带有母版编号的幻灯片，在"幻灯片母版"选项卡下的"编辑母版"命令组中，单击删除按钮，即可删除一个幻灯片母版；如果选中的是不带母版编号的其他母版，则仅仅删除这张幻灯片的版式。

如果现有的版式不够用，还可以创建新的版式。创建新的版式的操作步骤如下。

（1）在图 5-57 母版视图下，选中左侧要添加新版式的幻灯片母版后，单击"编辑母版"命令组中"插入版式"命令，则在当前母版下方添加一张新的版式。

（2）编辑版式：在新版式中可以插入各种元素，还可以插入各类占位符。单击"母版版式"命令组的"插入占位符"命令，下面有各类占位符可供选择，如图 5-59 所示。

（3）编辑完毕后，关闭母版视图。

图 5-59　插入占位符

5.4.3 设置动画

幻灯片动画就是给幻灯片上的内容在出现、消失或强调时添加特殊的视觉或声音效果，PowerPoint 2010 中有四种不同类型的动画效果：进入、退出、强调、动作路径。其中，进入和退出效果用来设置对象出现和消失时的效果，强调效果一般通过放缩、颜色变换、旋转等对重点内容进行强调，动作路径则可以设定对象在幻灯片放映过程中从一个位置按照某种轨迹移动到另一个位置。

1. 动画操作步骤

（1）选中需要设置动画的对象，单击"动画"选项卡，如图 5-60 所示，单击"动画"命令组中的下拉按钮 ，弹出如图 5-61 所示的动画效果库，选择某个预设效果。

图 5-60 "动画"选项卡

（2）在"动画"选项卡下的"预览"命令组中单击"预览"按钮可以对动画进行预览。

（3）在"动画"选项卡下的"动画"命令组中的"效果选项"下拉菜单中可以对效果的变化方向进行修改。

（4）根据动画对象的需要，在"计时"命令组中的"开始"下拉列表框中选择其一："单击时""与上一动画同时""上一动画之后"。通过"持续时间"功能项设置动画的持续时间；通过"延迟"功能项设置动画发生之前的延迟时间。

（5）当幻灯片动画对象有多个，需要调整幻灯片动画对象发生的时间顺序时，单击"高级动画"命令组中的"动画窗格"命令后，在右侧出现动画窗格，如图 5-62 所示。

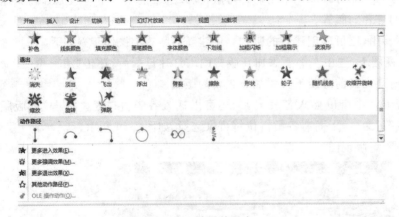 

图 5-61 动画效果库   图 5-62 动画窗格

列表框列出了当前幻灯片的所有动画对象。窗格中编号表示具有该动画效果的对象在该幻灯片上的播放次序，编号后面是动画效果的图标，可以表示动画的类型；图标后面是对象信息；对象框中的黄色矩形是高级日程表，通过它可以设置动画对象的开始时间、持续时间、结束时间等。选择其中一动画对象，可以通过 和 重新调整动画对象的播放顺序。如果要删除某个动画效果，选中后按【Delete】键，或是单击鼠标右键，从弹出的快捷菜单中选择"删除"命令。

(6) 预览动画。单击动画窗格播放按钮，即可预览动画。

2.动画刷

如果其他对象想设置跟别的动画对象一样的动画效果，最快的方式是动画刷。

动画刷的操作步骤如下。

选择包含要复制的动画的对象；在"动画"选项卡下的"高级动画"命令组中，单击"动画刷"命令，此时光标更改为 ↳▲ 形状；在幻灯片上，单击要将动画复制到的目标对象。动画刷此时就失去效果。如果双击"动画刷"，动画效果可以复制多次，直到再次单击"动画刷"才失去效果。

5.4.4　超链接和动作按钮

1.设置超链接

在 PowerPoint 2010 中，超链接可以是从一张幻灯片到同一演示文稿中另一张幻灯片的链接，也可以是从一张幻灯片到不同演示文稿中另一张幻灯片、电子邮件地址、网页或文件的链接。可以从文本或对象（如图片、图形、形状或艺术字）创建超链接。

创建和修改超链接的操作步骤如下。

(1)选择需要设置超链接的对象，单击"插入"选项卡，单击"链接"命令组中的"超链接"命令，弹出如图 5-63 所示的"插入超链接"对话框。

图 5-63　"插入超链接"对话框

(2)在该对话框的左侧窗格中选择所需选项按钮，默认的"现有文件或网页"按钮。如果要插入其他文件，在图 5-63 所示的"插入超链接"对话框中，选择文件所在的文件夹，从文件列表框中选中所需的文件后，单击"确定"按钮即可。

如果要超链接到另一幻灯片，在图 5-63 所示的对话框的左侧窗格中选择"本文档中的位置"，此时该对话框改为图 5-64 所示，选择"请选择文档中的位置"列表框中的幻灯片后，单击"确定"按钮即可。

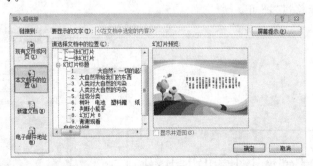

图 5-64　本文档中的位置超链接

如果要超链接新文件，在对话框的左侧窗格中选择"新建文档"，对话框改为图 5-65 所示,改变文件夹位置,输入"新建文件名称",单击"确定"按钮即可。如果要超链接电子邮件地址,在该对话框的左侧窗格中选择"电子邮件地址",对话框改为图 5-66 所示,在"电子邮件地址"中输入电子邮件地址,单击"确定"按钮即可。

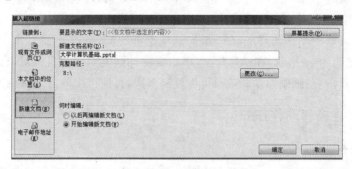

图 5-65　超链接新文件

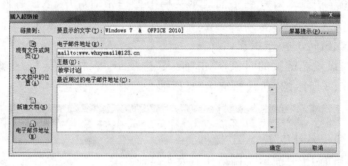

图 5-66　超链接电子邮件

超链接不需要时,只需选择超链接对象后,鼠标右击,在弹出的快捷菜单中选择"取消超链接"命令即可。

2. 动作按钮和动作设置

动作按钮是指可以添加到演示文稿中的内置按钮形状(位于形状库中),可以设置单击鼠标或鼠标移过时动作按钮将执行的动作,还可以为剪贴画、图片或 SmartArt 图形中的文本设置动作。

动作按钮的操作步骤:在"插入"选项卡的"插图"命令组的"形状"命令下的形状库中找到的内置动作按钮形状示例包括右箭头和左箭头,以及通俗易懂的用于转到下一张、上一张、第一张、最后一张幻灯片和用于播放视频或音频等的符号,图 5-67 所示是部分动作按钮,选中后在幻灯片上贴出,此时出现如图 5-68 所示的"动作设置"对话框,根据需要设置"单击鼠标"与"鼠标移过"即可。

图 5-67　动作按钮　　　　　　　　　　图 5-68　"动作设置"对话框

动作设置的操作步骤:选中要设置动作的幻灯片对象,单击"插入"选项卡下的"链接"命令组的"动作"命令,弹出如图 5-68 所示的"动作设置"对话框,根据需要设置"单击鼠标"与"鼠标移过"即可。

5.4.5　放映

1.开始放映幻灯片

最简单的幻灯片放映是通过图 5-69 所示的"幻灯片放映"选项卡下的"开始放映幻灯片"命令组中的"从头开始"和"从当前幻灯片开始"命令来完成的。

图 5-69　"幻灯片放映"选项卡

单击"从头开始"命令或者按【F5】键,从演示文稿的第一张幻灯片开始放映。

单击"从当前幻灯片开始"命令或者按 Shift+F5,或者单击状态栏上的幻灯片放映视图按钮 ,则从当前幻灯片开始放映演示文稿。

2.广播幻灯片

广播幻灯片是 PowerPoint 2010 提供的一种新的幻灯片放映方式,通过广播幻灯片,即可使用浏览器将当前 PPT 演示文稿与任何人实时地共享。

广播幻灯片的操作步骤如下。

(1)演示者打开要进行广播的演示文稿,单击"幻灯片放映"选项卡下的"广播幻灯片"命令,弹出如图 5-70 所示的"广播幻灯片"对话框。

(2)单击"启动广播"按钮,弹出如图 5-71 所示的"连接到 pptbroadcast. officeapps. live. com"对话框,在该对话框中输入 Windows Live ID 的电子邮件地址和密码,单击"确定"按钮。如果没有 Windows Live ID,那么可以单击对话框左下角的"获得一个. NET Passport"来申请一个。

图 5-70　"广播幻灯片"对话框　　　　图 5-71　输入电子邮件地址和密码

(3)输入正确的 Windows Live ID 后,准备广播,并弹出如图 5-72 所示的对话框,显示链接进度。

(4)准备完毕后,弹出如图 5-73 所示的对话框,该对话框给出了幻灯片广播时的链接地址,可以通过"复制链接"和"通过电子邮件发送"功能将链接地址发送给广播对象(也称参与者),然后单击"开始放映幻灯片"按钮,开始放映幻灯片。

图 5-72　链接进度

图 5-73　将链接地址发送给广播对象

(5)放映结束后,单击如图 5-74 所示的"广播"选项卡下的"结束广播"按钮,弹出如图5-75所示的对话框,如果要结束此广播,单击"结束广播"按钮即可。

图 5-74　"结束广播"按钮

图 5-75　确认结束广播

3. 自定义幻灯片放映

自定义幻灯片放映是将演示文稿中的一部分幻灯片,以一定的次序形成新的幻灯片进行放映,以适应不同的放映场合。

自定义幻灯片放映的操作步骤如下。

(1)单击"幻灯片放映"选项卡下的"自定义幻灯片放映"命令,从下拉菜单中选择"自定义放映"命令,弹出如图 5-76 所示的"自定义放映"对话框。

(2)单击"新建"按钮,弹出如图 5-77 所示的"定义自定义放映"对话框,在该对话框中,可以设置幻灯片放映名称,从演示文稿中选择幻灯片加到自定义放映中。如图 5-77 所示,将幻灯片 1、2、3、6、8 加到自定义放映幻灯片中。

图 5-76　"自定义放映"对话框

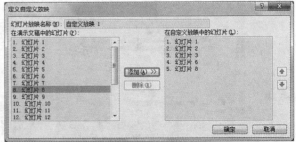

图 5-77　"定义自定义放映"对话框

(3)添加完成后,若要修改幻灯片放映的次序,可以在图 5-77 中"在自定义放映中的幻灯片"列表框中选中要修改的幻灯片,然后单击列表框右边的"向上""向下"按钮来进行调整。

（4）完成之后单击"确定"按钮,返回"自定义放映"对话框。

（5）单击"放映"按钮,进入放映视图,以刚才自定义的放映方式放映幻灯片。

4. 设置幻灯片放映方式

演讲者放映是默认的放映方式,在该方式下演讲者具有全部的权限,放映时可以保留幻灯片设置的所有内容和效果。

观众自行浏览与演讲者放映类似,但是以窗口的方式放映演示文稿,不具有演讲者放映中的一些功能,如用绘图笔添加标记等。

在展台浏览:以全屏的方式显示开始放映的那一张幻灯片。在这种方式下,除了鼠标单击某些超级链接而跳转到其他幻灯片外,其余的放映控制如单击鼠标或鼠标右击都不起作用。

设置幻灯片放映方式的操作步骤如下。

（1）打开"幻灯片放映"选项卡,在"设置"命令组中单击"设置幻灯片放映"命令,弹出如图 5-78 所示的"设置放映方式"对话框。

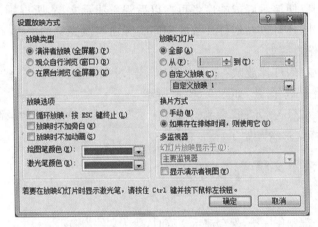

图 5-78　"设置放映方式"对话框

（2）在该对话框中通过单选框选择"放映类型",通过复选框设置"放映选项",通过单选框设置"放映幻灯片"及"换片方式"等。

（3）设置完毕后单击"确定"按钮返回 PowerPoint 编辑窗口,单击"幻灯片放映"选项卡下"开始放映幻灯片"命令组中的"从头开始"命令或"从当前幻灯片开始"命令,即可按照刚才设置的放映方式来放映演示文稿。

5. 排练计时

演示者有时需要幻灯片能自动换片,可以通过设置幻灯片放映时间的方法来达到目的。利用"切换"选项卡设置放映时间的操作步骤如下。

打开"切换"选项卡,选中"计时"命令组中的"设置自动换片时间"复选框,如图 5-79 所示,并设置换片的时间,"单击鼠标时"复选框可以和"设置自动换片时间"复选框同时选中,达到设置的自动换片时间则切换到下一张幻灯片,如果单击鼠标也会切换到下一张幻灯片。

排练自动设置放映时间的操作步骤如下。

（1）打开"幻灯片放映"选项卡,单击"设置"命令组中的"排练计时"命令,即可启动全屏幻灯片放映。

（2）屏幕上出现如图 5-80 所示的"录制"对话框,第一个时间表示在当前幻灯片上所用的时间,第二个时间表示整个幻灯片到此时的播放时间。此时,练习幻灯片放映,会自动录制下来每张幻灯片放映的时间。

(3)幻灯片放映结束时,弹出图 5-81 所示的对话框,如果要保存这些计时以便将其用于自动运行放映,单击"是"按钮。

图 5-79 设置换片方式　　　图 5-80 计时开始　　　图 5-81 保存排练计时时间提示框

(4)幻灯片自动切换到幻灯片浏览视图方式,在每张幻灯片的左下角出现每张幻灯片的放映时间。

5.4.6 录制旁白

如果计划使用演示文稿创建视频,使用旁白和计时可以使视频更生动些。可以使用音频旁白将会议存档,以便演示者或缺席者可在以后观看演示文稿,听取别人在演示过程中做出的任何评论。此外,还可以在幻灯片放映期间将旁白与激光笔的使用一起录制。

录制旁白的操作步骤如下。

(1)根据需要,在"幻灯片放映"选项卡下,单击"录制幻灯片演示"→"从头开始录制"或"从当前幻灯片开始录制"命令,如图 5-82(a)所示。

(2)弹出如图 5-82(b)所示的"录制幻灯片演示"对话框,单击"开始录制"按钮后,出现与图 5-80 相同的对话框,录制开始了。

5.4.7 输出演示文稿

1.文件保存

演示文稿到此全部制作完毕,保存演示文稿时,默认文件为演示文稿文件(扩展名为.pptx)。

如果需要打开文件就直接进入幻灯片放映状态,可以把文档另存为自动放映文件。其操作步骤如下。

(1)单击"文件"→"另存为",弹出"另存为"对话框,如图 5-83 所示。

(2)在"另存为"对话框中选中"保存类型"下拉列表框中的"PowerPoint 放映(.ppsx)",单击"保存"按钮即可。

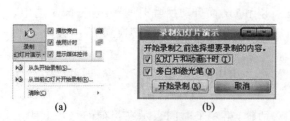

图 5-82 "录制幻灯片演示"　　　　　图 5-83 "另存为"对话框的保存类型

2. 发布到幻灯片库

经常制作 PowerPoint 演示文稿的工作组或项目团队的成员,将制作好的幻灯片发布到幻灯片库。幻灯片库是一种特殊类型的库,可帮助共享、存储和管理 PowerPoint 2007 或更高版本的幻灯片。在创建幻灯片库后,可以向其中添加 PowerPoint 幻灯片,并重用这些幻灯片以便直接从幻灯片库中创建 PowerPoint 演示文稿。

发布幻灯片的操作步骤如下。

(1)单击"文件"→"保存并发送"→"发布幻灯片"后,再单击"发布幻灯片"按钮,如图 5-84 所示。弹出"发布幻灯片"对话框,如图 5-85 所示。

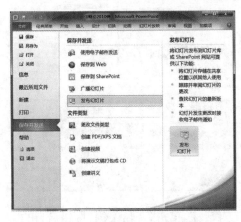

图 5-84　单击"发布幻灯片"按钮　　　　图 5-85　"发布幻灯片"对话框

(2)在"发布幻灯片"对话框中,选中要发布的幻灯片,如要全部选中,可单击"全选"按钮。选好后,单击"浏览"按钮,弹出"选择幻灯片库"对话框,从中选择要保存的库文件夹后,单击"选择"按钮。"选择幻灯片库"对话框关闭,回到"发布幻灯片"对话框,单击"发布"按钮。

这样选中的幻灯片就发布到幻灯片库中了。

3. 打包演示文稿

将演示文稿复制给其他人使用,如果别的计算机上没有安装 PowerPoint 2010 的话,可能无法使用,这时可以使用 PowerPoint 2010 中的 CD 打包功能。操作步骤如下。

(1)单击"文件"→"保存并发送"→"将演示文稿打包成 CD",如图 5-86 所示,再单击"打包成 CD"按钮,弹出"打包成 CD"对话框,如图 5-87 所示。

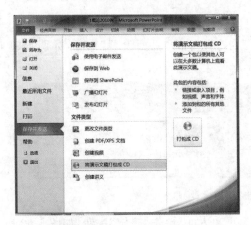
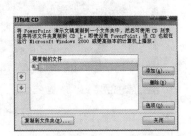

图 5-86　单击"打包成 CD"按钮　　　　图 5-87　"打包成 CD"对话框

如果演示文稿中有其他链接文件也需要打包,单击"选项"按钮,将会弹出"选项"对话框,如图 5-88 所示。设置好后,单击"确定"按钮,退出"选项"对话框。如果有其他链接文件也需要打包,会弹出如图 5-89 所示的对话框,根据需要选择"是"或"否",退出即可。返回到"打包成 CD"对话框,如图 5-87 所示。

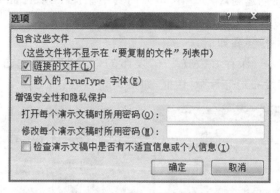

图 5-88 "选项"对话框

图 5-89 "是否要在包中包含链接文件"提示框

(2) 单击"复制到文件夹"按钮,弹出"复制到文件夹"对话框,如图 5-90 所示,设置"文件夹名称"和"位置"后,单击"确定"按钮,退出对话框。演示文稿打包成 CD 做好了,只要把刚才做的文件夹复制即可。

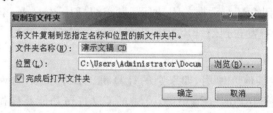

图 5-90 "复制到文件夹"对话框

4. 演示文稿打印

演示文稿还可以打印出来,打印之前,可以进行页面设置。具体操作步骤如下。

(1)打开"设计"选项卡,单击"页面设置"命令组中的"页面设置"命令,如图 5-91 所示,弹出如图 5-92 所示的"页面设置"对话框。

图 5-91 单击"页面设置"命令

(2)在"页面设置"对话框中设置幻灯片大小和方向,单击"确定"按钮,如图 5-92 所示。页面设置完毕后,可以打印演示文稿。其操作步骤:单击"文件"→"打印",如图 5-93 所示。

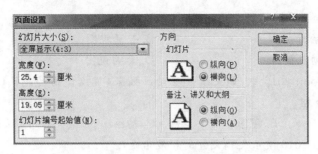

图 5-92　"页面设置"对话框

如未安装打印机,则单击"未安装打印机"→"添加打印机"来添加打印机,如图 5-94 所示。

 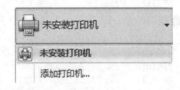

图 5-93　打印演示文稿　　　　　**图 5-94　添加打印机**

　　如果不是打印全部幻灯片,则单击"打印所选幻灯片"来选择所需的幻灯片,如图 5-95 所示。或者打印指定幻灯片,如图 5-96 所示,写上幻灯片号。还可以单击图 5-93 中的"整页幻灯片"来调整打印幻灯片的版式,如图 5-97 所示。设置完成,返回图 5-93,选好打印"份数",准备好打印机,单击"打印"按钮即开始打印。

 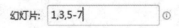  

图 5-95　选择打印幻灯片　　　**图 5-96　打印指定幻灯片**　　　**图 5-97　设置打印版式**

习题 5

1. 单项选择题

(1)在 PowerPoint 2010 中,从头开始或从当前幻灯片开始放映的快捷操作是(　　)。

　　A. F5　　　　　　B. Ctrl+S　　　　　C. Shift+F5　　　　D. Ctrl+Esc

(2)在幻灯片的放映过程中,要中断放映,可以直接按(　　)键。

　　A. Alt　　　　　B. Ctrl　　　　　　C. Esc　　　　　　D. Delete

(3)移动页眉和页脚的位置需要利用（　　　）。

  A.幻灯片的母版　　　　　　　　B.普通视图

  C.幻灯片浏览视图　　　　　　　D.大纲视图

(4)在 PowerPoint 2010 中,如果想设置动画效果,可以使用功能区（　　　）选项卡下的"动画"命令组。

  A.格式　　　　　B.视图　　　　　C.动画　　　　　D.编辑

(5)PowerPoint 2010 演示文稿文件的扩展名是（　　　）。

  A..potx　　　　B..pptx　　　　C..ppsx　　　　D..popx

(6)PowerPoint 2010 默认的视图是（　　　）。

  A.幻灯片浏览视图　　　　　　　B.普通视图

  C.阅读视图　　　　　　　　　　D.幻灯片放映视图

(7)SmartArt 图形包括图形列表、流程图以及更为复杂的图形,例如维恩图和（　　　）。

  A.幻灯片浏览视图　　　　　　　B.幻灯片放映视图

  C.阅读视图　　　　　　　　　　D.组织结构图

2. 名词解释

(1)演示文稿。

(2)PowerPoint。

(3)功能区。

(4)幻灯片窗格。

(5)幻灯片的编辑。

(6)占位符。

(7)移动幻灯片。

(8)SmartArt 图形。

(9)"插入"选项卡下的"图像"命令组将可插入的图像分为图片、剪贴画、屏幕截图、相册四种类别。请解释：

图片；

剪贴画；

屏幕截图；

相册。

(10)幻灯片母版。

3. 填空题

(1)PowerPoint 2010 模板的扩展名是＿＿＿＿＿文件。

(2)退出 PowerPoint 2010 就是退出＿＿＿＿＿。

(3)选中一张幻灯片后,按住＿＿＿＿＿键,单击其他幻灯片图标,即可选中多张不一定连续的幻灯片。

(4)在普通视图或幻灯片浏览视图下,选中一张或多张幻灯片后,按住＿＿＿＿＿组合键,或者单击"开始"选项卡下的＿＿＿＿＿命令组中的"复制"按钮,或者单击鼠标右键,在弹出的菜单中选择＿＿＿＿＿命令,即可将所选中的幻灯片复制到剪贴板里。

(5)用＿＿＿＿＿和＿＿＿＿＿两组合键也可以实现幻灯片的移动。

(6)PowerPoint 2010 中有四种不同类型的动画效果:进入、退出、强调和＿＿＿＿＿。

(7)用来编辑幻灯片的视图是_____。

(8)如果要调整页眉和页脚的位置,需要在幻灯片_____中进行操作。

(9)幻灯片的母版可分为幻灯片母版、讲义母版和_____母版等类型。

(10)演示文稿放映的缺省方式是_____,这是最常用的全屏幕放映方式。

4. 简答题

(1)打开 PowerPoint 2010 的帮助信息有哪些方法?

(2)添加新幻灯片的方法主要有哪些?

(3)有哪几种创建演示文稿的方法?

(4)PowerPoint 2010 中"主题"和"模板"两个概念有什么不同?

(5)启动 PowerPoint 2010 有哪些方法?

(6)有哪些方法退出 PowerPoint 2010?

(7)简述 PowerPoint 2010 界面中的功能区。

(8)简述 PowerPoint 2010 删除一张或多张幻灯片的操作步骤。

(9)简述 PowerPoint 2010 设置艺术字的操作步骤。

(10)简述 PowerPoint 2010 设置段落格式的操作步骤。

5. 操作题

(1)从"文件"选项卡进入帮助的操作步骤。

(2)在 PowerPoint 2010 下基于"文件"选项卡创建空白演示文稿。

(3)在 PowerPoint 2010 下修改幻灯片版式。

(4)在 PowerPoint 2010 下创建新的版式。

(5)在 PowerPoint 2010 下设置幻灯片动画。

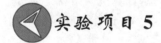 实验项目 5

实验1　建立.pptx 文件

实验2　在幻灯片中插入图形

实验3　在演示文稿中插入声音

实验4　在演示文稿中插入视频

实验5　设计幻灯片放映中的自动换片

实验6　综合应用——公司简介的演示文稿

 拓展在线学习 5

第6章 计算机网络基础及应用

【内容提要】

本章的知识点有计算机网络基础、计算机网络的特点和发展,数据通信的概念、数据通信系统的组成及其技术指标,局域网技术,广域网的接入技术,Internet 连接方法、IP 地址和名字、万维网的工作原理、网络管理协议与网络管理内容、故障诊断等。要求通过本章的学习,了解和掌握数据编码知识和 Internet 等概念。

随着时代的前进和科技的进步,计算机网络技术迅猛发展,并已成为当今社会不可缺少的一个重要组成部分,在人们的生活、工作中扮演着越来越重要的角色。因此,掌握必要的计算机网络知识对于日常生活、工作和适应信息时代的发展非常必要。

 ## 6.1 计算机网络基础

6.1.1 概述

什么是计算机网络?简单地说,计算机网络就是通过电缆、电话或无线通信设备将两台以上的计算机相互连接起来的集合。按计算机联网的地理位置划分,网络一般有两大类:广域网和局域网。

Internet(因特网,也称其为互联网)是最典型的广域网,它通常连接着范围非常巨大的区域。我国比较著名的因特网中科网、中国公用计算机互联网(Chinanet)、中国教育和科研计算机网(CERNET)和中国国家公用经济信息通信网(ChinaGBN)也属于广域网。局域网是目前应用最为广泛的网络,例如高校计算机网络就是一个局域网,我们通常也把它称为校园网。局域网通常也提供接口与广域网相连。

计算机网络是计算机技术和通信技术相结合而形成的一种新型通信方式,主要是满足数据通信的需要。它是将不同地理位置、具有独立功能的多台计算机、终端及附属设备用通信链路连接起来,并配备相应的网络软件,以实现通信过程中资源共享而形成的通信系统。它不仅可以满足局部地区的一个企业、公司、学校和办公机构的数据、文件传输需要,而且可以在一个国家甚至全世界范围内进行信息交换、储存和处理,同时可以提供语音、数据和图像的综合性服务,具有诱人的发展前景。

6.1.2 定义

计算机网络是指将分散在不同地点并具有独立功能的多台计算机系统用通信线路互相连接,按照网络协议进行数据通信,实现资源共享的信息系统。

1. 计算机网络涉及的问题

计算机网络涉及三个方面的问题。

(1)要有两台或两台以上的计算机才能实现相互连接构成网络,达到资源共享的目的。

(2)两台或两台以上的计算机连接,实现通信,需要有一条通道。这条通道的连接是物理的,由硬件实现,这就是连接介质(有时称为信息传输介质)。它们可以是双绞线、同轴电缆或光纤等"有线"介质;也可以是激光、微波或卫星等"无线"介质。

(3)计算机之间要通信交换信息,彼此就需要有某些约定和规则,这就是协议,例如TCP/IP 协议。

2. 计算机网络的功能

1)实现资源共享

所谓资源共享,是指所有网内的用户均能享受网上计算机系统中的全部或部分资源,这些资源包括硬件、软件、数据和信息资源等。

2)进行数据信息的集中和综合处理

将地理上分散的生产单位或业务部门通过计算机网络实现联网,把分散在各地的计算机系统中的数据资料适时集中,综合处理。

3)能够提高计算机的可靠性及可用性

在单机使用的情况下,计算机或某一部件一旦有故障便引起停机,当计算机连成网络之后,各计算机可以通过网络互为后备,还可以在网络的一些结点上设置一定的备用设备,作为全网的公用后备。另外,当网中某一计算机的负担过重时,可将新的作业转给网中另一较空闲的计算机去处理,从而减少了用户的等待时间,均衡了各计算机的负担。

4)能够进行分布处理

在计算机网络中,用户可以根据问题性质和要求选择网内最合适的资源来处理,以便能迅速而经济地处理问题。对于综合性的大型问题可以采用合适的算法,将任务分散到不同的计算机上进行分布处理。利用网络技术还可以将许多小型机或微型机连成具有高性能的计算机系统,使它具有解决复杂问题的能力。

5)节省软件、硬件设备的开销

因为每一个用户都可以共享网中任意位置上的资源,所以网络设计者可以全面统一地考虑各工作站上的具体配置,从而达到用最低的开销获得最佳的效果。如只为个别工作站配置某些昂贵的软、硬件资源,其他工作站可以通过网络调用,从而使整个建网费用和网络功能的选择控制在最佳状态。

6.1.3　产生和发展

1. 计算机网络的产生

计算机网络是计算机技术和通信技术紧密结合的产物,自从有了计算机,计算机技术和通信技术就开始结合。早在 1951 年,美国麻省理工学院林肯实验室就开始为美国空军设计称为 SAGE 的自动化地面防空系统,该系统最终于 1963 年建成,被认为是计算机和通信技术结合的先驱。

2. 计算机网络发展的四个阶段

1)第 1 阶段:计算机技术与通信技术相结合(诞生阶段)

20 世纪 60 年代末到 20 世纪 70 年代初是计算机网络发展的萌芽阶段。该阶段的计算机网络又称终端计算机网络,是早期计算机网络的主要形式,它是将一台计算机经通信线路与若干终端直接相连。终端是一台计算机的外部设备,包括显示器和键盘,无 CPU 和内存。

其示意图如图 6-1 所示。其主要特征是:为了增强系统的计算能力和资源共享能力,把小型计算机连成实验性的网络。

ARPANET 是第一个远程分组交换网,它第一次实现了由通信网络和资源网络复合构成计算机网络系统,标志着计算机网络的真正产生。ARPANET 是这一阶段的典型代表。

2)第 2 阶段:计算机网络具有通信功能(形成阶段)

第 2 阶段是 20 世纪 70 年代中后期,是局域网络(LAN)发展的重要阶段,以多个主机通过通信线路互联起来,为用户提供服务,主机之间不是直接用线路相连,而是由接口报文处理机(IMP)转接后互联的。IMP 和它们之间互联的通信线路一起负责主机间的通信任务,构成了通信子网。通信子网互联的主机负责运行程序,提供资源共享,组成了资源子网。这个时期,网络概念为"以能够相互共享资源为目的互联起来的具有独立功能的计算机之集合体",形成了计算机网络的基本概念,如图 6-2 所示。

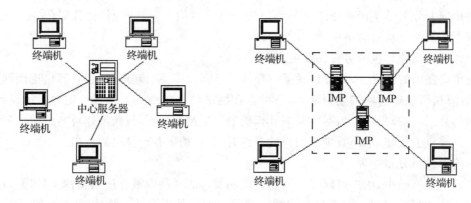

图 6-1　第 1 阶段计算机网络　　　　图 6-2　第 2 阶段计算机网络

3)第 3 阶段:计算机网络互联标准化(互联互通阶段)

计算机网络互联标准化是指具有统一的网络体系结构并遵循国际标准的开放式和标准化的网络。整个 20 世纪 80 年代是计算机局域网络的发展时期。ARPANET 兴起后,计算机网络发展迅猛,各大计算机公司相继推出自己的网络体系结构及实现这些结构的软、硬件产品。由于没有统一的标准,不同厂商的产品之间互联很困难,人们迫切需要一种开放性的标准适用网络环境,这样两种国际通用的最重要的体系结构应运而生了,即 TCP/IP 体系结构和国际标准化组织的 OSI 体系结构。其主要特征是:局域网络完全从硬件上实现了 ISO 的开放系统互联通信模式协议的能力。计算机局域网及其互联产品的集成,使得局域网与局域网互联、局域网与各类主机互联,以及局域网与广域网互联的技术越来越成熟。

4)第 4 阶段:计算机网络高速和智能化发展(高速网络技术阶段)

从 20 世纪 90 年代初至今是计算机网络飞速发展的阶段,其主要特征是:计算机网络化、协同计算能力发展以及全球互联网络(Internet)的盛行。计算机的发展已经完全与网络融为一体,体现了"网络就是计算机"的口号。目前,计算机网络已经真正进入社会各行各业。另外,虚拟网络 FDDI 及 ATM 技术的应用,使网络技术蓬勃发展并迅速走向市场,走进平民百姓的生活。

6.1.4　组成

现在所使用的 Internet 是一个集计算机软件系统、通信设备、计算机硬件设备以及数据处理能力为一体的,能够实现资源共享的现代化综合服务系统。一般网络系统的组成可分为三个部分:硬件系统、软件系统和网络信息。

1. 硬件系统

硬件系统是计算机网络的基础,硬件系统由计算机、通信设备、连接设备及辅助设备组成,通过这些设备的组成形成了计算机网络的类型。下面来学习几种常用的设备。

1)服务器(server)

在计算机网络中,核心的组成部分是服务器。服务器是计算机网络中向其他计算机或网络设备提供服务的计算机,并按提供的服务被冠以不同的名称,如数据库服务器、邮件服务器等。

2)客户机(client)

客户机是与服务器相对的一个概念。在计算机网络中享受其他计算机提供的服务的计算机就称为客户机。

3)网络传输介质

网络传输介质是网络中发送方与接收方之间的物理通路,它对网络的数据通信具有一定的影响。常用的传输介质有同轴电缆、双绞线、光纤、无线传输媒介(包括无线电波、微波、红外线等)。图 6-3 所示为双绞线,图 6-4 为同轴电缆结构图,图 6-5 为光纤结构图。

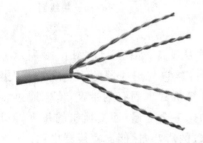

图 6-3　双绞线

图 6-4　同轴电缆结构图

4)网卡

网卡是安装在计算机主板上的电路板插卡,又称网络适配器或者网络接口卡(network interface board),是网组的核心设备。网卡的作用是将计算机与通信设备相连接,负责传输或者接收数字信息。图 6-6 所示为插槽式普通网卡,图 6-7 所示为无线网卡。

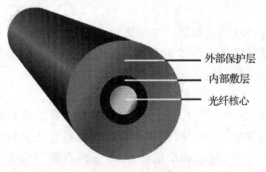

外部保护层
内部敷层
光纤核心

图 6-5　光纤结构图

图 6-6　插槽式普通网卡

5)调制解调器

调制解调器(modem)是一种信号转换装置,它可以将计算机中传输的数字信号转换成通信线路中传输的模拟信号,或者将通信线路中传输的模拟信号转换成数字信号。图 6-8 所示为 ADSL 调制解调器,图 6-9 所示为 EPON 光纤调制解调器。

图 6-7　USB 无线网卡

图 6-8　ADSL 调制解调器

6)集线器(hub)

集线器用于网络连线之间的转换,是网络中连接线缆的扩展设备,用于把网络线缆提供的一个网络接口转换为多个,如图 6-10 所示。集线器是局域网中常用的连接设备,可以连接多台本地计算机。

图 6-9　EPON 光纤调制解调器

图 6-10　集线器

7)交换机

交换机也叫交换式集线器,是局域网中的一种重要设备,如图 6-11、图 6-12 所示。它可将用户收到的数据包根据目的地址转发到相应的端口。它与集线器的不同之处是:集线器是将数据转发到所有的集线器端口,即同一网段的计算机共享固有的带宽,传输通过碰撞检测进行,同一网段计算机越多,传输碰撞也越多,传输速率会变慢;而交换机的每个端口为固定带宽,有独特的传输方式,传输速率不受计算机台数的影响,性能比集线器更高。

图 6-11　交换机

图 6-12　典型的二层交换机

8)中继器

中继器又称转发器,用于连接距离过长的局域网。如果连接距离过长,局域网上的信号就会因为衰减和干扰而难以维持有效,中继器可以重新整理和加强这些信号(但不对信号进行校验处理等),并双向传送,从而扩大局域网使用时覆盖的地理范围。

9)网桥(bridge)

网桥又称桥接器,也是一种网络连接设备,它的作用有些像中继器,但是它并不仅仅起到连接两个网络段的功能,它是更为智能和昂贵的设备。网桥用于传递网络系统之间特定信息的连接端口设备。网桥的两个主要用途是扩展网络和通信分段,是一种在链路层实现局域网互联的存储转发设备。

10)路由器

路由器是互联网中常用的连接设备,它可以将两个网络连接在一起,组成更大的网络。路由器可以将局域网与 Internet 互联,如图 6-13 所示。

11)网关

网关是用于互联的设备,它提供了不同系统间互联的接口,用于实现不同体系结构网络

图 6-13　路由器

（异种操作系统）之间的互联。它工作在 OSI 模型的传输层及其以上的层次，是网络层以上的互联设备的总称，它支持不同的协议之间的转换，实现不同协议网络之间的通信和信息共享。

2. 软件系统

网络系统软件包括网络操作系统和网络协议等。网络操作系统是指能够控制和管理网络资源的软件，是由多个系统软件组成的，在基本系统上有多种配置和选项可供选择，使得用户可根据不同的需要和设备构成最佳组合的互联网络操作系统。网络协议能够保证网络中两台设备之间正确传送数据。

3. 网络信息

计算机网络上存储、传输的信息称为网络信息。网络信息是计算机网络中最重要的资源，它存储于服务器上，由网络系统软件对其进行管理和维护。

6.1.5　拓扑结构和分类

1. 网络的拓扑结构

计算机网络的拓扑结构，是指网上计算机或设备与传输媒介形成的结点与线的物理构成模式。连接在网络上的计算机、大容量的外存、高速打印机等设备均可看作是网络上的一个结点。网络的结点有两类：一类是转换和交换信息的转接结点，包括结点交换机、集线器和终端控制器等；另一类是访问结点，包括计算机主机和终端等。线则代表各种传输媒介，包括有形的和无形的。

1）总线型拓扑结构

总线型拓扑结构是一种共享通路的物理结构。网络中所有的结点通过总线进行信息的传输，如图 6-14 所示。这种结构中总线具有信息的双向传输功能，普遍用于局域网的连接。

2）星型拓扑结构

星型拓扑结构是一种以中央结点为中心，把若干外围结点连接起来的辐射式互联结构，如图 6-15 所示。这种结构适用于局域网，特别是近年来连接的局域网大都采用这种连接方式。

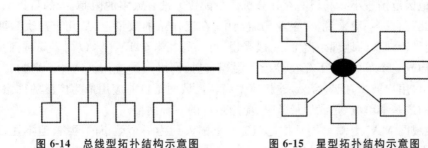

图 6-14　总线型拓扑结构示意图　　　　图 6-15　星型拓扑结构示意图

3)环型拓扑结构

环型拓扑结构是将网络结点首尾相连形成一个闭合环型线路。环型网络中的信息传送是单向的,即沿一个方向从一个结点传到另一个结点,每个结点都配有一个收发器,以接收、放大、发送信号。信息在每台设备上的延时时间是固定的,如图 6-16 所示。

2.计算机网络的分类

1)按拓扑结构分类

根据拓扑结构的不同,计算机网络可以分为星型结构、总线型结构、环型结构。

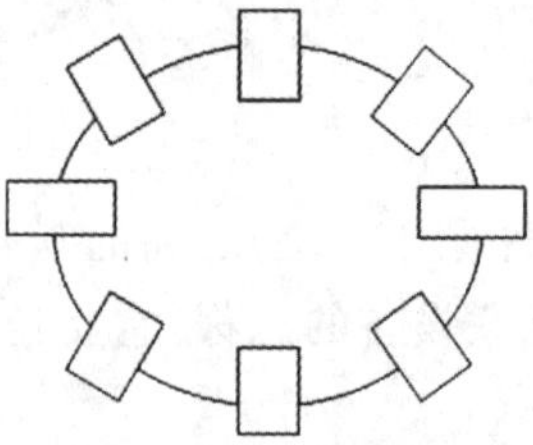

2)按照网络的使用者分类

(1)公用网(public network),也称公众网,一般由电信公司作为社会公共基础设施建设,任何人只要按照规定注册、交纳费用都可以使用。

图 6-16　环型拓扑结构示意图

(2)专用网(private network),也称私用网,由某些部门或组织为自己内部使用而建设,一般不向公众开放。例如军队、铁路、电力等系统均有本系统的专用网,学校组建的校园网、企业组建的企业网等也属于专用网。

(3)虚拟专用网(virtual private network,VPN),在公用网络上采用安全认证技术建立的专用网络,通常用于具有分散性、有异地分支机构或业务联系的情况。图 6-17 所示为VPN 示意图。

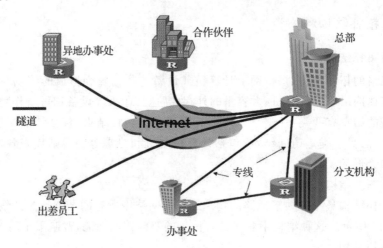

图 6-17　VPN 示意图

3)按照网络的作用范围进行分类

(1)局域网(local area network,LAN)。所谓局域网,就是在局部地区范围内的网络,它所覆盖的地区范围较小。局域网在计算机数量配置上没有太多的限制,少的可以只有两台,多的可达几百台。一般来说,在企业局域网中,在工作站的数量上,从几十台次到两百台次都有;在网络所涉及的地理距离上,一般来说,可以是几米至 10 千米以内。局域网一般位于一个建筑物或一个单位内,不存在寻径问题,不包括网络层的应用。这种网络的特点就是:连接范围窄、用户数少、配置容易、连接速率高。局域网是目前应用最为广泛的网络,是众多网络里面的最基本单位,是我们最常见、应用最广的一种网络。

(2)城域网 MAN。城域网是指地理覆盖范围大约为一个城市的网络,但不在同一地理小区范围内的计算机互联。这种网络的连接距离可以在 10～100 千米,它采用的是 IEEE

802.6 标准。MAN 与 LAN 相比扩展的距离更长,连接的计算机数量更多,在地理范围上可以说是 LAN 网络的延伸。在一个大型城市,一个 MAN 网络通常连接着多个 LAN 网,如连接政府机构的 LAN、医院的 LAN、电信的 LAN、企业的 LAN 等。光纤连接的引入,使 MAN 中高速的 LAN 互联成为可能。

(3)广域网 WAN。广域网又称远程网,一般指跨地区甚至延伸到整个国家和全世界的网络,所覆盖的范围比城域网更广。它一般是在不同城市之间的 LAN 或者 MAN 网络互联,地理范围可从几百千米到几千千米。

(4)互联网。互联网是最典型的广域网,它通常连接着范围非常巨大的区域。我国比较著名的中科网、中国公用计算机互联网(Chinanet)、中国教育和科研计算机网(CERNET)和中国国家公用经济信息通信网(ChinaGBN)都属于广域网。

 # 6.2　局域网及组网技术

6.2.1　局域网概述

以太网最早是由 Xerox(施乐)公司创建的,在 1980 年由 DEC、Intel 和 Xerox 三家公司联合开发为一个标准。以太网是应用最为广泛的局域网,包括标准以太网(10 Mbps)、快速以太网(100 Mbps)、千兆以太网(1000 Mbps)和 10G 以太网,它们都符合 IEEE 802.3 系列标准规范。

近几年来无线局域网(wireless local area network,WLAN)是最为热门的一种局域网,无线局域网与传统的局域网的主要不同之处就是传输介质不同,传统局域网都是通过有形的传输介质进行连接的,如同轴电缆、双绞线和光纤等,而无线局域网则是采用无线电波作为传输介质的,传送距离一般为几十米。无线局域网用户必须配置无线网卡,并通过一个或更多无限接取器(wireless access points,WAP)接入无线局域网。

这种局域网的最大特点就是自由,只要在网络的覆盖范围内,可以在任何一个地方与服务器及其他工作站连接。这一特点使得它非常适合那些移动办公一族,有时在机场、宾馆、酒店等(通常把这些地方称为"热点"),只要无线网络能够覆盖到,用户都可以随时随地连接上无线网络,甚至 Internet。

6.2.2　体系结构和标准

20 世纪 70 年代后期,计算机局域网迅速发展,各大计算机公司相继开发出以本公司为主要依托的网络体系结构,这推动了网络体系结构的进一步发展,同时也带来了计算机网络如何兼容和互联等问题。为了使不同的网络系统能相互交换数据,迫切需要制定共同遵守的标准,即 TCP/IP 体系结构和国际标准化组织的 OSI 体系结构。它们的分层对照表如表 6-1 所示。

表 6-1　TCP/IP 与 OSI 分层对照表

TCP/IP	OSI
应用层/Application	应用层/Application
	表示层/Presentation
	会话层/Session

续表

TCP/IP	OSI
传输层/Transport	传输层/Transport
网络层/Network	网络层/Network
网络接口层/Link	数据链路层/Data Link
	物理层/Physical

1. TCP/IP 参考模型

经过多年发展,TCP/IP 协议已经演变成为一个工业标准,并得到相当广泛的实际应用。这也使得该协议成为计算机网络体系结构的事实上的标准,也称之为工业标准。该模型共包含四层:网络接口层、网络层、传输层和应用层。

2. ISO/OSI 参考模型

ISO/OSI 参考模型——开放系统互联参考模型,是具有一般性的网络模型结构,作为一种标准框架为构建网络提供了一个参照系。该模型最大的特点是开放性。不同厂家的网络产品,只要遵照这个参考模型,就可以实现互联、互操作和可移植。任何遵循 OSI 标准的系统,只要物理上连接起来,它们之间都可以相互通信。该模型的成功之处在于它明确区分了服务、接口和协议这三个概念。服务描述了每层自身的功能,接口定义了某层提供的服务如何被上一层访问,而协议是每一层功能的实现方法。通过区分这些抽象概念,OSI 参考模型将功能定义与实现细节分开,概括性高,使它具备了很强的适应能力。该模型共有七层,自底向上依次为物理层、数据链路层、网络层、传输层、会话层、表示层和应用层。

3. 局域网参考模型

由于局域网大多采用共享信道,当通信局限于一个局域网内部时,任意两个结点之间都有唯一的链路,即网络层的功能可由链路层来完成,所以局域网中不单独设立网络层。IEEE 802 委员会提出的局域网参考模型(LAN/RM),如图 6-18 所示。

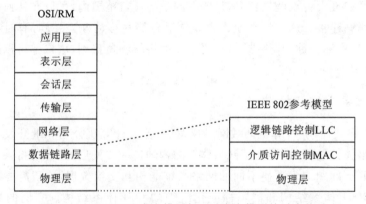

图 6-18　IEEE 802 参考模型与 OSI 参考模型的对应关系

6.2.3　组建局域网

1. 组建对等网

对等网指的是网络中没有专用的服务器,每一台计算机的地位平等,每一台计算机既可充当服务器又可充当客户机的网络。最简单的对等网由两台使用有线或无线连接方式直接相连的计算机组成。也可以连接多台 PC 而形成较大的对等网,但需要使用网络设备(如集线器、交换机等)将计算机相互连接。

若只是希望实现多台计算机系统的简单共享,可以选择对等网。利用网线将多台计算机连接在网络设备上,然后安装相应的网络协议和网络客户。注意:只需要安装 TCP/IP 协议、Microsoft 网络客户、文件和打印机共享即可。接下来设置相应的 IP 地址,一个简单的对等网就完成了。

2. 组建基于服务器的局域网

基于服务器的网络是指服务器在网络中起核心作用的组网模式。基于服务器的网络与对等网的区别在于:网络中必须至少有一台采用网络操作系统(如 Windows NT/2000 Server、Linux、Unix 等)的服务器,其中服务器可以扮演多种角色,如文件和打印服务器、应用服务器、电子邮件服务器等。

6.3 Internet 知识与应用

6.3.1 Internet 概述

Internet 在当今计算机界是最热门的话题,以至人们将它称作"信息高速公路"。目前,很难对 Internet 进行严格的定义,但从技术角度,可以认为 Internet 是一个相互衔接的信息网。中国计算机学会编著的《英汉计算机词汇》,将 Internet 正式译为"因特网:一种国际互联网"。

Internet 可以对成千上万的局域网和广域网进行实时连接与信息资源共享。因此,有人将其称为全球最大的信息超市,如图 6-19 所示。

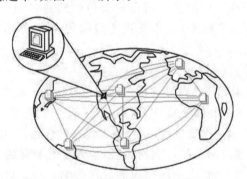

图 6-19 互联网示意图

关注以下常用专业术语。

WWW:WWW 是 world wide web 的简称,译为万维网或全球网。它并非传统意义上的物理网络,而是方便人们搜索和浏览信息的信息服务系统。WWW 为用户提供了一个可以轻松驾驭的图形化界面,用户可以查阅 Internet 上的信息资源,包含新闻、图像、动画、声音、3D 世界等多种信息。

HTTP:hyper text transfer protocol,即超文本传送协议,它是带有内建文件类型标识的文件传输协议,主要用于传输 HTML 文本。在 URL 中,http 表示文件在 Web 服务器上。

URL:uniform resource locators ,即统一资源定位器,它不仅可以用来定位网络上信息资源的地址,也可以用来定位本地系统要访问的文件。

FTP：文件传输协议，在 Internet 中对远程主机的文件上传（从本机传到远端）或下载（从远端传到本机）。

主页：home page，是指通过万维网（Web）进行信息查询时的起始信息页。

域名：domain name，是指为连到因特网上的计算机所指定的名字。

BBS：电子公告板，是网上随时取得最新的软件及信息的地方，也是"网虫"流连忘返的地方。

HTML：hyper text markup language ，即超文本标记语言，HTML 是一系列的标记符号或嵌入希望显示文件内的代码，这些标记告诉浏览器应该如何显示文字和图形。

防火墙：一种软件／硬件设备组，负责计算机系统或网络之间的隔离和安全，许多公司在它们的内部网络和 Internet 之间设置了防火墙。

6.3.2 工作原理

Internet 使用一种专门的计算机语言（协议）以保证数据能够安全可靠地到达指定的目的地。这种语言分为两部分，即 TCP（transfer control protocol，传输控制协议）和 IP（internet protocol，网络连接协议），通常将它们放在一起，用 TCP/IP 表示。

1. TCP/IP 协议

1）TCP/IP 协议的定义

协议：为了使不同的计算机系统之间相互识别，进行有效的通信，建立了一系列的通信规则，通常称这些规则为"协议"（protocol）。

TCP/IP 成为计算机网络体系结构的事实上的标准，也称之为工业标准。它实质上是一组协议族。其中，最重要的两个协议是 IP 与 TCP。IP 为网络连接协议，提供网络层服务，负责将需要传输的信息分割成许多信息"小包"（亦称为"信息包"），并将这些小包发往目的地，每个小包包含了部分要传输的信息和要传送到目的地的地址等重要信息。TCP 为传输控制协议，提供传输层服务，负责管理小包的传递过程，并有效地保证数据传输的正确性。

2）TCP/IP 工作原理

TCP/IP 利用协议组来完成两台计算机之间的信息传送。前面讲过，这个协议组分为四层，即应用层、传输层、网络层和网络接口层，每一层都呼叫它的下一层所提供的网络来完成自己的需求。当用户开始第一次信息传输时，请求传递到传输层，传输层在每个信息小包中附加一个头部，并把它传递给网络层。在网络层，加入了源和目的 IP 地址，用于路由选择。路由器：位于网络的交叉点上，它决定数据包的最佳传输途径，以便有效地分散 Internet 的各种业务量荷载，避免系统某一部分过于繁忙而发生"堵塞"，如图 6-20 所示。

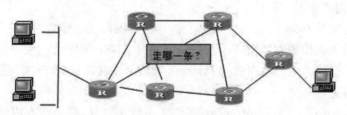

图 6-20　路由选择示意图

网络接口层对来往于上一层协议和物理层之间的数据流进行错误校验，在物理层数据沿着介质移入或移出（介质可以是通过电缆的以太网或通过 modem 的 PPP 等）。最后数据到达目的地。计算机将去掉 IP 的地址标志,检查数据在传输过程中是否有损失,在此基础上并将各数据包重新组合成原文本文件。如果接收方发现有损坏的数据包,则要求发送端重新发送被损坏的数据包。在接收方,执行相反的过程,数据从物理层开始向上到达应用层。如图 6-21 所示,在发送端的信息由上一层传到下一层,逐层封装,最后通过物理线路传到接收方,而接收方则执行相反过程。

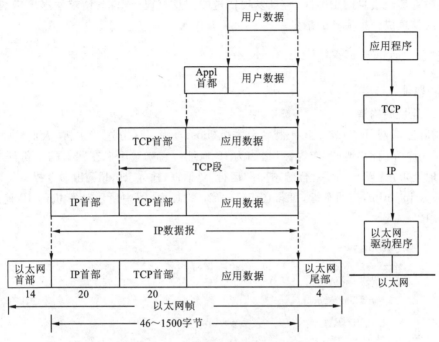

图 6-21　网络信息传递封装示意图

2. Internet 信息传递原理

Internet 上的各种信息是通过 TCP/IP 协议进行传送的。为了说明其传输过程,现将计算机之间传输的信息比作行驶在连接几个城市的高速公路上运输的汽车,如图 6-22 所示。

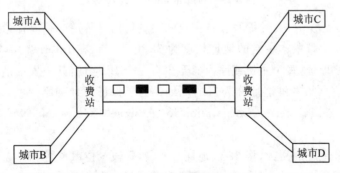

图 6-22　Internet 信息传送示意图

通过图 6-22 可以看出 TCP/IP 协议为什么要把传送的信息分割成许多小包。从城市 A 和城市 B 开出的一辆辆汽车(相当于信息包),可以顺利地逐个交替地通过收费站进入高速公路,分别开往城市 C 和城市 D。如果不将传送的信息分成小包,相当于从城市 A、城市 B 两城市分别开出的是一列长达几十千米的列车,如城市 A 的列车先到达收费站,它将占据整个高速公路,城市 B 开出的列车将无法进入高速公路,位于高速公路另一侧的城市 C 的接收者可以持续地接到城市 A 汽车送来的物品,而城市 D 的接收者不得不长时间等待。如果接收者需要持续占用线路 3 小时,则另外的接收者不想等待只好放弃接收。更为不合理的是,若城市 A 传送的物品到达城市 C 后发现错误,需要重新发送时,也要占用线路 3 小时。因此,为解决这一问题,Internet 采用 TCP/IP 协议将信息分割成小包,使信息小包分散到达目的地,将检查传送信息的正确性,一旦发现传送的信息有误,再自动请求发送出错的信息小包,并最后整理成一个完整的信息。

6.3.3 地址和域名

1. IP 地址

1) IP 地址的构造

在国际互联网(Internet)上有很多台主机(host),为了区分这些主机,人们给每台主机都分配了一个专门的"地址"作为标识,称为 IP 地址。它就像用户在网上的身份证,要查看自己 IP 地址可按【Win+R】组合键,打开"运行"对话框,输入"cmd"调出命令提示符窗口,在窗口中输入 ipconfig,按回车键,可得图 6-23 所示的画面,图中所示计算机的 IP 地址 192. 168. 106. 128。

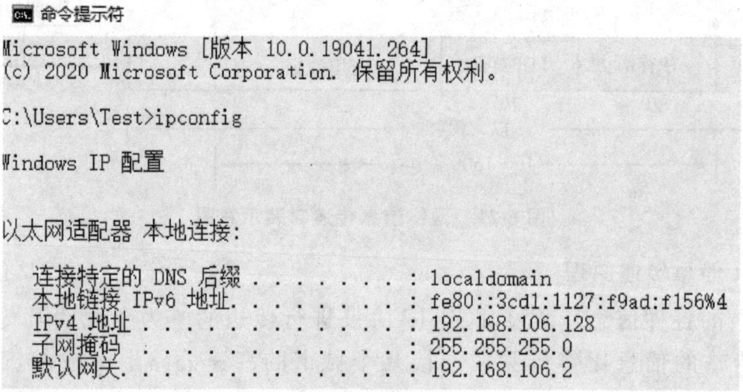

图 6-23　利用 **ipconfig** 查看 IP 地址

IP 是 internet protocol 的缩写。各主机间要进行信息传递必须要知道对方的 IP 地址。目前使用的 IPv4 协议版本中它的地址长度为 32 位(bit)。在 Internet 中,不允许有两个设备具有相同的 IP 地址,每个主机或路由器至少有一个 IP 地址,其中发送信息的主机地址称为源地址,接收信息的主机地址称为目的地址。为了保证地址的唯一性,IP 地址由因特网名称与号码指派公司(Internet Corporation for Assigned Names and Numbers,ICANN)进行统一分配。

为了便于 IP 地址的阅读,将 32 位地址分 4 段,每段 8 位(1 个字节),常用十进制数字表示,每段数字范围为 1~254,段与段之间用小数点分隔。每个字节(段)也可以用十六进制或二进制表示。

32 位二进制 IP 地址:　　　　　　11000010 10101000 00000000 00011111

将每 8 位的二进制转换为十进制数:194. 168. 0. 31

2) IP 地址的分类

每个 IP 地址包括两个 ID(标识码),即网络 ID 和主机 ID。同一个物理网络上的所有主机都用同一个网络 ID,网络上的一个主机(工作站、服务器和路由器等)对应一个主机 ID。这样把 IP 地址的 4 个字节划分为 2 个部分:一部分用来标明具体的网络段,即网络 ID;另一部分用来标明具体的结点,即主机 ID。这样的 32 位地址又分为五类,分别对应于 A 类、B 类、C 类、D 类和 E 类 IP 地址,如表 6-2 所示。

表 6-2　IPv4 地址分类对照表

网络类	最高位	网络 ID	网络数	主机数	网络号范围	应用于
A 类	0	8 位	126	16 777 214	1~126	大型网络
B 类	10	16 位	16 382	65 534	128~191	中型网络
C 类	110	24 位	2 097 150	254	192~223	小型网络
D 类	1110		广播地址			
E 类	11110		保留试验			

(1)A 类 IP 地址。

一个 A 类 IP 地址由 1 字节(每个字节是 8 位)的网络地址和 3 个字节主机地址组成,网络地址的最高位必须是"0",即第一段数字范围为 1~127,全 0 或全 1 不可用。A 类 IP 地址最多能有 $2^7-2=126$ 个网络,每个网络最多能有 $2^{24}-2=16\ 777\ 214$ 台主机。

(2)B 类 IP 地址。

一个 B 类 IP 地址由 2 个字节的网络地址和 2 个字节的主机地址组成,网络地址的最高位必须是"10",即第一段数字范围为 128~191。B 类 IP 地址最多能有 $2^{14}-2=16\ 382$ 个网络,每个网络最多能有 $2^{16}-2=65\ 534$ 台主机。

(3)C 类 IP 地址。

一个 C 类地址是由 3 个字节的网络地址和 1 个字节的主机地址组成,网络地址的最高位必须是"110",即第一段数字范围为 192~223。C 类 IP 地址最多能有 $2^{21}-2=2\ 097\ 150$ 个网络,每个网络最多可连接 254 台主机。

考虑到特殊地址和特殊使用,实际使用的地址数都少于前述数量。

(4)D 类地址用于多点播送。

第一个字节以"1110"开始,第一个字节的数字范围为 224~239,是多点播送地址,用于多目的地信息的传输,也可以作为备用。

(5)E 类地址。

以"11110"开始,即第一段数字范围为 240~254。E 类地址保留,仅做实验和开发用。

注意:全 0 或全 1 不可作为主机号。全 0 的 IP 地址称为网络地址,如 129.45.0.0 就是 B 类的网络地址;全 1(即 255)的 IP 地址称为广播地址,如 129.45.255.255 就是 B 类的广播地址。

网络 ID 不能以十进制"127"作为开头,在地址中数字 127 保留给诊断用。如 127.1.1.1 用于回路测试,同时网络 ID 部分全为"0"和全部为"1"的 IP 地址被保留使用。

3)私有 IP 地址

由于 IP 地址作为一种网络资源,需要花钱购买或租用,所以 ICANN 将 A、B、C 类地址的一部分保留下来,作为私有 IP 地址,供各类专有网络(如企业小型局域网)无偿使用。

小型局域网可以选择 192.168.0.0 地址段,大中型局域网则可以选择 172.16.0.0 或 10.0.0.0 地址段。

当局域网通过路由设备与广域网连接时,路由设备会自动将该地址段的信号隔离在局域网内,故这些地址不可能出现在公网上,一旦要连入广域网或 Internet,还需要拥有公网

IP。表 6-3 所示为私有地址表。

表 6-3　私有地址表

类　　别	IP 地址范围	网　络　号	网　络　数
A	10.0.0.0～10.255.255.255	10	1
B	172.16.0.0～172.31.255.255	172.16～172.61	6
C	192.168.0.0～192.168.255.255	192.168.0～192.168.255	255

2. 域名

IP 地址为 Internet 提供了统一的编址方式,直接使用 IP 地址就可以访问网络中的主机,但 IP 地址很难记忆。例如,某服务器的 IP 地址是 59.175.215.88,用户很难记忆,我们可以用 www.hbxy.net 这样的标识名来表示。这样的名字结构有层次,每个字符都有意义,容易理解和记忆,这个标识名,即域名。其一般格式如下:

计算机名.三级域名.二级域名.顶级域名

每个分量分别代表不同级别的域名。每一级别的域名都由英文字母和数字组成(不超过 63 个字符,并且不区分大小写字母),级别最低的域名写在最左边,级别最高的顶级域名写在最右边。完整的域名不超过 255 个字符。

其中,顶级域名又称为最高层域名,顶级域名代表建立网络的组织机构或网络所隶属的地区或国家,大体可分为两类。

一类是组织性顶级域名,既机构性域名,一般采用由三个字母组成的缩写来表明各部门的类型,目前主要有 14 种机构性域名。以机构区分的最高域名原来有 7 个,后来又加了 7 个。这些域名的注册服务由多家机构承担,CNNIC 是注册机构之一;按照 ISO-3166 标准制定的国家域名,一般由各国的 NIC(Network Information Center,网络信息中心)负责运行。表 6-4 是机构域名表。

表 6-4　机构域名表

域	说　　明	域	说　　明	域	说　　明
com	商业系统	edu	教育系统	gov	政府机关
mil	军队系统	net	网络管理部门	org	非营利性组织
int	国际机构	firm	商业或公司	web	主要活动与 WWW 有关的实体
arts	以文化活动为主的实体	rec	以消遣性娱乐活动为主的实体	info	大量提供信息服务的实体
nom	有针对性的人员/个人的命令	store	提供购买商品的业务部门		

另一类是地理性顶级域名,以两个字母的缩写代表其所处的国家,例如:

cn—中国　　uk—英国　　us—美国　　it—意大利　　jp—日本

计算机名一般可由网络用户自定义。

域名应该容易记忆,例如域名 www.ccc.edu.cn 表明对应的网络主机属于中国(cn)某教育机构(edu)"ccc",其计算机名为"www"。需要说明的是,凡是能使用域名的地方,都可以使用 IP 地址。

当键入某个域名的时候,其实还是先将此域名解析为相应网站的 IP 地址。完成这一任务的过程就称为域名解析。

我国域名体系分为类别域名和行政区域名。类别域名有 6 个,分别依照申请机构的性质依次分为:

AC——科研机构;

COM——工、商、金融等行业;

EDU——教育机构;

GOV——政府部门;

NET——互联网络、接入网络的信息中心和运行中心;

ORG——各种非营利性的组织。

6.3.4　电子邮件

电子邮件(electronic mail,E-mail)是 Internet 应用最广泛的服务。通过电子邮件,用户可以方便快速地交换信息,查询信息。

1. 邮件地址

在 Internet 中,邮件地址如同用户自己的身份。Internet 邮件地址的统一格式为"收件人邮箱名@邮箱所在主机的域名",例如"degor@znufe.edu.cn"。其中"@"读作"at",表示"在"的意思。

"收件人邮箱名"又简称为"用户名",是收件人自己定义的字符串标识符,该标识符在邮箱所在的邮件服务器上必须是唯一的,这就保证了这个电子邮件地址在世界范围内是唯一的。

要使用电子邮件,首先要申请一个邮件地址。有非常多的电子邮件服务商为我们提供有偿的或者免费的电子邮件服务。我们可以根据自己不同的需求有针对性地选择。如果是经常和国外的客户联系,建议使用国外的电子邮箱,比如 Gmail,Hotmail,MSN mail,Yahoo mail 等;如果是想当作网络硬盘使用,经常存放一些图片资料等,那么就应该选择存储量大的邮箱,比如 Gmail、网易 163mail 等都是不错的选择;如果自己有计算机,那么最好选择支持 POP/SMTP 协议的邮箱,可以通过 Outlook、Foxmail 等邮件客户端软件将邮件下载到自己的硬盘上,这样就不用担心邮箱的存储量不够用,同时还能避免别人窃取密码以后偷看自己的信件。

2. 电子邮件使用方式

通常,在使用电子邮件服务时,有以下两种方式。

1)基于用户代理的电子邮件

所谓用户代理,实际上就是电子邮件客户端软件,例如 Outlook、Foxmail。通过用户代理,我们可以撰写电子邮件,然后由它发送到用户设置的邮件服务器上。用户也可以通过用户代理将自己的邮件从邮件服务器上下载到自己的计算机上。

2)基于万维网的电子邮件

通过万维网浏览器也可以方便地使用电子邮件服务。通过浏览器打开邮件服务的页面,用户可以键入自己的用户名和密码,登录到邮件服务器上,然后撰写、发送和关注自己的邮箱。

例如,用户 A(a@163.com)向用户 B(b@sina.com)发送邮件。用户 A 可以通过用户代理或者网站登录的方式先撰写邮件,然后发送到 163 的邮件服务器上,如图 6-24 所示。

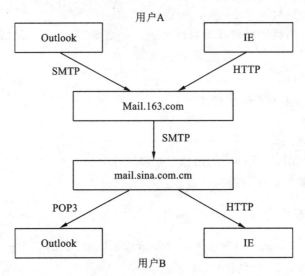

图 6-24　邮件的发送与接收

6.3.5　文件传输服务

文件传输服务是由文件传输协议(file transfer protocol)来完成的,所以又称为 FTP 服务,它是 Internet 中最早提供的服务功能之一,目前仍然在广泛使用中。

FTP 服务方式可分为非匿名 FTP 服务和匿名 FTP 服务。

对于非匿名 FTP 服务,用户必须先在服务器上注册,获得用户名和口令。在使用 FTP 时必须提交自己的用户名和口令,在服务器上获得相应的权限以后,方可上传或下载文件。

匿名 FTP 则是这样一种机制:用户可通过它连接到服务器,并从其下载文件,而无须成为其注册用户。系统管理员建立了一个特殊的用户 ID,名为 anonymous,Internet 上的任何人在任何地方都可使用该用户 ID,并用自己的 E-mail 地址作为口令,使系统维护程序能够记录下来谁在存取这些文件。作为一种安全措施,大多数匿名 FTP 主机都允许用户从其下载文件,而不允许用户向其上传文件。

有很多途径可以登录到 FTP 服务器并享受 FTP 服务。例如,打开 IE 浏览器,在地址栏里输入 ftp://ftp. znuel. net,即可进入到中南财经政法大学的 FTP 服务器,或者在命令提示符窗口输入"ftp ftp. znuel. net"也可以登录该服务器。另外,使用专门软件从 FTP 服务器上下载文件也是常用的途径,例如 NetAnts、FlashGet 等,这些软件采用了断点续传的方法,即使遇上网络断线,先前下载的文件片段依然有效,可以等网络连接上后继续下载。

6.3.6　Telnet 服务

Telnet 是进行远程登录的标准协议和主要方式,它为用户提供了在本地计算机上完成远程主机工作的能力。远程登录服务,即通过 Internet,用户将自己的本地计算机与远程服务器进行连接。一旦实现了连接,由本地计算机发出的命令,可以到远程计算机上执行,本地计算机的工作情况就像是远程计算机的一个终端,实现连接所用的通信协议为 Telnet。通过使用 Telnet,用户可以与全世界许多信息中心图书馆及其他信息资源联系。

Telnet 远程登录的方法主要有两种。第一种是用户在远程主机上有自己的账号(account),即用户拥有注册的用户名和口令;第二种是许多 Internet 主机为用户提供了某种形式的公共 Telnet 信息资源,这种资源对于每一个 Telnet 用户都是开放的。

这里介绍简单的一种:通过"控制面板"→"程序"→"启动或关闭 Windows 功能"超链接,打开"Windows 功能"对话框,如图 6-25 所示,勾选[Telnet 客户端],单击[确定]应用设置,这样就可以通过 Windows 10 自带的 Telnet 客户端访问服务器。待系统配置完毕后,按【Win+R】组合键打开"运行"对话框,输入 telnet 远程主机域名或 IP 地址指令,如图 6-26 所示,并单击[确定]按钮,就会看到远程主机的欢迎信息或登录标志。

图 6-25　打开 Telnet 客户端功能

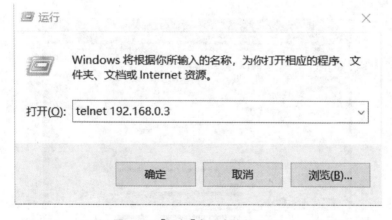

图 6-26　[运行]窗口中执行 telnet

6.3.7　搜索引擎

搜索引擎的作用,是帮助用户从网络中庞大的数据资料中,搜寻用户需要的内容。如图 6-27 所示,是百度搜索引擎的中文界面,在搜索文本框中输入想要查询内容的关键字,按回车键,搜索请求将被发送到百度服务器,由服务端负责查询,并将搜索结果返回给用户,显示在浏览器中。

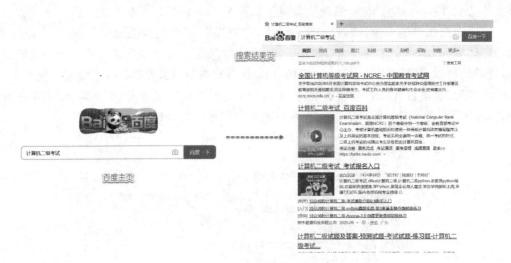

图 6-27　百度搜索引擎主页

除了百度外,还有搜狗搜索(https://www.sogou.com)、bing(https://cn.bing.com)等其他搜索引擎。

 # 6.4　基于 Windows 7 的网络配置及 PING 测试

6.4.1　Windows 7 配置 IP

在 Windows 7 中,打开"控制面板"中的"网络和 Internet",进入"网络和共享中心",如图 6-28 所示。

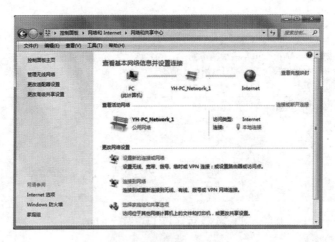

图 6-28　网络和共享中心

选择"更改适配器设置"进入网络连接,如图 6-29 所示。右键单击"本地连接",选择"属性",如图 6-30 所示。

在"本地连接 属性"对话框中选择进入"Internet 协议版本 4(TCP/IPv4)"设置 IP 地址,如图 6-31 所示。

图 6-29　进入网络连接

图 6-30　选择网络连接属性

系统默认设置为"自动获得 IP 地址"和"自动获得 DNS 服务器地址",用户配置 IP 地址选择"使用下面的 IP 地址"以及"使用下面的 DNS 服务器地址",如图 6-32 所示。

图 6-31　选择"Internet 协议版本 4(TCP/IPv4)"

图 6-32　网络协议设置

输入服务商提供的 IP 地址以及 DNS 服务器地址,单击"确定"按钮完成配置,如图 6-33 所示。

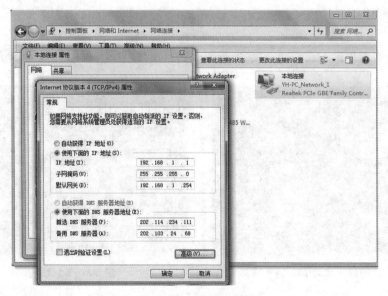

图 6-33　完成网络协议配置

6.4.2 PING 测试

在"开始"菜单中输入 cmd 进入 MS-DOS 命令框,如图 6-34 所示。

ping 命令应用格式为:ping IP 地址。

测试本机 IP,例如本机 IP 地址为 192.168.1.123,则执行命令"ping 192.168.1.123"。如果网卡安装和配置没有问题,则应该出现类似图 6-35 所示的结果。

图 6-34　MS-DOS 命令框

图 6-35　网络正常时 ping 命令结果

　　如果在 MS-DOS 方式下执行此命令后显示内容为 Request time out,则表明网卡安装或配置有问题。将网线断开,再次执行此命令,如果显示正常,则说明本机使用的 IP 地址可能与另一台正在使用的计算机的 IP 地址重复了。如果仍然不正常,则表明本机网卡安装或配置有问题,需继续检查相关网络配置。

　　测试网关 IP,假定网关 IP 为 192.168.1.254,则执行命令"ping 192.168.1.254"。在 MS-DOS 方式下执行此命令,如果显示类似以下信息则表明局域网中的网关路由器正在正常运行。反之,则说明网关有问题,如图 6-36 所示。

　　测试远程 IP,这一命令可以检测本机能否正常访问 Internet,例如测试新浪网址。在 MS-DOS 方式下执行命令"ping www.sina.com.cn",如果屏幕显示如图 6-37 所示,则表明运行正常,能够正常接入互联网。反之,则表明主机文件(windows\...\hosts)存在问题。

图 6-36　网络异常时 ping 命令结果

图 6-37　测试远程 IP

　　ping 命令还可以加入许多参数使用,输入 ping 命令后按回车即可看到详细说明,如图 6-38所示。例如,需要长时间 ping 测试指定网络地址,则在命令后加上"-t",如图 6-39 所示。

图 6-38　ping 命令参数

图 6-39　长时间 ping 测试

输入"Control-C"则停止测试。

6.4.3　家用宽带路由器的配置

市场上有很多品牌的家用宽带路由器,其使用方法基本相同,本书以 TP-LINK 为例来讲述家用宽带路由器的一般配置方法。

连接好路由器,通过浏览器进入路由器的管理界面,在浏览器的地址栏中输入 192.168. 1.1(各种型号路由器的地址可能不一样,具体地址参考各路由器的说明,一般为 192.168. x.x,其中 x 为 0 或 1),如图 6-40 所示。

图 6-40　通过计算机进入路由器的管理界面

输入路由器用户名及密码(默认密码一般为 admin,具体参考各路由器说明书),进入路由器管理界面,如图 6-41 所示。

1. 设置 ADSL 账号

单击"设置向导",然后单击"下一步"按钮,如图 6-42 所示。

图 6-41　路由器管理界面

图 6-42　设置向导

选择上网方式,选择"PPPoE(ADSL 虚拟拨号)"后单击"下一步"按钮,如图 6-43 所示。输入网络服务商提供的上网账号和上网口令,如图 6-44 所示。

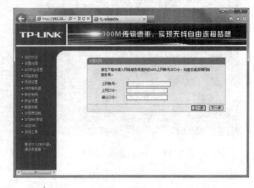

图 6-43 上网方式设置　　　　　　　　　图 6-44 输入上网账号和上网口令

设置路由器无线网络的基本参数以及无线安全,"无线状态"可选择"开启"或"关闭",SSID 为用户为标识自己的网络设置的 ID,输入密码后单击"下一步"按钮,如图 6-45 所示。设置完成,单击"完成"按钮退出设置向导,如图 6-46 所示。

图 6-45 无线设置　　　　　　　　　图 6-46 完成设置

在"网络参数"页面也可以设置 ADSL 账号及密码(即上网口令),并且根据用户需要设置连接方式,如图 6-47 所示。

2. 无线功能

单击"无线设置"选项可进入设置无线功能界面,在基本设置界面中可以选择开启或关闭无线功能,自定义无线网络标识号,如图 6-48 所示。

图 6-47 网络参数设置　　　　　　　　　图 6-48 无线网络基本设置

进入"无线安全设置"页面可以选择打开或关闭无线安全功能，设置无线网络的加密方式以及修改密码，如图 6-49 所示。

进入"无线 MAC 地址过滤"页面可以管理控制计算机对无线网络的访问，启用过滤功能，可以禁止或允许列表中生效的 MAC 地址访问无线网络，如图 6-50 所示。

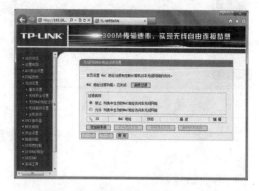

图 6-49　无线网络安全设置　　　　　　　图 6-50　无线 MAC 地址过滤设置

进入"无线高级设置"页面可以对无线功能的高级功能进行设置，一般选择默认设置即可，如图 6-51 所示。

进入"主机状态"页面可以查看当前连接无线网络的所有主机的信息，如图 6-52 所示。

图 6-51　无线高级设置　　　　　　　　图 6-52　无线网络主机状态

3. DHCP 服务器

在"DHCP 服务"页面可以启用或关闭 DHCP 服务器功能，启用 DHCP 功能能为局域网内各主机自动分配 IP 地址，默认起始地址为 192.168.1.100，默认结束地址为 192.168.1.199。用户还可以根据需要自定义设置地址租期，范围是 1～2880 分钟，默认设置 120 分钟，如图 6-53 所示。

"客户端列表"中显示连接至路由器的所有主机的相关基本信息，包括客户端名、MAC 地址、IP 地址以及有效时间等，如图 6-54 所示。

图 6-53　DHCP 服务

"静态地址分配"用于设置 DHCP 服务器的静态地址分配功能，如图 6-55 所示。

图 6-54　客户端列表

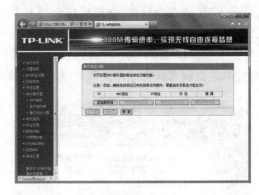

图 6-55　静态地址分配

 习题 6

1. 单项选择题

(1) 在常用的传输介质中,(　　)的带宽最宽,信号传输衰减最小,抗干扰能力最强。

　　A. 双绞线　　　　B. 同轴电缆　　　　C. 光纤　　　　D. 微波

(2) 在 Internet 中能够提供任意两台计算机之间传输文件的协议是(　　)。

　　A. WWW　　　　B. FTP　　　　C. Telnet　　　　D. SMTP

(3) 下列(　　)软件不是局域网操作系统软件。

　　A. Windows　NT　Server　　　　B. Netware

　　C. Unix　　　　　　　　　　　　D. SQL Server

(4) HTTP 是(　　)。

　　A. 统一资源定位器　　　　　　　B. 远程登录协议

　　C. 文件传输协议　　　　　　　　D. 超文本传输协议

(5) HTML 是(　　)。

　　A. 传输协议　　　　　　　　　　B. 超文本标记语言

　　C. 统一资源定位器　　　　　　　D. 机器语言

(6) 下列四项内容中,(　　)不属于 Internet 的基本功能。

　　A. 电子邮件　　　B. 文件传输　　　C. 远程登录　　　D. 实时监测控制

(7) IP 地址由一组(　　)的二进制数字组成。

　　A. 8 位　　　　B. 16 位　　　　C. 32 位　　　　D. 64 位

(8) 下列地址(　　)是电子邮件地址。

　　A. www. pxc. jx. cn　　　　　　B. chenziyu@163. com

　　C. 192. 168. 0. 100　　　　　　D. http://uestc. edu. cn

(9) 因特网使用的互联协议是(　　)。

　　A. IPX 协议　　　B. IP 协议　　　C. AppleTalk 协议　　D. NetBE

2. 名词解释

(1) 计算机网络。　　(2) 资源共享。　　(3) 客户机。　　(4) 网络信息。

(5) 公用网(public network)。　　(6) 专用网(private network)。

(7) 城域网 MAN。　　(8) 对等网。　　(9) WWW。　　(10) HTTP。

3. 填空题

(1)计算机通信网络是计算机技术和_____相结合而形成的一种新通信方式。

(2)世界上最庞大的计算机网络是_____。

(3)建立计算机网络的主要目的是实现在计算机通信基础上的_____。

(4)在计算机网络中,核心的组成部分是_____。

(5)集线器用于_____之间的转换。

(6)集线器用于把网络线缆提供的网络接口_____。

(7)中继器,又称转发器,用于连接_____。

(8)网关提供_____间互联接口。

(9)网关用于实现_____之间的互联。

(10)网络信息是计算机网络中最重要的资源,它存储于_____,由网络系统软件对其进行管理和维护。

4. 简答题

(1)什么是计算机网络?

(2)计算机网络涉及哪三个方面的问题?

(3)计算机网络具有哪五个方面的功能?

(4)简述计算机发展的四个阶段。

(5)计算机网络的组成基本上包括哪些内容?

(6)常用的服务器有哪些?

(7)简述网桥的作用。

(8)什么是网络的拓扑结构?

(9)简述 FTP 服务方式中的非匿名 FTP 服务。

(10)简述远程登录服务。

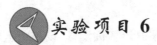 实验项目 6

实验 1　浏览器的使用

实验 2　文件下载

实验 3　搜索引擎的使用

实验 4　配置 TCP/IP 协议

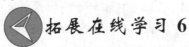 拓展在线学习 6

第7章 信 息 安 全

【内容提要】

信息安全包括信息系统安全、计算机安全、计算机系统安全、网络安全等。本章所讲内容的重点有信息系统安全的重要性、信息系统安全所包含的内容和安全意识与法规等。具体内容有计算机犯罪的概念、关于计算机病毒及计算机病毒的特性、计算机病毒的危害与分类、常见杀毒软件的使用,以及正确使用计算机的知识。

7.1 信息安全概论

7.1.1 信息安全的定义

信息安全(information security)是指信息网络的硬件、软件及其系统中的数据受到保护,不受偶然的或者恶意的原因而遭到破坏、更改、泄露,系统连续、可靠、正常地运行,信息服务不中断。

计算机安全的内容一般包括两个方面:物理安全和逻辑安全。物理安全是指系统设备及相关设施受到物理保护,免于破坏、损失等;逻辑安全包括信息的完整性、保密性和可用性。

物理安全又叫实体安全,是保护计算机设备、设施免遭地震、水灾、火灾、有害气体和其他环境事故(如电磁污染等)破坏的措施和过程。实体安全主要考虑的问题是环境、场地和设备的安全,以及实体访问控制和应急处置计划等。实体安全技术主要是指对计算机系统的环境、场地、设备和人员等采取的安全技术措施。

逻辑安全的核心是软件安全。

软件(software)是包括程序、数据及其相关文档的完整集合。软件的安全就是为计算机软件系统建立和采取的技术和管理的安全保护,保护计算机软件、数据不因偶然或恶意的原因而遭到破坏、更改、泄露、盗版、非法复制,保证软件系统能正常连续地运行。

7.1.2 安全影响

1.计算机是不安全的

冯·诺依曼结构的"存储程序"体系决定了计算机的本性(这也是计算机系统固有的缺陷和遗憾)。很清楚,一个有指令能编程序的系统,它的指令的某种组合一定能构成对系统作用的程序,即系统具有产生类似病毒的功能;程序是人们编的,如果掌握这门技术的人员没有高尚的道德品质和责任感,当然就有丢失数据、泄露机密、产生错误的可能。计算机系统的信息共享性、传递性、信息解释的通用性和计算机网络,为计算机系统的开发应用带来了巨大的便利,同时也使得计算机信息在处理、存储、传输和使用上非常脆弱,很容易受到干扰、滥用、遗漏和丢失,为计算机病毒的广泛传播大开方便之门,为黑客的入侵提供了便利条件,使欺诈、盗窃、泄露、篡改、冒充、诈骗和破坏等犯罪行为都成为可能。

2. 计算机系统面临的威胁

计算机系统所面临的威胁大体可分为两种:一是针对计算机及网络中信息的威胁;二是针对计算机及网络中设备的威胁。如果按威胁的对象、性质,则计算机系统面临的威胁可以细分为四类:第一类是针对硬件实体设施;第二类是针对软件、数据和文档资料;第三类是针对前两者的攻击破坏;第四类是计算机犯罪。

3. 计算机安全威胁的来源

影响计算机安全的因素很多,归结起来,计算机系统的安全威胁的来源主要有以下三个。

1)天灾

天灾是指不可控制的自然灾害,如地震、雷击。天灾轻则造成业务工作混乱,重则造成系统中断或造成无法估量的损失。如 1999 年 8 月吉林省某电信业务部门的通信设备被雷击中,造成惊人的损失。

2)人祸

人祸分为有意的和无意的。有意的指人为的恶意攻击、违纪、违法和犯罪。人为的无意失误有文件的错误删除、输入错误的数据、操作员安全配置不当、用户口令选择不慎等。

3)计算机系统本身的原因

(1)计算机硬件系统的故障。由于生产工艺或制造商的原因,计算机硬件系统本身有故障,如电路短路、断线、接触不良引起的不稳定、电压波动的干扰等。

(2)软件的"后门"。软件的"后门"是软件公司的程序设计人员为了自己方便而在开发时预留设置的,一方面为软件调试、进一步开发或远程维护提供了方便,但同时也为非法入侵提供了通道。这些"后门"一般不为外人所知,但一旦"后门"洞开,其造成的后果将不堪设想。

(3)软件的漏洞。软件漏洞即系统漏洞。什么是系统漏洞?系统漏洞是指应用软件或操作系统软件在逻辑设计上的缺陷或在程序编写时产生的错误,软件不可能是百分之百的无缺陷和无漏洞的,这些缺陷或错误即漏洞可能被不法者或者电脑黑客所利用,成了他们进行攻击的首选目标。这些人通过植入木马、病毒等方式来攻击或控制整个计算机,从而窃取计算机中的重要资料和信息,甚至破坏计算机系统。

7.1.3 信息安全

信息安全是一门涉及计算机科学、网络技术、通信技术、密码技术、信息安全技术、应用数学、数论、信息论等多种学科的综合性学科。

1. 信息安全的重要性

在信息时代,信息安全至关重要,主要表现在以下几个方面。

1)"信息高速公路"带来的问题

"信息高速公路"计划的实施,使信息由封闭式变成社会共享式。它在人们方便地共享资源的同时,也带来了信息安全的隐患。因此,既要在宏观上采取有效的信息管理措施,又要在微观上解决信息安全及保密的技术问题。

2)影响计算机信息安全的主要因素

(1)计算机信息系统安全的三个特性:保密性(防止非授权泄露)、完整性(防止非授权修改)和可用性(防止非授权存取)。

(2)计算机信息系统的脆弱性主要表现在三个方面:硬件、软件、数据。

(3)计算机犯罪已构成对信息安全的直接危害。

计算机犯罪已成为国际化问题,对社会造成严重危害。计算机犯罪的主要表现形式:

①非法入侵信息系统,窃取重要商贸机密;

②蓄意攻击信息系统,如传播病毒或破坏数据等;

③非法复制、出版及传播非法作品;

④非法访问信息系统,占用系统资源或非法修改数据等。

2. 信息安全意识

信息安全意识(information security consciousness)是指人们在信息时代对个人、社会和国家在信息领域的利益进行保护的一种强烈意识形态。比如,人们对自己银行密码信息的隐藏,不告诉他人,或不让其他人偷袭、剽窃等,这种行为则表现了人们在潜意识下,对个人财产的保护。诸如这样的信息安全意识形态还有很多例子,但除了一些日常生活、工作中的信息安全保护行为外,还有很多本应具有的信息安全意识,人们却没有。比如,Word 宏病毒的传播和 E-mail 附件病毒的传播都是个人原因造成的,人们却往往忽视了对自己信息采取有效措施进行保护。还比如,人们在使用 QQ 聊天时,也很少采取安全措施保护自己的密码和聊天记录,以致 QQ 密码被他人盗取,或者聊天记录被他人窃取。

7.1.4 计算机安全

国际标准化组织对计算机安全下的定义是"为数据处理系统而采取的技术的和管理的安全保护,保护计算机硬件、软件、数据不因偶然的或恶意的原因而遭到破坏、更改、显露"。我国公安部计算机管理监察司的定义是"计算机安全是指计算机资产安全,即计算机信息系统资源和信息资源不受自然和人为有害因素的威胁和危害"。

随着计算机硬件的发展,计算机中存储的程序和数据的量越来越大,如何保障存储在计算机中的数据不被丢失,是任何计算机应用部门要首先考虑的问题,计算机的硬、软件生产厂家也在努力研究和不断解决这个问题。

造成计算机中存储数据丢失的原因主要有病毒侵蚀、人为窃取、计算机电磁辐射、计算机存储器硬件损坏等。

7.1.5 网络安全

网络安全的主题,技术上包括数据加密、数字签名、防火墙、防范黑客和病毒等,另外就是网络管理和提高上网用户的素质和预防意识。

1. 定义

网络安全是指网络系统的硬件、软件及其系统中的数据受到保护,不因偶然的或者恶意的原因而遭受到破坏、更改、泄露,系统连续可靠正常地运行,网络服务不中断。网络安全从其本质上来讲,就是网络上的信息安全。从广义来说,凡是涉及网络上信息的保密性、完整性、可用性、真实性和可控性的相关技术和理论都是网络安全的研究领域。网络安全是一门涉及计算机科学、网络技术、通信技术、密码技术、信息安全技术、应用数学、数论、信息论等多种学科的综合性学科。

2.影响网络安全的主要因素

网络安全的威胁主要来自网络黑客、网上计算机病毒、特洛伊木马程序等方面。

1)网络黑客

网络黑客起源于 20 世纪 50 年代美国麻省理工学院的实验室,他们精力充沛,热衷于解决难题。20 世纪六七十年代,"黑客"用于指代那些独立思考、奉公守法的计算机迷,从事黑客活动意味着对计算机以最大潜力自由探索。到了 20 世纪八九十年代,计算机越来越重要,大型数据库也越来越多,同时,信息越来越集中在少数人的手里。这样一场新时期的"圈地运动"引起了黑客们的极大反感。黑客们认为,信息应共享而不应被少数人所垄断,于是他们将注意力转移到涉及各种机密的信息数据库上,这时"黑客"就变成了网络犯罪的代名词。

2)网上计算机病毒

计算机病毒的产生是计算机技术和以计算机为核心的社会信息化进程发展到一定阶段的必然产物。其产生的过程可分为:程序设计—传播—潜伏—触发、运行—实行攻击。其中,网络又非常有利于传播和传染。

由于网上计算机病毒广泛的传染性、隐蔽性,以及侵害的主动性和病毒外形的不确定性,对网络信息的安全构成了极大危险,因此对计算机病毒的防治和研究是信息安全学的一个重要课题。

3)特洛伊木马程序

特洛伊木马(Trojan horse)程序实际上是一种病毒程序。

特洛伊木马程序的名称来源于古希腊的历史故事,其寓意为把有预谋的功能藏在公开的功能之中。例如,自己编写了一个程序,起名为"rlogin",其功能是首先将用户输入的口令保存起来,然后删除这个"rlogin"程序,再去调用真正的"rlogin",完成用户要求的功能,这便是一个特洛伊木马程序。用这种方法,当被攻击的用户使用"rlogin"这一命令后,攻击者便会得到这个用户的口令,以这个用户的身份登上另一主机。

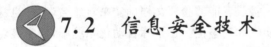

7.2 信息安全技术

7.2.1 重视信息安全

目前信息网络常用的基础性安全技术包括以下几方面的内容。

身份认证技术:用来确定用户或者设备身份的合法性,典型的手段有用户名口令、身份识别、PKI 证书和生物认证等。

加解密技术:在传输过程中或在存储过程中进行信息数据的加解密,典型的加密体制可采用对称加密和非对称加密。

边界防护技术:防止外部网络用户以非法手段进入内部网络,访问内部资源,保护内部网络操作环境的特殊网络互联设备,典型的设备有防火墙和入侵检测设备。

访问控制技术:保证网络资源不被非法使用和访问。访问控制是网络安全防范和保护的主要核心策略,规定了主体对客体访问的限制,并在身份识别的基础上,根据身份对提出资源访问的请求加以权限控制。

主机加固技术：操作系统或者数据库的实现会不可避免地出现某些漏洞，从而使信息网络系统遭受严重的威胁。主机加固技术对操作系统、数据库等进行漏洞加固和保护，提高系统的抗攻击能力。

安全审计技术：包含日志审计和行为审计，通过日志审计协助管理员在受到攻击后察看网络日志，从而评估网络配置的合理性、安全策略的有效性，追溯分析安全攻击轨迹，并能为实时防御提供手段。通过对员工或用户的网络行为审计，确认行为的合规性，确保管理的安全。

检测监控技术：对信息网络中的流量或应用内容进行二至七层的检测并适度监管和控制，避免网络流量的滥用、垃圾信息和有害信息的传播。

7.2.2　访问控制技术

按用户身份及其所归属的某预定义组来限制用户对某些信息项的访问，或限制对某些控制功能的使用。访问控制通常用于系统管理员控制用户对服务器、目录、文件等网络资源的访问。

7.2.3　数据加密技术

所谓数据加密(data encryption)技术是指将一个信息(或称明文，plain text)经过加密钥匙(encryption key)及加密函数转换，变成无意义的密文(cipher text)，而接收方则将此密文经过解密函数、解密钥匙(decryption key)还原成明文。加密技术是网络安全技术的基石。

具体地说，没有加密的原始数据称为明文，加密以后的数据称为密文。把明文变换成密文的过程叫加密；把密文还原成明文的过程叫解密。加密解密都需要密钥和相应的算法。密钥一般是一串数字，加密解密算法是作者用于明文或密文以及对应密钥的一个数学函数。

7.2.4　数字签名技术

数字签名(digital signature)指对网上传输的电子报文进行签名确认的一种方式。

数字签名技术即进行身份认证的技术。在数字化文档上的数字签名类似于纸张上的手写签名，是不可伪造的。接收者能够验证文档确实来自签名者，并且签名后文档没有被修改过，从而保证信息的真实性和完整性。在指挥自动化系统中，数字签名技术可用于安全地传送作战指挥命令和文件。

签名主要起到认证、核准和生效的作用。在政治、军事、外交等活动中签署文件，商业上签订契约和合同，以及日常生活中从银行取款等事务的签字，传统上都采用手写签名或印鉴。随着信息技术的发展，人们希望通过数字通信网络进行迅速的、远距离的贸易合同的签名，数字或电子签名应运而生。

7.2.5　数字证书技术

数字证书是一种权威性的电子文档，由权威公正的第三方机构，即 CA 中心签发的证书。

它以数字证书为核心的加密技术可以对网络上传输的信息进行加密和解密、数字签名和签名验证，确保网上传递信息的机密性、完整性。使用了数字证书，即使用户发送的信息在网上被他人截获，甚至用户丢失了个人的账户、密码等信息，仍可以保证用户的账户、资金安全。

基于数字证书的应用角度分类,数字证书可以分为以下几种。

1. 服务器证书

服务器证书被安装于服务器设备上,用来证明服务器的身份和进行通信加密。服务器证书可以用来防止假冒站点。

2. 电子邮件证书

电子邮件证书可以用来证明电子邮件发件人的真实性。它并不证明数字证书上面 CN 一项所标识的证书所有者姓名的真实性,它只证明邮件地址的真实性。

3. 客户端证书

客户端证书主要用来进行身份验证和电子签名。

7.2.6　身份认证技术

身份认证技术是在计算机网络中确认操作者身份的过程中而产生的解决方法。

在网络世界,其手段与真实世界中一致。为了达到更高的身份认证安全性,某些场景会从上面 3 种方式中挑选 2 种混合使用,即所谓的双因素认证。

1. 静态密码

用户的密码是由用户自己设定的。在网络登录时输入正确的密码,计算机就认为操作者就是合法用户。实际上,由于许多用户为了防止忘记密码,经常采用诸如生日、电话号码等容易被猜测的字符串作为密码,或者把密码抄在纸上放在一个自认为安全的地方,这样很容易造成密码泄露。如果密码是静态的数据,在验证过程中,在计算机内存储和传输过程中都可能会被木马程序或网络黑客截获。因此,静态密码机制无论是使用还是部署,都非常简单,但从安全性上讲,用户名/密码方式是一种不安全的身份认证方式。

2. 智能卡(IC 卡)

一种内置集成电路的芯片,芯片中存有与用户身份相关的数据,智能卡由专门的厂商通过专门的设备生产,是不可复制的硬件。智能卡由合法用户随身携带,登录时必须将智能卡插入专用的读卡器读取其中的信息,以验证用户的身份。

3. 短信密码

短信密码以手机短信形式请求包含 6 位随机数的动态密码,身份认证系统以短信形式发送随机的 6 位密码到客户的手机上。客户在登录或者交易认证时输入此动态密码,从而确保系统身份认证的安全性。

4. 生物识别技术

生物识别技术是运用 who you are 方法,通过可测量的身体或行为等生物特征进行身份认证的一种技术。生物特征是指唯一的可以测量或可自动识别和验证的生理特征或行为方式。生物特征分为身体特征和行为特征两类。身体特征包括指纹、掌型、视网膜、虹膜、人体气味、脸型、手的血管和 DNA 等;行为特征包括签名、语音、行走步态等。目前部分学者将视网膜识别、虹膜识别和指纹识别等归为高级生物识别技术;将掌型识别、脸型识别、语音识别和签名识别等归为次级生物识别技术;将血管纹理识别、人体气味识别、DNA 识别等归为"深奥的"生物识别技术,指纹识别技术目前应用广泛的领域有门禁系统、微型支付等。

7.2.7　防火墙技术

防火墙(firewall)是设置在被保护的内部网络和外部网络,如学校的校园网与 Internet

之间的软件和硬件设备的组合。防火墙控制网上通信,检测和限制跨越的数据流,尽可能地对外部网络屏蔽内部网络的结构、信息和运行情况,以防止发生不可预测的、潜在的破坏性入侵和攻击。这是一种行之有效的网络安全技术。

7.3 计算机病毒

7.3.1 计算机病毒的定义

什么是计算机病毒? 概括起来,计算机病毒指的就是具有破坏作用的程序或指令的集合。

计算机病毒(computer virus)在《中华人民共和国计算机信息系统安全保护条例》中被明确定义,病毒指"编制或者在计算机程序中插入的破坏计算机功能或者破坏数据,影响计算机使用并且能够自我复制的一组计算机指令或者程序代码"。

而在一般教科书及通用资料中,计算机病毒被定义为:利用计算机软件与硬件的缺陷,由被感染机内部发出的破坏计算机数据并影响计算机正常工作的一组指令集或程序代码。

7.3.2 计算机病毒的分类和特点

1. 计算机病毒的分类

计算机病毒种类众多,目前对计算机病毒的分类方法也不尽相同,常见的分类如下。

1)按传染方式分类

按传染方式,计算机病毒分为引导型、文件型和混合型病毒。

引导型病毒利用硬盘的启动原理工作,它们修改系统的引导扇区,在计算机启动时首先取得控制权,减少系统内存,修改磁盘读写中断,在系统存取操作磁盘时进行传播,影响系统工作效率。

文件型病毒一般只传染磁盘上的可执行文件.com 和.exe 等。在用户调用染毒的执行文件时,病毒首先运行,然后病毒驻留内存,伺机传染给其他文件。其特点是附着于正常程序文件中,成为程序文件的一个外壳或部件。这是较为常见的传染方式。

宏病毒是近几年才出现的,按方式分类属于文件型病毒。

混合型病毒兼有以上两种病毒的特点,既感染引导区又感染文件,因此这种病毒更易传染。

2)按连接方式分类

按连接方式,计算机病毒分为源码型、入侵型、操作系统型和外壳型病毒。

源码型病毒较为少见,亦难编写、传播。因为它要攻击高级语言编写的源程序,在源程序编译之前插入其中,并随源程序一起编译、连接成可执行文件。这样刚刚生成的可执行文件便已经带毒了。

入侵型病毒可用自身代替正常程序中的部分模块或堆栈区。因此,这类病毒只攻击某些特定程序,针对性强。一般情况下也难以发现和清除。

操作系统型病毒可用自身部分加入或者替代操作系统的部分功能。因其直接感染操作系统,这类病毒的危害性也较大。

外壳型病毒将自身附在正常程序的开头或结尾,相当于给正常程序加了个外壳。大部分的文件型病毒都属于这一类。

3）按破坏性分类

按破坏性，计算机病毒可分为良性病毒和恶性病毒。

良性病毒只是为了表现其存在，如发作时只显示某项信息，或播放一段音乐，或仅显示几张图片，开开玩笑，对源程序不做修改，也不直接破坏计算机的软硬件，对系统的危害极小。但是这类病毒的潜在破坏还是有的，它使内存空间减少，占用磁盘空间，与操作系统和应用程序争抢 CPU 的控制权，降低系统运行效率等。

而恶性病毒则会对计算机的软件和硬件进行恶意的攻击，使系统遭到不同程度的破坏，如破坏数据、删除文件、格式化磁盘、破坏主板、导致系统崩溃、死机、网络瘫痪等。因此，恶性病毒非常危险。

4）嵌入式病毒

嵌入式病毒将自身代码嵌入到被感染的文件中，当文件被感染后，查杀和清除病毒都非常不易。不过编写嵌入式病毒比较困难，所以这种病毒数量不多。

5）网络病毒

网络病毒是指基于在网上运行和传播，影响和破坏网络系统的病毒。

2. 计算机病毒的特点

计算机病毒具有以下几个特点。

1）寄生性

计算机病毒寄生在其他程序之中，当执行这个程序时，病毒就起破坏作用，而在未启动这个程序之前，它是不易被人发觉的。

2）传染性

计算机病毒不但本身具有破坏性，它还具有传染性，一旦病毒被复制或产生变种，其速度之快令人难以预防。传染性是病毒的基本特征。正常的计算机程序一般是不会将自身的代码强行连接到其他程序之上的。而病毒却能使自身的代码强行传染到一切符合其传染条件的未受到传染的程序之上。

3）潜伏性

有些病毒像定时炸弹一样，让它什么时间发作是预先设计好的。一个编制精巧的计算机病毒程序，进入系统之后一般不会马上发作，可以在几周或者几个月内甚至几年内隐藏在合法文件中，对其他系统进行传染，而不被人发现。潜伏性愈好，其在系统中的存在时间就会愈长，病毒的传染范围就会愈大。

4）隐蔽性

计算机病毒具有很强的隐蔽性，有的可以通过病毒软件检查出来，有的根本就查不出来，有的时隐时现、变化无常，这类病毒处理起来通常很困难。

5）破坏性

计算机中毒后，可能会导致正常的程序无法运行，把计算机内的文件删除或受到不同程度的损坏。通常表现为增、删、改、移。

6）可触发性

某个事件或数值的出现，诱使病毒实施感染或进行攻击的特性称为可触发性。

7.3.3　计算机病毒的诊断

根据现有的病毒资料可以把病毒的破坏目标和攻击部位归纳如下。

攻击系统数据区。攻击部位包括硬盘主引导扇区、Boot 扇区、FAT 表、文件目录等。一般来说,攻击系统数据区的病毒是恶性病毒,受损的数据不易恢复。

攻击文件。病毒对文件的攻击方式很多,如删除、改名、替换内容、丢失部分程序代码、内容颠倒、写入时间空白、变碎片、假冒文件、丢失文件簇、丢失数据文件等。

攻击内存。内存是计算机的重要资源,也是病毒攻击的主要目标之一,病毒额外地占用和消耗系统的内存资源,可以导致一些较大的程序难以运行。病毒攻击内存的方式有占用大量内存、改变内存总量、禁止分配内存、蚕食内存等。

干扰系统运行。此类型病毒会干扰系统的正常运行,以此作为自己的破坏行为。此类行为也是花样繁多,可以列举下述诸方式:不执行命令、干扰内部命令的执行、虚假报警、使文件打不开、使内部栈溢出、占用特殊数据区、时钟倒转、重启动、死机、强制游戏、扰乱串行口、扰乱并行口等。病毒激活时,其内部的时间延迟程序启动,在时钟中纳入了时间的循环计数,迫使计算机空转,计算机速度明显下降。

攻击磁盘。攻击磁盘数据、不写盘、写操作变读操作、写盘时丢字节等。

扰乱屏幕显示。病毒扰乱屏幕显示的方式很多,如字符跌落、环绕、倒置、显示前一屏、光标下跌、滚屏、抖动、乱写、吃字符等。

扰乱键盘操作。已发现有下述方式:响铃、封锁键盘、换字、抹掉缓存区字符、重复、输入紊乱等。

喇叭病毒。许多病毒运行时,会使计算机的喇叭发出响声。有的病毒作者通过喇叭发出种种声音,以此起到破坏作用;有的病毒作者让病毒演奏旋律优美的世界名曲,在高雅的曲调中去杀戮人们的信息财富。已发现的喇叭发声有以下方式:演奏曲子、警笛声、炸弹噪声、鸣叫、咔咔声、嘀嗒声等。

攻击 CMOS。在计算机的 CMOS 区中,保存着系统的重要数据,例如系统时钟、磁盘类型、内存容量等,并具有校验和。有的病毒激活时,能够对 CMOS 区进行写入动作,破坏系统 CMOS 中的数据。

干扰打印机。典型现象为假报警、间断性打印、更换字符等。

7.3.4　计算机病毒的传染

1.计算机病毒的传染路径

计算机病毒的传染分两种:一种是在一定条件下方可进行传染,即条件传染;另一种是对一种传染对象的反复传染,即无条件传染。

2.计算机病毒传染的过程

计算机病毒之所以被称为病毒是因为其具有传染性的本质。传统渠道通常有以下几种。

1) 通过 U 盘

通过使用外界被感染的 U 盘,例如,不同渠道来的系统盘、来历不明的软件、游戏盘等是最普遍的传染途径。使用带有病毒的 U 盘,使机器感染病毒发病,并传染给未被感染的"干净"的 U 盘。大量的 U 盘交换,合法或非法的程序拷贝,不加控制地随便在计算机上使用各种软件造成了病毒的感染、泛滥蔓延。

2) 通过硬盘

通过硬盘传染也是重要的渠道。带有病毒的计算机移到其他地方使用、维修等,将干净的硬盘传染并再扩散。

3）通过光盘

光盘容量大,存储了海量的可执行文件,大量的病毒就有可能藏身于光盘,对只读式光盘,不能进行写操作,因此光盘上的病毒不能清除。在以谋利为目的的、非法盗版软件的制作过程中,不可能为病毒防护担负专门责任,也绝不会有真正可靠可行的技术保障避免病毒的传入、传染、流行和扩散。当前,盗版光盘的泛滥给病毒的传播带来了很大的便利。

4）通过网络

这种传染扩散极快,能在很短时间内传遍网络上的计算机。

7.3.5　计算机病毒的清除

计算机病毒的清除方法一般有人工清除法和自动清除法两种。

人工清除是指用户利用软件,如 DEBUG 、PCTOOLS 等所具有的有关功能进行病毒清除;自动清除是指利用防治病毒的软件来清除病毒。

大多数商品化的软件为保证对病毒的正确检测,都对内存进行检测。但清除内存中病毒的软件并不多,一般都要求从干净的系统盘启动后再做病毒的检测和清除工作。

7.4　道德与行为规范

具备良好的信息安全法律常识,时刻保护我们的数据不被破坏、更改和泄露;同时,不违法地使用他人信息,这样我们将在信息的大海里自由翱翔,而不受阻碍。

7.4.1　道德

所谓职业道德,就是同人们的职业活动紧密联系的符合职业特点所要求的道德准则、道德情操与道德品质的总和。每个从业人员,不论是从事哪种职业,在职业活动中都要遵守道德。如教师要遵守教书育人、为人师表的职业道德,医生要遵守救死扶伤的职业道德等。

职业道德不仅是从业人员在职业活动中的行为标准和要求,而且是本行业对社会所承担的道德责任和义务。职业道德是社会道德在职业生活中的具体化。

法律是道德的底线,每一位计算机从业人员必须牢记:严格遵守这些法律法规是计算机从业人员职业道德的最基本要求。

目前,世界各国已对计算机犯罪高度重视,社会各界不仅希望通过高新信息技术来防范这些行为,同时也更希望用社会道德规范来约束人们的信息行为。

7.4.2　道德规范原则

世界知名的计算机道德规范组织 IEEE-CS/ACM 软件工程师道德规范和职业实践(SEEPP)联合工作组曾就此专门制定过一个规范,根据此项规范计算机职业从业人员职业道德的核心原则主要有以下两项。

原则一　计算机从业人员应当以公众利益为最高目标。这一原则可以解释为以下八点:

(1)对工作承担完全的责任;

(2)用公益目标节制雇主、客户和用户的利益;

（3）批准软件,应在确信软件是安全的、符合规格说明的、经过合适测试的、不会降低生活品质的、影响隐私权或有害环境的条件之下,一切工作以大众利益为前提;

（4）当他们有理由相信有关的软件和文档,可以对用户、公众或环境造成任何实际或潜在的危害时,向适当的人或当局揭露;

（5）通过合作全力解决由于软件及其安装、维护、支持或文档引起的社会关切的各种事项;

（6）在所有有关软件、文档、方法和工具的申述中,特别是与公众相关的,力求正直,避免欺骗;

（7）认真考虑诸如资源分配、经济缺陷和其他可能影响使用软件益处的各种因素;

（8）应致力于将自己的专业技能用于公益事业和公共教育的发展。

原则二　客户和雇主在保持与公众利益一致的原则下,计算机从业人员应注意满足客户和雇主的最高利益。这一原则可以解释为以下九点:

（1）在其胜任的领域提供服务,对其经验和教育方面的不足应持诚实和坦率的态度;

（2）不明知故犯使用非法或非合理渠道获得的软件;

（3）在客户或雇主知晓和同意的情况下,只在适当准许的范围内使用客户或雇主的资产;

（4）保证他们遵循的文档按要求经过某一人授权批准;

（5）只要工作中所接触的机密文件不违背公众利益和法律,对这些文件所记载的信息须严格保密;

（6）根据其判断,如果一个项目有可能失败,或者费用过高,违反知识产权法规,或者存在问题,应立即确认、文档记录、收集证据和报告客户或雇主;

（7）当他们知道软件或文档有涉及社会关切的明显问题时,应确认、文档记录和报告给客户或雇主;

（8）不接受不利于为他们雇主工作的外部工作;

（9）不提倡与客户或雇主的利益冲突,除非出于符合更高道德规范的考虑,在后者情况下,应通报雇主或另一位涉及这一道德规范的适当的当事人。

7.4.3　行为规范

行为规范是用以调节人际交往、实现社会控制、维持社会秩序的思想工具,它来自主体和客体相互作用的交往经验。而网络用户的行为规范主要是指计算机操作人员对网络的使用需要遵循的思想。

下面给出一个通用的网络用户行为规范。

第一条　联入网络的单位和个人必须自觉遵守《中华人民共和国计算机信息系统安全保护条例》《中华人民共和国计算机信息网络国际联网管理暂行规定》《中华人民共和国保守国家秘密法》以及有关法律、法规和管理办法。不得利用计算机信息系统从事危害国家利益、集体利益和公民合法利益的活动,不得危害计算机信息系统的安全。

第二条　不得在网络上接收和散布危害国家安全、分裂国家、破坏国家统一、煽动民族仇恨、歧视和破坏民族团结的信息;不得接收和散布宣传邪教、不健康或色情的信息;不得宣扬封建迷信、赌博、暴力、凶杀、恐怖行为;不得教唆犯罪。

第三条　各网络用户均需规范个人电脑的管理,及时查杀病毒和安装操作系统补丁程序,以免感染、直接或间接传播病毒,危害网络各主机的安全和影响网络的运行。

第四条　严禁故意制作、传播计算机病毒，设置破坏程序，攻击计算机系统，破坏网络资源等危害校园网的活动。要合理利用网络资源，严禁在计算机网络上进行大量消耗资源且无意义的操作，如网络游戏等，以避免浪费信道和网络资源。

第五条　不得使用软件或硬件的方法窃取他人信息，盗用他人 IP 地址，非法入侵他人计算机系统，非法截获、篡改、删除他人电子邮件及其他数据；不得侵犯他人通信自由和通信秘密。

第六条　不得在网站上捏造事实或发布侮辱、诽谤、损害他人、单位或地区声誉的信息。

第七条　不得擅自转让用户账号，不得随意将口令告诉他人或借用他人账户使用网络资源；不得在上网过程中，随意将计算机交由不熟悉的人使用。

第八条　不得擅自复制和使用网络上未公开和未授权的文件；不得在网络中擅自传播或复制享有版权的软件，或销售免费共享的软件；不得利用网络窃取别人的研究成果或受法律保护的资源；严禁利用网络侵犯他人的知识产权。

第九条　增强自我保护意识，及时反映和举报违反网络安全的行为。

7.5　正确使用计算机

计算机毕竟是一种电子机器，不过它非常精密。不能正确地使用它，也会造成不安全问题。

1. 正确开关计算机

开关机瞬间会有较大的冲击电流，而我们保护的对象是主机，所以要求开机时先开外设电源如打印机、显示器等，然后再开主机。关机时则要相反，先关掉主机，再关外设，避免加大主机受关电源的冲击次数。

2. 及时关闭计算机

大多数用户都愿意让计算机开机候用，而不会考虑耗电量与计算机使用寿命方面的问题。据计算，一般情况下，一台 PC 机耗电量相当于 2 至 3 盏 100 瓦的家用灯泡，一台 17 英寸的彩电显示器的耗电量则会增加一半，而一台没有节能装置的激光打印机的耗电量相当于 5 盏超过 100 瓦的高能灯泡。

3. 使用环境

计算机应该有单独的电源，而不能与某些高能电器如大功率电扇、饮水器、电饭煲等电器通用电源，那样会影响供给计算机电压的稳定性。

最好是配上稳压器和后备电源（不间断电源）。

要注意经常备份重要信息和数据，以防遇上突发事故时损失惨重。

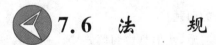

7.6　法　　规

道德的底线是法律，每一位计算机从业人员必须牢记：严格遵守这些法律法规正是计算机从业人员职业道德的最基本要求。

7.6.1　计算机犯罪

计算机犯罪是指一切借助计算机技术或利用暴力、非暴力手段攻击、破坏计算机及网络系统的不法行为。暴力事件如武力摧毁、拼杀打击等刑事犯罪;非暴利形式却多种多样,如数据欺诈、制造陷阱、逻辑炸弹、监听窃听、黑客攻击等。

计算机犯罪的主要目的或形式包括窃取财产、窃取机密信息和通过损坏软硬件使合法用户的操作受到阻碍等等。其犯罪手段包括扩大授权、窃取、偷看、模拟、欺骗、计算机病毒等。许多病毒的制造者和施放者往往出于恶作剧,既显示自己的编程能力,又以破坏系统的运行而取乐。

7.6.2 社会问题

1. 对个人隐私的威胁

隐私权是指公民享有的个人生活不被干扰的权利和个人资料的支配控制权。在信息网络时代,个人隐私权侵犯六种情形:侵害个人通信内容、收集他人私人资料赚钱、散播侵害隐私权的软件、侵入他人系统以获取资料、不当泄露他人资料、网上有害信息。

2. 计算机安全与计算机犯罪

因计算机技术和知识起了基本作用而产生的非法行为(美国司法部)就是计算机犯罪。在自动数据处理过程中任何非法的违反职业道德的未经批准的行为(欧洲经济合作与发展组织)都是计算机犯罪。

我国刑法认定的几类计算机犯罪包括以下几种:

(1)违反国家规定,侵入国家事务、国防建设、尖端科学技术领域的计算机信息的行为;

(2)违反国家规定,对计算机信息系统功能进行删除、修改、增加、干扰,造成计算机信息系统不能正常运行;

(3)违反国家规定,对计算机信息系统中存储处理或者传输的数据和应用程序进行删除、修改、增加操作;

(4)故意制作和传播计算机病毒等破坏性程序,影响计算机系统正常运行。

3. 知识产权(intellectual property)和知识产权的保护

知识产权是指由个人或组织创造的无形资产,依法享有专有的权利。

知识产权要有相应的保护措施。比如,软件是很容易盗版——软件的非法复制。盗版就破坏了版权的合理性和合法性。

4. 依赖复杂技术带来的社会不安全因素

构成当今信息社会的三大技术支柱是计算、通信和数据存储。近50年来,这三项技术的能力有了突飞猛进的发展。美国与因特网连接的主机已超过1.5亿台,分析能力也相应地大为提高。在如此广泛和深入的连接状态下,通过网络传输文字、金钱等信息简直就是点指之劳。随之而来的是对国家安全的威胁也呈现出分散化、网络化和动态的特点。

5. "信息高速公路"带来的问题

"信息高速公路"计划的实施,使信息由封闭式变成社会共享式。在人们方便地共享资源的同时,也带来了信息安全的隐患。因此既要在宏观上采取有效的信息管理措施,又要在微观上解决信息安全及保密的技术问题。

6. 计算机犯罪已构成对信息安全的直接危害

计算机犯罪已成为国际化问题,对社会造成严重危害。计算机犯罪主要表现形式:

非法入侵信息系统,窃取重要商贸机密;

蓄意攻击信息系统,如传播病毒或破坏数据;

非法复制、出版及传播非法作品;

非法访问信息系统,占用系统资源或非法修改数据等。

7.6.3 软件知识产权保护

目前世界各国对软件的保护多以著作权保护为主,我国也是如此;新中国第一部《著作权法》第 3 条亦明确地将计算机软件列入受保护的作品范围,后鉴于软件的特殊性,国务院颁布并修订了《计算机软件保护条例》加强对软件的保护力度。

7.6.4 相关法律法规

当今社会中,计算机犯罪活动猖獗的一个主要原因在于,各国的计算机安全立法都不健全,尤其是有关单位没有制定相应的刑法、民法、诉讼法等法律。惩罚不严、失之宽松,因此使犯罪活动屡禁不止。1987 年出现了世界上第一部计算机犯罪法—佛罗里达计算机犯罪法。它首次将计算机犯罪定为侵犯知识产权罪。计算机软件也逐渐被列入知识产权的范畴,从而受到法律的保护。而在此之前,对窃取信息、篡改信息是否有罪尚无法律依据。随着全球信息化的发展,如何确保计算机网络信息系统的安全,已成为我国信息化建设过程中必须解决的重大问题。由于我国信息系统安全在技术、产品和管理等方面相对落后,所以在国际联网之后,信息安全问题变得十分重要。在这种形势下,为尽快制定适应和保障我国信息化发展的计算机信息系统安全总体策略,全面提高安全水平,规范安全管理,国务院、公安部等有关单位在 1994 年制定发布了《中华人民共和国计算机信息系统安全保护条例》、1997年制定发布了《中华人民共和国计算机信息网络国际联网管理暂行规定》等一系列信息系统安全方面的法规。这些法规主要涉及信息系统安全保护、国际联网管理、商用密码管理、计算机病毒防治和安全产品检测与销售五个方面。

7.6.5 大学生遵守法律法规

计算机法律问题,是指行为人利用计算机或针对计算机资产实施的法律行为,以及由此产生的适用法律和处理问题。大学生一般年龄在 18 周岁以上,具有完全行为能力,他们生活和学习环境相对固定,涉及计算机法律问题主要表现在以下方面。

1. 损毁及盗窃计算机设备

一般情况下,大学生遵守学校的规章和要求,在实验、实习过程中造成计算机设备的损毁,不承担经济、行政和刑事责任。只有当学生违反学校规章和要求,故意毁坏及盗窃计算机及相关部件,才视其情节轻重,学校给予相应的处分或由有关部门进行处罚。

2. 网上经济纠纷

大学生进行网上交易,应遵循我国民事和经济法律原则,受消费者权益保护法的保护。网上交易不同于传统的购销方式,在购物时,如果大学生不了解销售方的信用程度,则有可能上当受骗,如果不注意保存证据,则难以主张自己的权利,因为我国民事诉求采取谁主张,谁举证的原则,如果缺少必要的证据,有关部门(如法院)将不予受理。虚拟财产包括以电子数据存在的金钱、有价值的电子信息游戏装备等,也属于法律保护的财产。对于大学生中游戏爱好者,如果不法侵害其他游戏者利益,即构成侵权法律关系,如在网络游戏过程中,盗用或盗取他人装备,即为侵害他人合法权益或财产,行为人应当承担返还原物或赔偿损失的责任。游戏者与服务商之间引起的外挂程序纠纷,视情况可以由当事人选择诉讼理由,如果服务商不当地或违反规则地以使用外挂为理由封杀游戏者账户,导致游戏者虚拟财产损失,由于游戏者与网络游戏服务提供商之间是网络服务关系,因此适用合同法,游戏者可以援用合同法主张和保护自己的合法利益,但合同不当履行也可能引起侵权关系,不适当(即违反合同约定)停止账户构成侵害游戏者利益时,游戏者亦可以以侵权为由提起诉讼。

3. 知识产权纠纷

按照《中华人民共和国著作权法》《信息网络传播权保护条例》《最高人民法院关于审理涉及计算机网络著作权纠纷案件适用法律若干问题的解释》法律法规等规定,大学生以学习研究为目的使用他人电子作品,不承担相应的法律责任,但应注意在使用他人的电子作品时,未经权利人同意,所完成的作品不能直接或间接用于商业目的。如果抄袭他人作品,在网上发表,或未经他人同意,使用他人素材制作电子作品并用于商业目的,即构成侵权行为。

4. 传播非法信息

为适应互联网发展的需要,我国陆续制定了一系列针对信息安全的法律法规,利用网络传播信息应遵守我国《刑法》和《治安管理处罚法》以及其他法律法规和条例的规定,如2000年12月28日第九届全国人民代表大会常务委员会第十九次会议通过的《全国人大常委会关于维护互联网安全的决定》等,这些法律法规和条例对维护国家安全和社会稳定,保护个人、法人及其他组织的人身、财产等合法权利起到重要作用。

5. 窃取破坏他人信息

盗用他人公共信息网络的上网账号和密码上网,造成他人电信资费损失,属侵权或违法犯罪行为。如2004年上海3所大学17名学生盗用他人账号上网违法案,造成权利人1000余元损失,由于情节显著轻微,对17名学生给予一定的处罚,没有追究刑事责任。如果造成他人电信资费损失数额较大,则应以盗窃罪处罚。

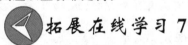
拓展在线学习7

第8章　Access 2010

8.1　Access 2010 概述

8.1.1　Access 2010 简介

Microsoft Office Access 2010 是微软公司发布的一款面向对象、功能强大的关系数据库管理系统软件,是 Microsoft Office 办公软件中的一部分。Access 2010 提供了大量的向导工具,可通过可视化操作完成大部分的数据库管理工作。

Access 2010 具有界面友好、功能强大、易学易用等优点,使数据库的管理、应用和开发工作变得更加简单和方便,同时也突出了数据共享、网络交流、安全可靠的特性。Access 2010 主要包含以下特点:

1. 数据库的建立更快捷

可以很方便地利用他人创建的数据库模板,或使用 Office 在线提供的数据库模板创建数据库,从而快速完成用户开发数据的具体需求。

2. 新的界面元素

Access 2010 的用户界面由多个元素组成,这些元素定义了用户与数据库的交互方式,方便用户更快捷地查找所需命令。

Access 2010 中,各个命令按钮以分组的形式分布在窗口顶部。相关功能的选项卡、按钮分门别类地组合在一起,而且不会被隐藏起来,用户可以非常直观地找到自己想执行的命令按钮。

最突出的新界面元素是功能区,它代替了传统的菜单和工具栏,贯穿于整个程序窗口的顶部,包含了多组命令。在日常操作中,Access 功能区把一些常用的命令进行了精简分类,以选项卡组的形式显示给用户,对于那些不在选项卡组中的命令,仅在用户执行相应操作时才会出现,而不会始终都显示每个命令。

3. 共享 Web 网络数据库

这是 Access 2010 的一个新特色,它极大地增强了通过 Web 网络共享数据库的功能。另外,它还提供了一种将数据库应用程序作为 Access Web 应用程序部署到 SharePoint 服务器的新方法。

Access 2010 与 SharePoint 技术紧密结合,它可以基于 SharePoint 的数据创建数据表,还可以与 SharePoint 服务器交换数据。

4. 支持广泛

Access 可以通过 ODBC(open database connectivity,开放数据库互联)与 Oracle、

Sybase、FoxPro 等其他数据库相连,实现数据的交换和共享。并且,作为 Office 办公软件包中的一员,Access 还可以与 Word、Outlook、Excel 等其他软件进行数据的交换和共享,利用 Access 强大的 DDE(dynamic data exchange,动态数据交换)和 OLE(object link embed,对象的链接和嵌入)特性,可以在一个数据表中嵌入位图、声音、Word 文档、Excel 电子表格等。

5. 导出 PDF 和 XPS 格式文件

PDF 和 XPS 格式文件是比较普遍使用的文件格式。Access 2010 增加了对这些格式的支持,用户只要在微软的网站上下载相应的插件,安装后,就可以把数据表、窗体或报表直接输出为上述两种格式的文件。

6. 表中行的数据汇总

汇总行是 Access 的新增功能,它简化了对行计数的过程。在早期 Access 版本中,必须在查询或表达式中使用函数来对行进行计数,而现在可以简单地使用功能区上的命令对它们进行计数。

汇总行与 Excel 列表非常相似。显示汇总行时,不仅可以进行行计数,还可以从下拉列表中选择其他常用聚合函数(例如 SUM、AVERAGE、MAX 等),进行求和、求平均值、求最大值等操作。

7. 加速了宏设计

Access 2010 提供了一个全新的宏设计器,它与以前版本的宏设计视图相比较,可以更加轻松地创建、编辑和自动化数据库逻辑。使用这个宏设计器,可以更高效地工作,减少编码错误,并轻松地组合更复杂的逻辑以创建功能强大的应用程序。通过使用数据宏将逻辑附加到用户的数据中来增加代码的可维护性,从而实现源表逻辑的集中化。Access 2010 提供了支持设置参数查询的宏,用户开发参数查询更为灵活了。Access 重新设计并整合宏操作,通过操作目录窗口把宏分类组织,使得用户运用宏操作更加方便,可以说在 Access 2010 中宏发生了质的变化。

8.1.2　Access 2010 的安装

Access 2010 是 Microsoft Office 2010 组件的一部分,具体安装步骤如下:

(1)启动 Office 2010 的安装程序"setup. exe",在"阅读 Microsoft 软件许可证条款"界面,选中"我接受此协议的条款";

(2)在"选择所需的安装"界面中,单击"自定义"按钮,弹出"安装选项"窗口,选择所需安装的组件;

(3)选择"文件位置"选项卡,设置软件的安装位置,单击"立即安装"按钮。

8.1.3　Access 2010 的启动与退出

1. Access 2010 的启动

Windows 7 中可通过以下几种方式启动 Access 2010:

(1)双击桌面快捷方式"Microsoft Access 2010";

(2)在"开始"菜单中选择"所有程序",选择"Microsoft Office"文件夹,单击"Microsoft Access 2010";

(3)在桌面空白处或资源管理器中单击右键,在快捷菜单中选择"新建"→"Microsoft

Access 数据库";

(4)在资源管理器中双击任意的 Access 2010 数据库文件(* . accdb)。

2. Access 2010 的退出

Windows 7 中可通过以下几种方式退出 Access 2010：

(1)单击 Access 2010 窗口右侧的"关闭"按钮 ▉；

(2)在菜单栏中选择"文件"→"退出"命令；

(3)选择标题栏最左侧控制菜单▉中的"关闭"命令；

(4)双击标题栏最左端的标题控制菜单图标▉；

(5)右击标题栏任意位置，选择快捷菜单中的"关闭"命令；

(6)按下快捷键【Alt＋F4】。

8.1.4　Access 2010 的工作界面

启动 Access 2010 后，首先出现 Backstage 视图，新建或打开数据库后进入 Access 的工作界面，如图 8-1 所示。

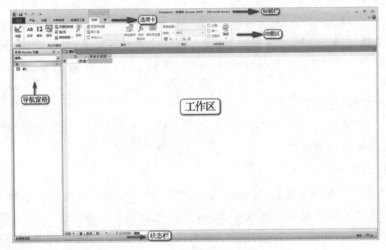

图 8-1　Access 2010 的工作界面

Access 2010 的工作界面主要由标题栏、选项卡、功能区、导航窗格、工作区、状态栏组成，各自的特点如下：

1. 标题栏

标题栏位于 Access 2010 工作界面的最上端，用于显示当前打开的数据库文件名。在标题栏的右侧有最小化、最大化和关闭 3 个图标，依次分别用以控制窗口的最小化、最大化（还原）和关闭应用程序。这是标准的 Windows 应用程序的组成部分。

2. 快速访问工具栏

快速访问工具栏是 Access 窗口标题栏左侧显示的一个标准的可定义的工具栏，它包含一组独立于当前显示的功能区上选项卡的命令，依次分别代表"保存""撤消""恢复""新建"等常用命令的访问。单击快速访问工具栏右侧的下拉箭头按钮，可以弹出"自定义快速访问工具栏"菜单，用户可以通过该菜单设置需要在快速访问工具栏上显示的图标。

3. 选项卡

选项卡包括"文件""开始""创建""外部数据"和"数据库工具"。

1)"文件"选项卡

用户启动 Access 2010 后,首先打开的是"文件"选项卡,也称为 Backstage 视图。

"文件"选项卡界面可分为左、右两个窗格,左侧窗格主要由"保存""打开""最近所用文件""新建""帮助""退出"等一组命令组成,右侧窗格显示所选命令的相关命令按钮。选择"新建"命令,右侧窗格显示系统提供的所有可选用模板。

2)"开始"选项卡

"开始"选项卡由"视图""剪贴板""排序和筛选""记录""查找""文本格式"等命令组组成。

利用"开始"选项卡中的工具,可以完成的功能主要有:选择不同的视图方式;从剪贴板复制和粘贴;对记录进行排序、筛选、记录;对记录进行刷新、新建、保存、删除、汇总、拼写检查;设置当前的字体格式;设置当前的字体对齐格式;对备注字段应用 RTF 格式等操作。

3)"创建"选项卡

"创建"选项卡由"模板""表格""查询""窗体""报表""宏与代码"等命令组组成。

创建功能可以创建数据表、查询、窗体和报表等各种数据库对象。

4)"外部数据"选项卡

"外部数据"选项卡由"导入并链接""导出""收集数据"组成。"外部数据"选项卡可以导入/导出各种数据。可完成的功能主要有:导入或链接到外部数据;导出数据;通过电子邮件收集和更新数据;使用联机 SharePoint 列表,将部分或全部数据移到新的或现有的 SharePoint 网站。

5)"数据库工具"选项卡

"数据库工具"选项卡由"工具""宏""关系""分析""移动数据""加载项"组组成。

数据库工具可进行数据库 VBA、表与关系的设置等。

4. 功能区

功能区中包含了多个选项卡,每个选项卡中的控件可以进一步组成多个命令组。

有时为了扩大数据库的显示区域,Access 允许把功能区隐藏起来。关闭和打开功能区最简单的操作方法是:如果要关闭功能区,双击任意一个命令选项卡;如果要再次打开功能区,只需再次双击命令选项卡即可。当然,也可以单击功能区最小化/展开功能区按钮来隐藏和展开功能区。

5. 导航窗格

打开一个数据库后,用户就可以看到导航窗格。导航窗格代替了 Access 早期版本中的数据库窗口,使得操作更加简捷、方便。导航窗格有两种显示状态,分别是展开状态和折叠状态,单击导航窗格上部的或按钮,可以展开或折叠导航窗格。导航窗格实现对当前数据库的所有对象的管理和对相关对象的组织。导航窗格显示数据库中的所有对象,并且可按类别将它们分组。

6. 工作区

Access 的工作区位于功能区的右下方,导航窗格的右侧,是用来设计、编辑、修改、显示以及运行表、查询、窗体、报表和宏等对象的选项卡式文档区域。对 Access 所有对象进行的所有操作都是在工作区中进行的,操作结果均在工作区中显示。

7. 状态栏

状态栏位于 Access 窗口的底部,其左侧显示的是状态信息,右侧显示的是数据表的视图切换按钮,单击这些按钮可以以不同的视图方式显示对象窗口。如果要查看支持可缩放的对象,则可以使用状态栏右侧的滑块,调整缩放比例以放大或缩小对象。

 # 8.2　Access 2010 数据库

8.2.1　数据库的概述

1. 数据、信息和数据处理

数据(data)是指描述事物的物理符号,数据不仅是数值,还可以是文字、图形、图像、声音、视频等。信息(information)是对现实事物特定语义的描述,是经过加工处理后的数据。数据处理是指将数据加工转换成信息的过程,是对数据进行收集、管理、加工、传播等工作。数据处理(data processing)的核心是数据管理,即对数据进行组织、存储、检索、维护等工作。

2. 数据模型

数据模型是指用于描述事物间联系的描述形式,包括静态特征、动态行为和约束条件三个方面,数据模型决定了数据库的类型。常用的数据模型分为以下三种:

(1)层次模型。层次模型用树结构表示各类实体集以及实体集间的联系,由根节点、父节点、子节点和连线组成,树的每一个节点代表一个实体集,适合用于表示一对多的联系。

(2)网状模型。网状模型中节点之间的联系不受层次的限制,可以任意发生联系,因此网状模型是一个图结构,图中的每条边都是不带任何条件的有向边。网状模型适合用于表示一对多的联系。

(3)关系模型。Access 2010 属于关系型数据模型。在关系模型中,数据采用二维表的形式进行组织,数据按行和列的形式进行组织。

3. 数据库

数据库(database)是指存储在计算机内,实现某一主题,按照某种规则组织起来的可共享的数据集合。

数据库中的数据必须满足结构化、共享性、独立性、完整性、安全性等特性。

➢ 结构化:数据应有一定的组织结构,而不是杂乱无章的。

➢ 共享性:数据能够为多个用户同时使用。

➢ 独立性:数据记录和数据管理软件之间的独立。

➢ 完整性:保证数据库中数据的正确性。

➢ 安全性:不同级别的用户对数据的处理有不同的权限。

4. 数据库管理系统

Access 2010 是一个数据库管理系统,数据库管理系统是指建立在操作系统基础上,位于操作系统与用户之间的一层数据管理软件,负责对数据库进行统一的管理和控制。数据库管理系统主要具有以下功能:

(1)数据定义:用于定义数据库中的各种对象。

(2)数据操纵:用于对数据库中的数据进行查询、插入、修改和删除等操作。

(3)数据组织:DBMS 负责按类别对数组进行组织、存储和管理,如数据字典、用户数据、存取路径等。

（4）数据库运行管理：包括对数据库的运行进行并发控制、安全性检查、完整性约束条件的检查和执行、数据库的内部维护等。

（5）数据库的建立与维护：建立数据库包括数据库初始数据的输入、数据转换等。维护数据库包括数据库的转储与恢复、数据库的重组与重构、性能的监视与分析等。

5. 数据库对象

Access 2010 数据库通过以下 6 种对象进行数据管理。

1）表（table）

在 Access 数据库中，对象中的表是用来存储数据的地方，是整个数据库的核心和基础，其他对象的操作都是在表的基础上进行的。建立或规划数据库，首先要做的就是建立各种相关的数据表。

一个表就是一个关系，即一个二维表，它是由行和列组成的。每一行由各个特定的字段组成，称为记录。每一列代表某种特定的数据类型，称为字段，用来描述数据的某类特征，如"姓名""性别"等，字段中存放的信息种类很多，包括文本、日期、数字、OLE 对象、备注等，每个字段包含同一类信息。

2）查询（query）

查询是指通过事先设置某些条件，从一个表、一组相关表或其他查询中获取所需要的数据，并最终将其集中起来形成一个集合，供用户浏览的过程。

将查询保存为一个数据库对象后，就可以随时查询数据库中的数据。在查询对象下显示一个查询时，是以二维表的形式显示数据，但它不是基本的表，是一个以表为基础数据源的"虚表"。每个查询只记录该查询的操作方式，也就是说，每进行一次查询，查询结果显示的都是基本表中当前存储的实际数据，且查询的结果是静态的。

在 Access 中，查询具有极其重要的地位，利用不同的查询方式，可以方便、快捷地浏览数据库中的数据，同时利用查询还可以实现数据的统计分析与计算等操作。

3）窗体（form）

窗体是数据库和用户之间的主要联系界面，是数据库对象中最具有灵活性的一个对象，其数据源可以是表或查询中的数据。在一个完善的数据库应用系统中，通过窗体可以直接调用宏或模块来执行查询、打印、预览、计算等操作。

窗体通过各种控件来显示数据，窗体中的数据不仅包含普通的数据，还可以包含图片、图形、声音、视频等多种对象。通过在窗体中插入按钮，可以控制数据库程序的执行过程。在窗体中插入宏，可以把 Access 的各个对象很方便地联系起来。也可以通过子窗体显示两个表中相联系的数据。

4）报表（report）

在 Access 中，如果要对数据库中的数据进行打印，使用报表是最简单且最有效的方法。利用报表不仅可以将数据库中需要的数据提取出来进行分析、整理和计算，并按照指定的样式通过打印机输出，还可以对要输出的数据进行分组，并计算出各分组数据的汇总结果等。在数据库管理系统中，使用报表会使数据处理的结果多样化。

5）宏（macro）

宏是数据库中一个特殊的数据库对象，是一个或多个操作命令的集合，其中每个命令能够实现一个特定的操作。宏的使用可以简化一些重复性的操作，使数据库的维护和管理更为轻松。如果将一系列的操作设计为一个宏，则在执行这个宏时，其中定义的所有操作就会按照规定的顺序依次执行。宏可以单独使用，也可以与窗体配合使用。

宏的功能主要有：

➢ 打开或关闭数据表、窗体、执行查询和打印报表。

➢ 弹出提示信息框，显示警告。

➢ 实现数据的输入和输出。

➢ 在数据库启动时执行操作等。

➢ 查找数据。

6)模块(module)

模块由声明、语句和过程组成，是用 VBA(visual basic for applications)语言编写的程序段，它以 Visual Basic 为内置的数据库程序语言，通过嵌入 Access 中的 Visual Basic 程序设计语言编辑器和编译器，可以创建出自定义菜单、工具栏和其他功能的数据库应用系统，实现了与 Access 的完美结合。

Access 中的模块可以分为类模块和标准模块两类。类模块属于一种与某一特定窗体或报表相关联的过程集合，这些过程均被命名为事件过程，作为窗体或报表处理某些事件的方法。标准模块包含与任何其他对象都无关的常规过程，以及可以从数据库任何位置运行的经常使用的过程。标准模块和某个特定对象相关的类型模块的主要区别在于其范围和生命周期。

8.2.2　创建 Access 2010 数据库

Access 数据库采用的数据模型是关系型，在操作系统中对应的扩展名是".accdb"。Access 2010 可通过以下两种方式创建数据库：

1. 创建空数据库

(1)启动 Access 2010，默认采用"空数据库"的创建方式。

(2)在右侧"文件名"文本框中输入数据库名，单击右侧的"浏览"按钮可设置保存路径，单击"创建"按钮即可建立扩展名为".accdb"的空数据库，如图 8-2 所示。

2. 创建模板数据库

(1)启动 Access 2010，在"可用模板"区域中单击"样本模板"按钮。

(2)单击"学生"模板按钮，在"文件名"文本框中输入数据库名"学生"，单击"浏览"按钮选择保存路径，单击"创建"按钮建立扩展名为".accdb"的学生模板数据库，如图 8-3 所示。

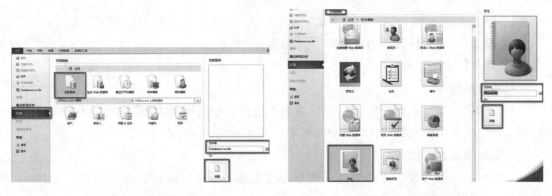

图 8-2　创建空数据库　　　　　　　　图 8-3　创建模板数据库

8.2.3　Access 2010 数据库的管理操作

1. 打开数据库

1) 通过"打开"对话框

(1) 启动 Access 2010,单击"文件"选项卡中的"打开"按钮。

(2) 在弹出的"打开"对话框中,选择数据库文件的路径及文件名,单击"确定"按钮打开。

2) 快速打开

启动 Access 2010,在左侧"最近所用文件"区域中选择数据库文件打开,如图 8-4 所示。

3) 使用快捷键

按下快捷键【Ctrl+O】。

2. 保存数据库

1) 保存命令或按钮

新建数据库后或打开并修改数据库后,单击快速访问工具栏中的 🔲 按钮,或在"文件"选项卡中单击"保存"命令。

2) 另存为命令或按钮

打开数据库后,在"文件"选项卡中单击"数据库另存为"按钮,弹出"另存为"对话框,选择要保存的路径,输入数据库的文件名后,单击"保存"按钮,如图 8-5 所示。

　　图 8-4　打开数据库　　　　　　　　　图 8-5　另存为数据库

3. 关闭数据库

(1) 单击 Access 窗口右上角的"关闭"按钮 ⊠。

(2) 双击 Access 窗口左上角的控制菜单图标 🅰。

(3) 单击 Access 窗口左上角的控制菜单图标 🅰,在弹出的列表中选择"关闭"命令。

(4) 单击打开"文件"选项卡,选择"关闭数据库"命令。

(5) 按下【Alt+F4】组合键。

4. 删除数据库

对于未处于打开状态的数据库文件,在资源管理器中右键单击数据库文件(∗.accdb),在弹出的快捷菜单中选择"删除"命令。

5. 查看数据库属性

在"文件"选项卡中单击"信息",然后单击右侧"查看和编辑数据库属性",如图 8-6 所示。

图 8-6　查看数据库属性

 # 8.3　Access 2010 数据表

8.3.1　Access 2010 数据表概述

1. 数据表的定义

Access 2010 数据表是一个满足关系模型的二维表,由行和列组成。表中一列称作字段,用来描述数据的某类特征。表中一行称作记录,用来反映某一实体的全部信息,它由若干字段组成。

表结构是数据表的框架,主要包括以下方面:

(1)字段名称:字段的标识,一个数据库表中的字段名应具有唯一性,字段名称的命名规则如下:

①长度为 1~64 个字符。

②可以包含字母、汉字、数字、空格和其他字符,但不能以空格开头。

③不能包含句号(.)、惊叹号(!)、方括号([])和重音符号(')。

④不能使用 ASCII 为 0~32 的 ASCII 字符。

(2)数据类型:一个表中的同一列数据必须具有相同的数据类型。

(3)字段属性:描述字段的特征,如字段大小、格式、输入掩码、标题、有效性规则等。

2. 数据类型

Access 2010 提供了 12 种数据类型,如图 8-7 所示。

(1)文本:英文、汉字、数字、标点符号等,默认字段大小是 50 个字符,但最多可输入 255 个字符。

(2)备注:与文本类型相似,用于定义长文本型数据,最多可输入 65536 个字符。

(3)数字:0~9、+、-,可以进一步设置为整型、长整型、实型等多种数据类型。

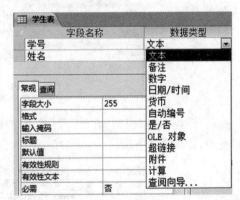

图 8-7　Access 2010 数据类型

(4)日期/时间:表示从 100 年—9999 年之间任意时间或日期,需按照 Access 2010 规定的格式进行填写。

(5)货币:表示金额和货币符号的字段,可设置货币符号与小数位数等。

(6)自动编号:Access 2010 自动添加的递增顺序号。

(7)是/否:有两种取值,如 Yes/No、True/False、On/Off 等。

(8)OLE 对象:存储链接或嵌入的对象,这些对象以文件的形式存在。

(9)超链接:以文本形式保存超链接的地址,用来链接到文件、Web 页、电子邮件等。

(10)附件:用于存储所有种类的文档和二进制文件。

(11)计算:用于显示计算结果,必须引用同一表中的其他字段。

(12)查阅向导:用来实现查阅另外表上的数据,或从一个列表中选择的数据。

8.3.2 表的创建

1. 使用数据表视图创建表

数据表视图是按行和列显示表中数据的视图。在数据表视图中,可以进行字段的编辑、添加和删除,也可以完成记录的添加、编辑和删除,还可以实现数据的查找和筛选等操作。

【例 8-1】 创建学生表,表结构如表 8-1 所示。

表 8-1 学生表

字 段 名 称	数 据 类 型	字 段 大 小	字 段 名 称	数 据 类 型	字 段 大 小
学号	文本	6	专业	文本	10
姓名	文本	5	电话	文本	13
班级	文本	8			

(1)启动 Access 2010,通过"文件"选项卡"打开"命令打开"学生"数据库。

(2)在"创建"选项卡中单击"表"按钮,将创建一个名为"表 1"的新表,并在"数据表"视图中打开它,如图 8-8 所示。

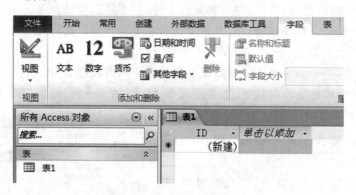

图 8-8 数据表视图

(3)选择 ID 字段列,在"字段"选项卡中单击"数据类型"右侧的下拉按钮,选择"文本"数据类型,如图 8-9 所示。

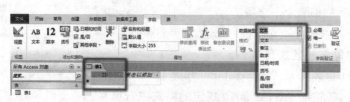

图 8-9 字段数据类型

(4)单击"字段"选项卡中的"名称和标题"按钮,在"输入字段属性"对话框中的"名称"文本框中输入字段名"学号",如图 8-10 所示。

(5)在"字段"选项卡的"字段大小"文本框中,将学号字段大小修改成6,如图8-11所示。

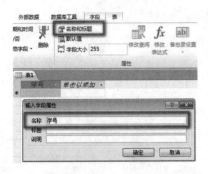

图 8-10　字段名称设置

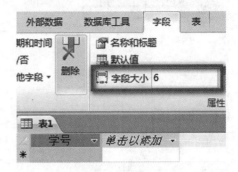

图 8-11　修改字段大小

(6)按相同步骤创建"姓名""班级""专业""电话"字段,如图8-12所示。

图 8-12　学生表结构

(7)在快速访问工具栏中单击"保存"按钮,弹出"另存为"对话框,在"表名称"文本框中输入"学生",单击"确定"按钮。

2. 使用设计视图创建表

设计视图中可设置表的字段名、数据类型、字段属性等内容。因此,在使用设计器建立表时,首先需要设计好新表的字段名称及其属性。这种利用设计器创建表的方法非常适用于字段较多、表结构较复杂的大表。

【例 8-2】　创建"班级"表,表结构如表8-2所示。

表 8-2　班级表结构

字 段 名 称	数 据 类 型	字 段 大 小
班级编号	文本	6
班级名称	文本	10
班级人数	数字	长整型

(1)启动 Access 2010,通过"文件"选项卡"打开"命令打开"学生"数据库。

(2)单击"创建"选项卡中的"表设计"按钮,打开表设计视图窗口。

(3)单击"字段名称"列,在文本框中输入"班级编号",单击"数据类型"文本框,选择"文本"类型。

(4)在设计器下方"常规"区域的"字段大小"中设置大小为6,如图8-13所示。

(5)按相同步骤,添加"班级名称""班级人数"字段,如图8-14所示。

(6)单击快速访问工具栏上的"保存"按钮,在弹出的"另存为"对话框中输入"班级",单击"确定"按钮。

3. 使用模板创建表

Access 2010 可通过两种模板创建表:一种是字段模板,即使用已经设计好了的各种字段属性,直接使用该字段模板中的字;一种是使用表模板。

图 8-13 班级编号字段设置

字段名称	数据类型
班级编号	文本
班级名称	文本
班级人数	数字

图 8-14 班级表结构

1)字段模板

【例 8-3】 创建"课程"表,表结构如表 8-3 所示。

表 8-3 课程表结构

字 段 名 称	数 据 类 型	字 段 大 小
课程编号	文本	6
课程名称	文本	10
学分	数字	长整型

(1)启动 Access 2010,通过"文件"选项卡"打开"命令打开"学生"数据库。

(2)打开"创建"选项卡,单击"表格"组中的"表"按钮,即可创建一个空白表"表 1",同时进入该表的"数据表视图",将"表 1"重命名为"课程表",效果如图 8-15 所示。

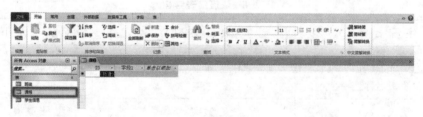

图 8-15 新建课程表

(3)右键单击"ID"字段,选择"重命名字段"命令,输入"课程编号"。

(4)右键单击"字段 1",选择"删除字段"命令。

(5)单击"表格工具"选项卡下的"字段"选项卡,在"添加和删除"组中,单击"其他字段"右侧的下拉按钮 ▼,选择"格式文本"类型,如图 8-16 所示。

(6)在表中输入字段名称"课程名称",如图 8-17 所示。

(7)通过相同方式创建"学分"字段,最终表结构如图 8-18 所示。

2)表模板

【例 8-4】 创建"联系人"表。

(1)启动 Access 2010,通过"文件"选项卡中的"打开"命令打开"学生"数据库。

(2)打开"创建"选项卡,单击"模板"组中的"应用程序部件"按钮,并在弹出的列表中选择"联系人"选项,如图 8-19 所示。

图 8-16　单击"其他字段"

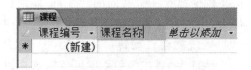

图 8-17　输入字段名称

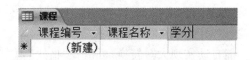

图 8-18　课程表

（3）单击"联系人"按钮,在弹出的"是否保存对模块'模块 1'的设计与更改?"提示框中,单击"是"按钮,在"另存为"对话框中输入"学生联系方式"。

（4）等待 Access 准备模板,在"创建关系"对话框的学生信息至联系人的一对多关系中选择"学生信息"表,单击"下一步"按钮,在"自'学生信息'的字段"中选择"学号",完成创建后在左侧导航窗格中显示联系人的相关信息,如图 8-20 所示。

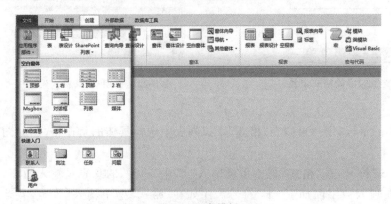

图 8-19　表模板

图 8-20　联系人表

8.3.3　表的属性设置与维护

1. 字段的输入/显示格式设置

字段格式决定数据的输入和显示格式,而不影响数据的存储格式,它可以起到非常好的规范数据输入的作用。

1)文本类型

需要输入带有规律的文本内容时,可以用"格式属性"中的特殊符号来协助数据输入,如表 8-4 所示。

表 8-4　文本与备注字段的字段格式符号

符　　号	说　　　明
@	占位文本字符(字符或空格)
<	强制所有字符为小写
>	强制所有字符为大写
\	将其后跟随的第一个字符原文照印
"Text"	可以在"格式"属性中的任何位置使用双引号括起来的文本,并且原文照印
-、+、$、()、空格	可以在"格式"属性中的任何位置使用这些字符并且将这些字符原文照印

比如,在数据表中输入学号(如 SE-180),由于这些数据都有一个共同的特征,即前两位是大写字母,紧接着是"-"字符,最后是 3 位数字。那么,用户只需要在该字段的"格式"框中输入"@@-@@@",以后在数据表中输入"XX001"时,系统就会自动转换成"XX-001"。为了能自动实现大写转换,可以在"格式"框中多输入一个大于号,即">@@-@@@",这样以后无论用户在数据表中输入大写或小写字母,都可以自动转换成大写字母并添加中间的"-"字符,如图 8-21 所示。

2)日期/时间类型

对于"日期/时间"数据类型的字段,用户可以在"格式"下拉列表中选择具体的日期/时间格式,如图 8-22 所示。

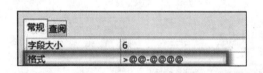

图 8-21　"文本"或"备注"类型的字段格式设置

图 8-22　日期/时间格式设置

3)货币类型

对于"货币"数据类型的字段,用户可以在"格式"下拉列表中选择具体的货币格式,如图 8-23 所示。

如果需要输入美元"$"符号,在"格式"框中手动输入"$#","#"的意思是输入数字,在"#"前面加"$"表示在输入数字前加上"$"符号。比如在"格式"框中输入"$#,##.00",在数据表视图中输入"1500"后,会显示成"$1,500.00"。

2.输入掩码设置

对于文本、数字、日期/时间、货币等数据类型的字段,都可以定义"输入掩码"属性。输入掩码是指数据输入的固定格式,比如电话号码为"027-87654321",将格式中相对固定的符号设置成格式的一部分,在输入数据时只需输入变化的值即可,如图 8-24 所示。

图 8-23　货币格式设置

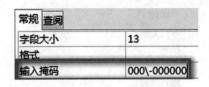

图 8-24　输入掩码设置

输入掩码属性常用的字符及其含义如表 8-5 所示。

表 8-5　输入掩码常用控制字符及含义

字　符	含　义
0	数字(0～9,必须输入,不允许输入加号或减号)
9	数字或空格(可选输入,不允许输入加号和减号)
♯	数字或空格(可选输入,允许添加加号或减号)
L	字母(A～Z,a～z,必须输入)
?	字母(A～Z,a～z,可选输入)
A	字母或数字(必须输入)
a	字母或数字(可选输入)
&	任意一个字符或空格(必须输入)
C	任意一个字符或空格(可选输入)
. : ; - /	小数点占位符及千位、日期与时间的分隔符(实际的字符将根据"Windows 控制面板"中"区域或语言"中的设置来定)
>	将所有字符转换为大写
<	将所有字符转换为小写
!	使输入掩码从右到左显示。但输入掩码中的字符始终都是从左到右输入的。可以在输入掩码中的任何地方输入感叹号
\	使后面的字符以字面字符显示(例如:"\D"只显示为"D")

3. 默认值设置

默认值是指设定用户不进行输入时自动填充的内容。对于有大多数重复记录的信息,可以将它事先定义成默认值。

设置方法为:单击字段左边的行选定器,显示该字段的所有属性,在"默认值"文本框中输入值即可,如图 8-25 所示。

4. 字段标题设置

字段标题是字段的别名,Access 2010 会自动将字段标题作为表、窗体和报表的字段显示标题,如果字段没有设置标题,系统将会将字段名当成字段标题。

设置方法为:单击字段左边的行选定器,在"标题"文本框中输入标题内容,如图 8-26 所示。

5. 字段有效性设置

有效性规则的形式和设置目的随字段的数据类型不同而不同。对"文本"类型字段,可以设置输入的字符个数不能超过某一个值;对"数字"类型字段,可以只接收一定范围内的数

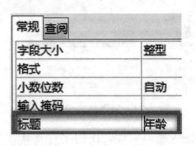

图 8-25　默认值设置　　　　　　　　图 8-26　字段标题设置

据,对"日期/时间"类型字段,可以将数值限制在一定的月份或年份之内。"有效性文本"是指设置有效性规则后,当输入了字段为有效性规则所不允许的值时,系统显示的报错提示信息。如果不设置"有效性文本",报错提示信息为系统默认显示信息。

设置方法为:单击字段左边的行选定器,在"有效性规则"文本框中输入规则,在"有效性文本"文本框中输入"出错信息",如图 8-27 所示。

| 有效性规则 | [年龄]>=0 And [年龄]<=100 |
| 有效性文本 | 年龄必须在0~100之间 |

图 8-27　字段有效性设置

6. 主键设置

主键是数据表中唯一标识一条记录的一个字段或一组字段。主键中的值不能重复且不能为 NULL。

设置方法为:单击字段左边的行选定器,单击"表格工具"下的"设计"选项卡,选择"工具"组中的"主键"按钮🔑,或在"学号"行上单击鼠标右键,在弹出的快捷菜单中选择"主键"命令,如图 8-28 所示。

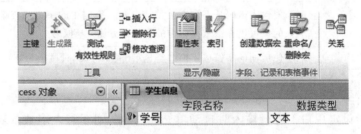

图 8-28　主键设置

7. 修改字段名称

用户可以在任何时候对数据表中的字段名称进行修改,常用操作方法有以下三种。

方法一:

①打开数据库。

②在导航窗格中选定要修改字段名称的表,并将其以设计视图方式打开。

③在表的设计视图窗口中选定要修改的字段,直接更改字段名称。

④修改完后保存表,结束修改操作。

方法二:

①打开数据库。

②在导航窗格中双击要修改字段名的表。

③在数据表视图下,双击要修改的字段名称,即可马上对名称进行修改。

④修改完后保存表,结束修改操作。

方法三:

①打开数据库。

②在导航窗格中双击要修改字段名的表。

③在数据表视图下,右键单击要修改的字段名称,在弹出的快捷菜单中选择"重命名字段"命令,即可马上对名称进行修改。

④修改完后保存表,结束修改操作。

8. 插入/删除字段

用户可在数据表视图中操作,也可以在设计视图中操作。常用操作方法有以下两种。

方法一:在数据表视图中插入/删除字段。

①打开数据库,双击打开相应的数据表。

②若在某个字段前添加一个新字段或要删除某个字段,可用鼠标右键单击该字段名称,在弹出的快捷菜单中选择"插入字段"或"删除字段"命令。

方法二:在设计视图中插入/删除字段。

①打开数据库,选中相应的数据表,将其以设计视图方式打开。

②若在某个字段前添加一个新字段或要删除某个字段,可用鼠标右键单击该行,在弹出的快捷菜单中选择"插入行"或"删除行"命令。

说明:不管采用哪种方法删除字段,已被删除的字段是无法进行恢复的,而且删除字段后,该字段中包含的数据也会被一起删除。

9. 复制字段

当数据表中有两个类似字段时,用户可以先创建 1 个字段并进行属性设置,然后再利用复制字段的方法创建第 2 个字段。

复制字段的操作方法:选中已有字段名称,单击鼠标右键,在弹出的快捷菜单中选择"复制"命令,然后在空表的"字段名称"框处单击鼠标右键选择"粘贴"命令即可。

10. 隐藏/取消隐藏字段

隐藏字段列的操作方法:在数据表视图中,用鼠标右键单击数据表中需要隐藏的字段名称,在弹出的快捷菜单中选择"隐藏字段"命令,该字段列便会自动隐藏起来。

取消隐藏字段列的操作方法:在任意字段列名上单击鼠标右键,在弹出的快捷菜单中选择"取消隐藏字段"命令,弹出取消隐藏列对话框,勾选要取消隐藏的字段名称即可。

8.3.4　表的基本操作

1. 表的复制

Access 2010 数据库中可复制现有表来创建一张新表,可通过以下两种方式完成表的复制。

1)复制同一个数据库中的表

复制同一个数据库中的全部字段属性和数据记录时,可采用鼠标拖动的方式完成操作,即按住【Ctrl】键,同时用鼠标拖动要复制的数据表即可生成一个表副本,如图 8-29 所示。

另外,也可以通过右键快捷菜单中的"复制""粘贴"命令来实现。

2)复制另一个数据库中的表

复制不同数据库中的表时,可采用"复制+粘贴"的方式完成操作,即选中要复制的数据库表,单击鼠标右键,在打开的快捷菜单中选择"复制"命令,然后打开要进行粘贴的目的数据库,选择右键快捷菜单中的"粘贴"命令,系统将自动打开图 8-30 所示的"粘贴表方式"对话框。在"粘贴表方式"对话框中输入新表名称,并选择所需的"粘贴选项"。

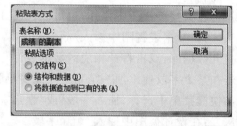

图 8-29 复制同一个数据库中的表　　　图 8-30 "粘贴表方式"对话框

粘贴选项有 3 种,分别为"仅结构""结构和数据"和"将数据追加到已有的表"。

①仅结构:用于建立一个与来源表具有相同字段名和属性的空表。该选项通常用于创建一个临时表或历史结构,用户可复制旧的记录。

②结构和数据:用于将来源表所有的内容都复制过来,包括数据和字段名及其属性。

③将数据追加到已有的表:用于把来源表中的数据添加到另一个表的最后。该选项对合并表是非常有用的。

2. 表的重命名

Access 2010 表创建完成之后,可以对其进行重命名操作,操作步骤如下:

(1)启动 Access 2010 后打开"学生"数据库。

(2)在"表"区域中右键单击需要重命名的表,选择"重命名"命令,如图 8-31 所示。

(3)在表名文本框中输入新表名"学生联系信息",按回车键完成重命名操作。

3. 表的删除

Access 2010 可以删除已经建立的数据表,从而节省磁盘空间,具体操作方法如下:

(1)启动 Access 2010 后打开"学生"数据库。

(2)在"表"区域中右键单击需要删除的表,选择"删除"命令,如图 8-32 所示。

(3)在弹出的删除确认对话框中单击"是"按钮完成删除。

4. 表的格式化

Access 2010 中表的格式化是指在数据表视图中,为了方便数据查询而调整表的外观,使表看上去更清楚与美观。调整表外观的操作主要包括调整字段显示宽度和高度、设置字体、调整表中网格线样式、背景颜色、改变字段顺序等。

1)调整字段显示高度

Access 2010 中调整字段显示高度有以下两种方法:

使用鼠标调整:以数据表视图打开所需表,然后将鼠标指针放在表中任意两行选定器之间,当鼠标指针变成双向箭头时,按住鼠标左键不放,并上、下拖动鼠标,当调整到用户所需

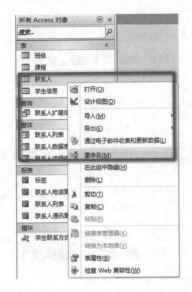

图 8-31　重命名表

图 8-32　删除表

高度时,松开鼠标左键即可。

使用命令调整:以数据表视图打开所需表,右键单击记录选定器,从弹出的快捷菜单中选择"行高"命令 ,在弹出的"行高"对话框中输入所需的行高值即可,如图 8-33 所示。

2)调整字段显示宽度

Access 2010 也可以通过鼠标与命令调整字段显示宽度,具体操作如下:

使用鼠标调整:以数据表视图打开所需表,然后将鼠标指针放在表中要改变宽度的两列字段名之间,当鼠标指针变成双向箭头时,按住鼠标左键不放,并左、右拖动鼠标,当调整到用户所需宽度时,松开鼠标左键即可。

使用命令调整:以数据表视图打开所需表,先选择要改变宽度的字段两列,右键单击该字段列名,从弹出的快捷菜单中选择"字段宽度"命令 ,在弹出的"列宽"对话框中输入所需的列宽值即可,如图 8-34 所示。

图 8-33　设置行高

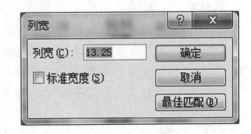

图 8-34　设置列宽

3)设置网格线样式

Access 2010 中网格线通常出现在字段(列)之间和记录(行)之间。在数据表视图窗口,为数据表设置网格线,可使数据表看上去更为美观。

在数据表视图中,一般都在水平和垂直方向上显示网格线,并且网格线、背景色和替换背景均采用系统默认的颜色。如果需要,用户可以改变单元格的显示效果,可以选择网格线的显示方式和颜色,可以改变表格的背景颜色。

【例 8-5】　将"学生信息"表的网格线颜色设置为"红色",边框和线条样式设置为"双实

线",操作步骤如下:

①启动 Access 2010 打开"学生"数据库,以数据表视图方式打开"学生信息"表。

②打开"开始"选项卡,单击"文本格式"组中的"网格线"命令按钮⊞▼,从弹出的下拉列表中选择不同的网格线样式,如图 8-35 所示。

③单击"文本格式"组右下角的"设置数据表格式"按钮⚏,弹出"设置数据表格式"对话框,如图 8-36 所示。

图 8-35　网格线样式列表

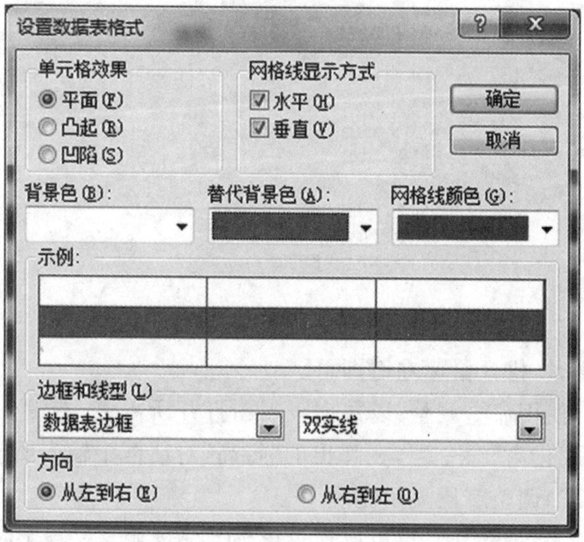

图 8-36　"设置数据表格式"对话框

④在"设置数据表格式"对话框中,可以根据实际需要选择所需选项。比如:可取消选中"网格线显示方式"栏中的"水平"复选框来去掉水平方向的网格线;可单击"背景色"下拉列表框中的下拉箭头按钮▼,并从弹出的下拉列表中设置背景色;可单击"网格线颜色"下拉列表框中的下拉箭头按钮▼,并从弹出的下拉列表中设置网格线的颜色。

⑤当设置完数据表格式后,单击"确定"按钮完成设置。

4)设置立体效果

Access 2010 可为数据表设置立体效果,以增强表格显示的立体感。

【例 8-6】　将"学生信息"表的单元格效果设置为"凸起"效果,操作步骤如下:

①启动 Access 2010 打开"学生"数据库,以数据表视图方式打开"学生"表。

②单击"文本格式"组右下角的"设置数据表格式"按钮⚏,弹出"设置数据表格式"对话框。

③在"单元格效果"选项栏中选择"凸起"单选按钮。当选中了"凸起"或"凹陷"单选按钮后,就不能再对"网格线显示方式""边框和线型"等选项进行设置了。

④单击"确定"按钮完成设置。

5)设置字体显示

在 Access 2010 数据表视图方式中,包括字段名在内的所有数据所用字体,其默认值均为宋体 5 号,如果需要,可以对其进行更改,而且该更改将会影响到整个数据表。

设置字体的操作方法:以数据表视图方式打开一个数据表,打开"开始"选项卡,利用图 8-37所示的"文本格式"组中的各个相关命令按钮,进一步进行字体、字型、字号及特殊效果等设置。

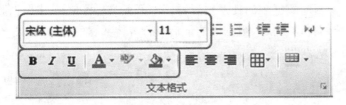

图 8-37 设置字体

8.3.5 表中数据的编辑

Access 2010 中数据以记录形式存储，用户可通过输入、修改、添加、复制、删除、定位操作对记录进行编辑。

1. 数据的输入

Access 2010 创建数据表之后，可通过数据表视图输入数据，具体操作步骤如下：

(1)启动 Access 2010 打开“学生”数据库。

(2)在“表”区域中双击“学生信息”表，在工作区表中显示表的数据信息。

(3)鼠标单击单元格输入数据，如图 8-38 所示。

学号	姓名	班级编号	年龄	电话	性别
2018-01	赵昊	SE-1801	18	189-5633456	男
2018-02	刘琳	SE-1801	20	177-8689423	女
2018-03	孙朝辉	SE-1801	18	186-7942354	男
2018-04	孙艳	SE-1802	21	135-7896413	女
2018-05	周伟	SE-1802	19	159-7456135	男
2018-06	吴恒	SE-1802	20	18787566894	男

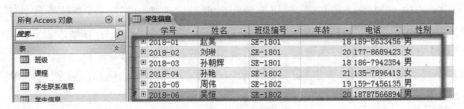

图 8-38 输入数据

2. 数据的修改

在数据表视图中，用鼠标单击数据单元格，当单元格变成白底黄框时输入数据，输入数据后可通过以下三种方式移动光标，具体操作步骤如下：

(1)按回车键移动光标到下一个字段。

(2)按“→”，光标向后移动一个字段；按“←”，光标向前移动一个字段。

(3)按【Tab】键，光标向后移动一个字段；按【Shift＋Tab】键，光标向前移动一个字段。

选中单元格后按【F2】键，单元格中的值会变成黑底白字，然后通过键盘输入值，如图 8-39 所示。

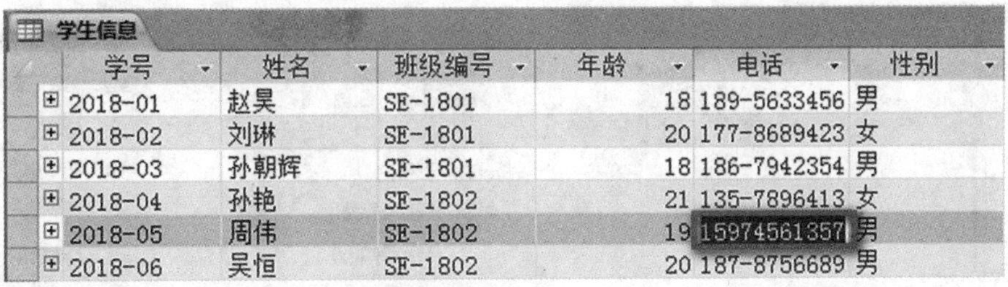

学号	姓名	班级编号	年龄	电话	性别
2018-01	赵昊	SE-1801	18	189-5633456	男
2018-02	刘琳	SE-1801	20	177-8689423	女
2018-03	孙朝辉	SE-1801	18	186-7942354	男
2018-04	孙艳	SE-1802	21	135-7896413	女
2018-05	周伟	SE-1802	19	15974561357	男
2018-06	吴恒	SE-1802	20	187-8756689	男

图 8-39 修改数据

3. 记录的添加

Access 2010 进入数据表视图后，可在数据表的最后一行添加记录，具体操作如下：

(1)启动 Access 2010 打开“学生”数据库，双击“学生信息”表显示数据表视图。

(2)将光标置于当前数据表的任意位置,打开"开始"选项卡,单击"记录"组里的"新建"命令按钮💾,系统便自动切换到数据表的最后一行等待数据的输入,如图8-40所示。

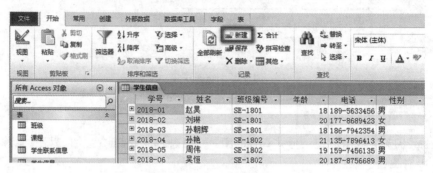

图8-40 单击"新建"按钮

(3)在任意行的行选择器处单击鼠标右键,在弹出的快捷菜单中选择"新记录"命令📷,如图8-41所示。

(4)鼠标直接在数据表的最后一行的单元格中单击,直接进行数据输入。

4. 数据的复制

Access 2010可以通过复制记录,快速地在数据表底部添加新记录,具体操作如下:

(1)启动Access 2010打开"学生"数据库,双击"学生信息"表显示数据表视图。

(2)单击工作区左侧的行选择器,选中需要复制的数据记录行。

(3)打开"开始"选项卡,单击"剪贴板"组中的"复制"命令按钮🖺,或在选区内单击鼠标右键,在弹出的快捷菜单中选择"复制"命令。

(4)单击"剪贴板"组中的"粘贴"命令按钮🖺下的下拉箭头按钮,打开图8-42所示的下拉菜单,最后根据实际需求选择合适的粘贴方式即可。

5. 数据的删除

Access 2010可以在数据表视图窗口中对数据记录进行删除。记录删除有以下两种方式:

1)删除单行数据记录

在数据表视图中单击选中要删除的数据记录行,然后选择"开始"选项卡中"记录"组里的"删除"命令按钮✗,或直接按键盘上的【Delete】键,或单击鼠标右键,在弹出的快捷菜单中选择"删除记录"命令📷,如图8-43所示,在弹出的删除确认对话框中单击"是"按钮。

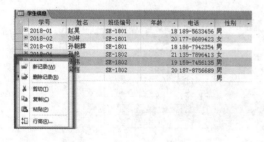

图8-41 选择"新记录"命令

图8-42 单击"粘贴"命令下的下拉箭头按钮

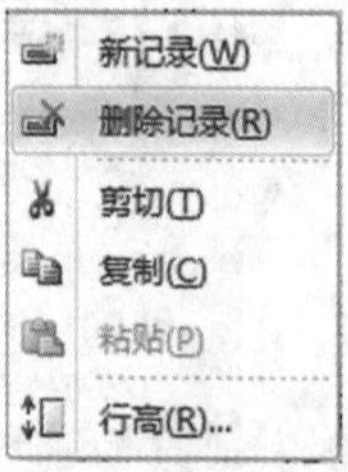

图8-43 删除单行记录

2)删除多行数据记录

单击选中要删除的第一条数据记录行,然后按住鼠标拖动到要删除的最后一行记录,或将鼠标移动到要删除记录的末尾后按键盘上的【Shift】键单击选中要删除的多行记录,选择"开始"选项卡中"记录"组里的"删除"命令按钮 ✗,或直接按键盘上的【Delete】键,或单击鼠标右键,在弹出的快捷菜单中选择"删除记录"命令 🗐,在弹出的删除确认对话框中单击"是"按钮。

注:Access 2010 删除数据记录操作后不能进行撤消。

6. 记录的定位

Access 2010 在进行浏览、编辑等操作之前,需要先进行记录的定位,记录可通过以下三种方法进行定位:

①使用"记录定位器"定位。

②使用快捷键定位。

③使用"转至"命令按钮定位。

【例 8-7】　使用"记录定位器"将光标定位于"学生信息"表的第 3 条记录上。

具体操作步骤如下:

①启动 Access 2010 打开"学生"数据库,双击"学生信息"表显示数据表视图。

②在记录定位器中的记录编号框中输入要定位的记录号"3"。

③按【Enter】键,光标便定位于第 3 条记录上,如图 8-44 所示。

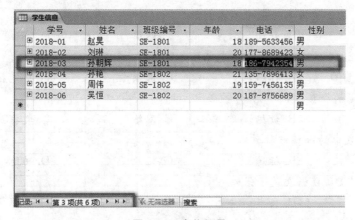

图 8-44　定位记录

另外,使用快捷键可以快速实现记录定位。快捷键及其相应的定位功能如表 8-6 所示。

表 8-6　快捷键及其定位功能

快 捷 键	定 位 功 能
Tab 或 → 或 Enter	移到下一个字段
End	移到当前记录中的最后一个字段
Shift＋Tab 或 ←	移到上一个字段
Home	移到当前记录中的第一个字段
↓	移到下一条记录的当前字段
Ctrl＋↓	移到最后一条记录中的当前字段
Ctrl＋End	移到最后一条记录中的最后一个字段
↑	移到上一条记录中的当前字段
Ctrl＋↑	移到第一条记录中的当前字段

续表

快 捷 键	定位功能
Ctrl+Home	移到第一条记录中的第一个字段
Page Down	下移一屏
Page Up	上移一屏
Ctrl+Page Down	右移一屏
Ctrl+Page Up	左移一屏

通过"转至"按钮定位记录的操作方法是:打开"开始"选项卡,单击"查找"组中的"转至"按钮➡,在弹出的下拉列表中包含了"首记录""上一条记录""下一条记录""尾记录"和"新建"等命令,用户根据实际情况执行相应的定位操作即可。

 习题 8

1. 单项选择题

(1)Access 2010 是( )类型的软件。

　　A. 应用　　　　　B. 游戏　　　　　C. 文本　　　　　D. 数据库

(2)Access 2010 数据库对象中不包括( )。

　　A. 表　　　　　　B. 查询　　　　　C. 网络　　　　　D. 窗体

(3)Access 2010 的工作界面中不包括( )。

　　A. 命令窗口　　　B. 标题栏　　　　C. 选项卡　　　　D. 功能区

(4)database 的含义是( )。

　　A. 抽象　　　　　B. 数据　　　　　C. 网络　　　　　D. 数据库

(5)数据库表中的一整行称作( )。

　　A. 特征　　　　　B. 标题　　　　　C. 记录　　　　　D. 功能

(6)Access 2010 数据表是一张( )。

　　A. 字段　　　　　B. 文本　　　　　C. 二维表　　　　D. 数据

(7)Access 2010 数据表中一行称作( )。

　　A. 数据　　　　　B. 类型　　　　　C. 二维表　　　　D. 记录

(8)Access 2010 数据表提供的数据类型中不包括( )。

　　A. 实验　　　　　B. 文本　　　　　C. 数字　　　　　D. 货币

(9)Access 2010 字段格式设置中@符号代表( )。

　　A. 数字　　　　　B. 字符或空格　　C. 所有字符为小写　D. 货币

(10)Access 2010 中可通过( )键复制记录。

　　A. Alt　　　　　　B. Shift　　　　　C. Tab　　　　　　D. Ctrl

2. 名词解释

(1)数据。　　　　(2)数据库。　　　　(3)表结构。

3. 填空题

(1)Access 2010 数据库对象包括标题栏、_____、窗体、报表、宏和模块。

(2)Access 2010 是_____类型的数据库。

(3)Access 2010 数据表中一整列称作_____。

(4)Access 2010 数据库文件的扩展名是_____。

(5)Access 2010 数据表通过_____标识字段。

(6)Access 2010 数据表中对于大量重复的数值可以设置成_____。

4. 简答题

(1)Access 2010 是什么软件?

(2)Access 2010 的启动方式有哪些?

(3)Access 2010 的退出方式有哪些?

(4)Access 2010 创建空数据库的步骤是什么?

(5)Access 2010 打开数据库的方式有哪些?

(6)Access 2010 数据表有哪些创建方式?

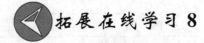 拓展在线学习 8

附录 A   ASCII 码表

控制字符					
ASCII 值	字符	说明	ASCII 值	字符	说明
0	NUT	空字符	16	DLE	数据链接转义
1	SOH	头标开始	17	DC1	设备控制 1
2	STX	正文开始	18	DC2	设备控制 2
3	ETX	正文结束	19	DC3	设备控制 3
4	EOT	传输结束	20	DC4	设备控制 4
5	ENQ	查询	21	NAK	反确认
6	ACK	确认	22	SYN	同步空闲
7	BEL	震铃	23	ETB	传输块结束
8	BS	退格	24	CAN	取消
9	HT	水平制表符	25	EM	媒体结束
10	LF	换行	26	SUB	替换
11	VT	垂直制表符	27	ESC	转义
12	FF	换页	28	FS	文件分隔符
13	CR	回车	29	GS	组分隔符
14	SO	移出	30	RS	记录分隔符
15	SI	移入	31	US	单元分隔符

特殊和数字字符					
ASCII 值	字符	ASCII 值	字符	ASCII 值	字符
32	space	43	+	54	6
33	!	44	,	55	7
34	"	45	—	56	8
35	#	46	.	57	9
36	$	47	/	58	:
37	%	48	0	59	;
38	&	49	1	60	<
39	'	50	2	61	=
40	(	51	3	62	>
41	)	52	4	63	?
42	*	53	5		

		字母字符			
ASCII 值	字符	ASCII 值	字符	ASCII 值	字符
64	@	86	V	108	l
65	A	87	W	109	m
66	B	88	X	110	n
67	C	89	Y	111	o
68	D	90	Z	112	p
69	E	91	[	113	q
70	F	92	\	114	r
71	G	93	]	115	s
72	H	94	^	116	t
73	I	95	_	117	u
74	J	96	`	118	v
75	K	97	a	119	w
76	L	98	b	120	x
77	M	99	c	121	y
78	N	100	d	122	z
79	O	101	e	123	{
80	P	102	f	124		
81	Q	103	g	125	}
82	R	104	h	126	~
83	S	105	i	127	DEL
84	T	106	j		
85	U	107	k		

附录 B 全国计算机等级考试一级 MS Office 选择题（100 题）

1. 在计算机内部用来传送、存储、加工处理的数据或指令都是以（　　）形式进行的。

A. 十进制码　　　　　B. 二进制码　　　　　C. 八进制码　　　　　D. 十六进制码

2. 磁盘上的磁道是（　　）。

A. 一组记录密度不同的同心圆　　　　　B. 一组记录密度相同的同心圆

C. 一条阿基米德螺旋线　　　　　D. 两条阿基米德螺旋线

3. 下列关于世界上第一台电子计算机 ENIAC 的叙述中，（　　）是不正确的。

A. ENIAC 是 1946 年在美国诞生的

B. 它主要采用电子管和继电器

C. 它首次采用存储程序和程序控制使计算机自动工作

D. 它主要用于弹道计算

4. 用高级程序设计语言编写的程序称为（　　）。

A. 源程序　　　　　B. 应用程序　　　　　C. 用户程序　　　　　D. 实用程序

5. 二进制数 011111 转换为十进制整数是（　　）。

A. 64　　　　　B. 63　　　　　C. 32　　　　　D. 31

6. 将用高级程序语言编写的源程序翻译成目标程序的程序称为（　　）。

A. 连接程序　　　　　B. 编辑程序　　　　　C. 编译程序　　　　　D. 诊断维护程序

7. 微型计算机的主机由 CPU、（　　）构成。

A. RAM　　　　　　　　　　　　B. RAM、ROM 和硬盘

C. RAM 和 ROM　　　　　　　　D. 硬盘和显示器

8. 十进制数 101 转换成二进制数是（　　）。

A. 01101001　　　　　B. 01100101　　　　　C. 01100111　　　　　D. 01100110

9. 下列既属于输入设备又属于输出设备的是（　　）。

A. 软盘片　　　　　B. CD-ROM　　　　　C. 内存储器　　　　　D. 软盘驱动器

10. 已知字符 A 的 ASCII 码是 01000001B，字符 D 的 ASCII 码是（　　）。

A. 01000011B　　　　　B. 01000100B　　　　　C. 01000010B　　　　　D. 01000111B

11. 1MB 的准确数量是（　　）。

A. 1024×1024 Words　　　　　　　B. 1024×1024 Bytes

C. 1000×1000 Bytes　　　　　　　D. 1000×1000 Words

12. 一个计算机操作系统通常应具有（　　）。

A. CPU 的管理；显示器管理；键盘管理；打印机和鼠标器管理等五大功能

B. 硬盘管理；软盘驱动器管理；CPU 的管理；显示器管理和键盘管理等五大功能

C. 处理器（CPU）管理；存储管理；文件管理；输入/出管理和作业管理五大功能

— 238 —

D.计算机启动;打印;显示;文件存取和关机等五大功能

13. 下列存储器中,属于外部存储器的是(　　)。

A. ROM　　　　B. RAM　　　　C. Cache　　　　D. 硬盘

14. 计算机系统由(　　)两大部分组成。

A. 系统软件和应用软件　　　　B. 主机和外部设备

C. 硬件系统和软件系统　　　　D. 输入设备和输出设备

15. 下列叙述中,错误的一条是(　　)。

A. 计算机硬件主要包括:主机、键盘、显示器、鼠标器和打印机五大部件

B. 计算机软件分系统软件和应用软件两大类

C. CPU 主要由运算器和控制器组成

D. 内存储器中存储当前正在执行的程序和处理的数据

16. 下列存储器中,属于内部存储器的是(　　)。

A. CD-ROM　　　　B. ROM　　　　C. 软盘　　　　D. 硬盘

17. 目前微机中广泛采用的电子元器件是(　　)。

A. 电子管　　　　B. 晶体管

C. 小规模集成电路　　　　D. 大规模和超大规模集成电路

18. 根据汉字国标 GB 2312—1980 的规定,二级次常用汉字个数是(　　)。

A. 3000 个　　　　B. 7445 个　　　　C. 3008 个　　　　D. 3755 个

19. 下列叙述中,错误的一条是(　　)。

A. CPU 可以直接处理外部存储器中的数据

B. 操作系统是计算机系统中最主要的系统软件

C. CPU 可以直接处理内部存储器中的数据

D. 一个汉字的机内码与它的国标码相差 8080H

20. 编译程序的最终目标是(　　)。

A. 发现源程序中的语法错误

B. 改正源程序中的语法错误

C. 将源程序编译成目标程序

D. 将某一高级语言程序翻译成另一高级语言程序

21. 汉字的区位码由一汉字的区号和位号组成。其区号和位号的范围各为(　　)。

A. 区号 1~95 位号 1~95　　　　B. 区号 1~94 位号 1~94

C. 区号 0~94 位号 0~94　　　　D. 区号 0~95 位号 0~95

22. 计算机之所以能按人们的意志自动进行工作,主要是因为采用了(　　)。

A. 二进制数制　　　　B. 高速电子元件

C. 存储程序控制　　　　D. 程序设计语言

23. 32 位微机是指它所用的 CPU 是(　　)。

A. 一次能处理 32 位二进制数　　　　B. 能处理 32 位十进制数

C. 只能处理 32 位二进制定点数　　　　D. 有 32 个寄存器

24. 用 MIPS 为单位来衡量计算机的性能,它指的是计算机的(　　)。

A. 传输速率　　　　B. 存储器容量　　　　C. 字长　　　　D. 运算速度

25. 计算机最早的应用领域是(　　)。

A. 人工智能　　　　B. 过程控制　　　　C. 信息处理　　　　D. 数值计算

26. 二进制数 00111001 转换成十进制数是（　　）。
A. 58　　　　　　B. 57　　　　　　C. 56　　　　　　D. 41

27. 已知字符 A 的 ASCII 码是 01000001B，ASCII 码为 01000111B 的字符是（　　）。
A. D　　　　　　B. E　　　　　　C. F　　　　　　D. G

28. 在微型计算机系统中要运行某一程序时，如果所需内存储容量不够，可以通过（　　）的方法来解决。
A. 增加内存容量　　　　　　　　　B. 增加硬盘容量
C. 采用光盘　　　　　　　　　　　D. 采用高密度软盘

29. 一个汉字的机内码需用（　　）个字节存储。
A. 4　　　　　　B. 3　　　　　　C. 2　　　　　　D. 1

30. 在外部设备中，扫描仪属于（　　）。
A. 输出设备　　　B. 存储设备　　　C. 输入设备　　　D. 特殊设备

31. 微型计算机的技术指标主要是指（　　）。
A. 所配备的系统软件的优劣
B. CPU 的主频和运算速度、字长、内存容量和存取速度
C. 显示器的分辨率、打印机的配置
D. 硬盘容量的大小

32. 用 MHz 来衡量计算机的性能，它指的是（　　）。
A. CPU 的时钟主频　　　　　　　　B. 存储器容量
C. 字长　　　　　　　　　　　　　D. 运算速度

33. 任意一汉字的机内码和其国标码之差总是（　　）。
A. 8000H　　　　B. 8080H　　　　C. 2080H　　　　D. 8020H

34. 操作系统是计算机系统中的（　　）。
A. 主要硬件　　　B. 系统软件　　　C. 外部设备　　　D. 广泛应用的软件

35. 计算机的硬件主要包括：中央处理器（CPU）、存储器、输出设备和（　　）。
A. 键盘　　　　　B. 鼠标器　　　　C. 输入设备　　　D. 显示器

36. 在计算机的存储单元中存储的（　　）。
A. 只能是数据　　B. 只能是字符　　C. 只能是指令　　D. 可以是数据或指令

37. 十进制数 111 转换成二进制数是（　　）。
A. 1111001　　　B. 01101111　　　C. 01101110　　　D. 011100001

38. 用 8 个二进制位能表示的最大的无符号整数等于十进制整数（　　）。
A. 127　　　　　B. 128　　　　　C. 255　　　　　D. 256

39. 下列各组设备中，全都属于输入设备的一组是（　　）。
A. 键盘、磁盘和打印机　　　　　　B. 键盘、鼠标器和显示器
C. 键盘、扫描仪和鼠标　　　　　　D. 硬盘、打印机和键盘

40. 微型机中，关于 CPU 的"PentiumⅢ/866"配置中的数字 866 表示（　　）。
A. CPU 的型号是 866　　　　　　　B. CPU 的时钟主频是 866MHz
C. CPU 的高速缓存容量为 866KB　　D. CPU 的运算速度是 866MIPS

41. 微机正在工作时电源突然中断供电，此时计算机（　　）中的信息全部丢失，并且恢复供电后也无法恢复这些信息。
A. 软盘片　　　　B. ROM　　　　　C. RAM　　　　　D. 硬盘

42. 根据汉字国标码 GB 2312—1980 的规定,将汉字分为常用汉字(一级)和次常用汉字(二级)两级汉字。一级常用汉字按( )排列。

A. 部首顺序　　　　B. 笔画多少　　　　C. 使用频率多少　　　　D. 汉语拼音字母顺序

43. 下列字符中,其 ASCII 码值最小的一个是( )。

A. 空格字符　　　　B. 0　　　　C. A　　　　D. a

44. 下列存储器中,CPU 能直接访问的是( )。

A. 硬盘存储器　　　　B. CD-ROM　　　　C. 内存储器　　　　D. 软盘存储器

45. 微型计算机的性能主要取决于( )。

A. CPU 的性能　　　　　　　　B. 硬盘容量的大小
C. RAM 的存取速度　　　　　　D. 显示器的分辨率

46. 微机中采用的标准 ASCII 编码用( )位二进制数表示一个字符。

A. 6　　　　B. 7　　　　C. 8　　　　D. 16

47. 能直接与 CPU 交换信息的存储器是( )。

A. 硬盘存储器　　　　B. CD-ROM　　　　C. 内存储器　　　　D. 软盘存储器

48. 如果要运行一个指定的程序,那么必须将这个程序装到( )中。

A. RAM　　　　B. ROM　　　　C. 硬盘　　　　D. CD-ROM

49. 十进制数是 56 对应的二进制数是( )。

A. 00110111　　　　B. 00111001　　　　C. 00111000　　　　D. 00111010

50. 五笔字型汉字输入法的编码属于( )。

A. 音码　　　　B. 形声码　　　　C. 区位码　　　　D. 形码

51. 计算机内部,一切信息的存取、处理和传送都是以( )进行的。

A. 二进制　　　　B. ASCII 码　　　　C. 十六进制　　　　D. EBCDIC 码

52. von Neumann(冯·诺依曼)型体系结构的计算机包含的五大部件是( )。

A. 输入设备、运算器、控制器、存储器、输出设备
B. 输入/出设备、运算器、控制器、内/外存储器、电源设备
C. 输入设备、中央处理器、只读存储器、随机存储器、输出设备
D. 键盘、主机、显示器、磁盘机、打印机

53. 第一台计算机是 1946 年在美国研制的,该机英文缩写名为( )。

A. EDSAC　　　　B. EDVAC　　　　C. ENIAC　　　　D. MARK-II

54. 调制解调器(Modem)的作用是( )。

A. 将计算机的数字信号转换成模拟信号
B. 将模拟信号转换成计算机的数字信号
C. 将计算机数字信号与模拟信号互相转换
D. 为了上网与接电话两不误

55. 存储一个汉字的机内码需 2 个字节。其前后两个字节的最高位二进制值依次分别是( )。

A. 1 和 1　　　　B. 1 和 0　　　　C. 0 和 1　　　　D. 0 和 0

56. 1KB 的存储空间能存储( )个汉字国标(GB 2312—1980)码。

A. 1024　　　　B. 512　　　　C. 256　　　　D. 128

57. 二进制数 01100011 转换成的十进制数是( )。

A. 51　　　　B. 98　　　　C. 99　　　　D. 100

58. 显示或打印汉字时,系统使用的是汉字的(　　)。
A. 机内码　　　　　B. 字形码　　　　　C. 输入码　　　　　D. 国标交换码

59. 存储一个 48×48 点的汉字字形码,需要(　　)字节。
A. 72　　　　　B. 256　　　　　C. 288　　　　　D. 512

60. 计算机操作系统的主要功能是(　　)。
A. 对计算机的所有资源进行控制和管理,为用户使用计算机提供方便
B. 对源程序进行翻译
C. 对用户数据文件进行管理
D. 对汇编语言程序进行翻译

61. 将十进制数 77 转换为二进制数是(　　)。
A. 01001100　　　　　B. 01001101　　　　　C. 01001011　　　　　D. 01001111

62. CD-ROM 属于(　　)。
A. 大容量可读可写外部存储器
B. 大容量只读外部存储器
C. 可直接与 CPU 交换数据的存储器
D. 只读内存储器

63. 一台微型计算机要与局域网连接,必须安装的硬件是(　　)。
A. 集线器　　　　　B. 网关　　　　　C. 网卡　　　　　D. 路由器

64. 在微机系统中,对输入输出设备进行管理的基本系统存放在(　　)中。
A. RAM　　　　　B. ROM　　　　　C. 硬盘　　　　　D. 高速缓存

65. 要想把个人计算机用电话拨号方式接入 Internet 网,除性能合适的计算机外,硬件上还应配置一个(　　)。
A. 连接器　　　　　B. 调制解调器　　　　　C. 路由器　　　　　D. 集线器

66. Internet 实现了分布在世界各地的各类网络的互联,其最基础和核心的协议是(　　)。
A. HTTP　　　　　B. FTP　　　　　C. HTML　　　　　D. TCP/IP

67. Internet 提供的最简便、快捷的通信工具是(　　)。
A. 文件传送　　　　　B. 远程登录
C. 电子邮件(E-mail)　　　　　D. WWW 网

68. Internet 中,主机的域名和主机的 IP 地址两者之间的关系是(　　)。
A. 完全相同,毫无区别　　　　　B. 一一对应
C. 一个 IP 地址对应多个域名　　　　　D. 一个域名对应多个 IP 地址

69. 度量计算机运算速度常用的单位是(　　)。
A. MIPS　　　　　B. MHz　　　　　C. MB　　　　　D. Mbps

70. 下列关于计算机病毒的说法中,正确的一条是(　　)。
A. 计算机病毒是对计算机操作人员身体有害的生物病毒
B. 计算机病毒将造成计算机的永久性物理损害
C. 计算机病毒是一种通过自我复制进行传染的、破坏计算机程序和数据的小程序
D. 计算机病毒是一种感染在 CPU 中的微生物病毒

71. 蠕虫病毒属于(　　)。
A. 宏病毒　　　　　B. 网络病毒　　　　　C. 混合型病毒　　　　　D. 文件型病毒

72. 当前计算机感染病毒的可能途径之一是(　　　)。

A. 从键盘上输入数据　　　　　　　　B. 通过电源线

C. 所使用的软盘表面不清洁　　　　　D. 通过 Internet 的 E-mail

73. 微机硬件系统中最核心的部件是(　　　)。

A. 内存储器　　　　B. 输入输出设备　　　C. CPU　　　　　D. 硬盘

74. 下列叙述中,(　　　)是正确的。

A. 反病毒软件总是超前于病毒的出现,它可以查、杀任何种类的病毒

B. 任何一种反病毒软件总是滞后于计算机新病毒的出现

C. 感染过计算机病毒的计算机具有对该病毒的免疫性

D. 计算机病毒会危害计算机用户的健康

75. 组成计算机指令的两部分是(　　　)。

A. 数据和字符　　　　　　　　　　　B. 操作码和地址码

C. 运算符和运算数　　　　　　　　　D. 运算符和运算结果

76. 计算机的主要特点是(　　　)。

A. 速度快、存储容量大、性能价格比低

B. 速度快、性能价格比低、程序控制

C. 速度快、存储容量大、可靠性高

D. 性能价格比低、功能全、体积小

77. 在一个非零无符号二进制整数之后添加一个 0,则此数的值为原数的(　　　)。

A. 4 倍　　　　　　B. 2 倍　　　　　　C. 1/2　　　　　　D. 1/4

78. 二进制数 10110101 转换成十进制数是(　　　)。

A. 180　　　　　　B. 181　　　　　　C. 309　　　　　　D. 117

79. 十进制数 100 转换成二进制数是(　　　)。

A. 0110101　　　　B. 01101000　　　　C. 01100100　　　　D. 01100110

80. 根据汉字国标 GB 2312—1980 的规定,一级常用汉字个数是(　　　)。

A. 3000 个　　　　B. 7445 个　　　　C. 3008 个　　　　D. 3755 个

81. 1946 年首台电子数字计算机 ENIAC 问世后,冯·诺依曼(von Neumann)在研制 EDVAC 计算机时,提出两个重要的改进,它们是(　　　)。

A. 引入 CPU 和内存储器的概念

B. 采用机器语言和十六进制

C. 采用二进制和存储程序控制的概念

D. 采用 ASCII 编码系统

82. 在计算机中,每个存储单元都有一个连续的编号,此编号称为(　　　)。

A. 地址　　　　　　B. 位置号　　　　　C. 门牌号　　　　　D. 房号

83. 在下列设备中,(　　　)不能作为微机的输出设备。

A. 打印机　　　　　B. 显示器　　　　　C. 鼠标器　　　　　D. 绘图仪

84. 汇编语言是一种(　　　)程序设计语言。

A. 依赖于计算机的低级　　　　　　　B. 计算机能直接执行的

C. 独立于计算机的高级　　　　　　　D. 面向问题的

85. 有一域名为 bit.edu.cn,根据域名代码的规定,此域名表示(　　　)。

A. 政府机关　　　　B. 商业组织　　　　C. 军事部门　　　　D. 教育机构

86. 一个字长为 6 位的无符号二进制数能表示的十进制数值范围是(   )。

A. 0～64　　　　　B. 1～64　　　　　C. 1～63　　　　　D. 0～63

87. 二进制数 110001 转换成十进制数是(   )。

A. 48　　　　　　B. 47　　　　　　C. 50　　　　　　D. 49

88. 十进制数 121 转换成二进制数是(   )。

A. 1111001　　　　B. 111001　　　　C. 1001111　　　　D. 100111

89. 在下列字符中,其 ASCII 码值最大的一个是(   )。

A. 9　　　　　　　B. Z　　　　　　　C. d　　　　　　　D. E

90. 若已知一汉字的国标码是 5E38H,则其内码是(   )。

A. DEB8H　　　　B. DE38H　　　　C. 5EB8H　　　　D. 7E58H

91. 用来存储当前正在运行的程序指令的存储器是(   )。

A. 内存　　　　　B. 硬盘　　　　　C. 软盘　　　　　D. CD-ROM

92. 汉字输入码可分为有重码和无重码两类,下列属于无重码类的是(   )。

A. 全拼码　　　　B. 自然码　　　　C. 区位码　　　　D. 简拼码

93. 下列各类计算机程序语言中,(   )不是高级程序设计语言。

A. Visual Basic　　B. FORTAN 语言　C. Pascal 语言　　D. 汇编语言

94. DVD-ROM 属于(   )。

A. 大容量可读可写外存储器　　　　B. 大容量只读外存储器

C. CPU 可直接存取的存储器　　　　D. 只读内存储器

95. 计算机网络分局域网、城域网和广域网,(   )属于局域网。

A. ChinaDDN 网　　B. Novell 网　　　C. Chinanet 网　　D. Internet

96. 下列各项中,(   )不能作为 Internet 的 IP 地址。

A. 202.96.12.14　　B. 202.196.72.140　C. 112.256.23.8　　D. 201.124.38.79

97. 在数制的转换中,下列叙述中正确的一条是(   )。

A. 对于相同的十进制正整数,随着基数 R 的增大,转换结果的位数小于或等于原数据的位数

B. 对于相同的十进制正整数,随着基数 R 的增大,转换结果的位数大于或等于原数据的位数

C. 不同数制的数字符是各不相同的,没有一个数字符是一样的

D. 对于同一个整数值的二进制数表示的位数一定大于十进制数字的位数

98. 二进制数 111001 转换成十进制数是(   )。

A. 58　　　　　　B. 57　　　　　　C. 56　　　　　　D. 41

99. 十进制数 141 转换成无符号二进制数是(   )。

A. 10011101　　　B. 10001011　　　C. 10001100　　　D. 10001101

100. 已知英文字母 m 的 ASCII 码值为 6DH,那么码值为 4DH 的字母是(   )。

A. N　　　　　　B. M　　　　　　C. P　　　　　　D. L

附录 C 全国计算机等级考试二级 MS Office 高级应用

1. 一个栈的初始状态为空。现将元素 1、2、3、4、5、A、B、C、D、E 依次入栈,然后再依次出栈,则元素出栈的顺序是(　　)。

　A. 12345ABCDE　　　　　　　　　　B. EDCBA54321

　C. ABCDE12345　　　　　　　　　　D. 54321EDCBA

2. 下列叙述中正确的是(　　)。

　A. 循环队列有队头和队尾两个指针,因此,循环队列是非线性结构

　B. 在循环队列中,只需要队头指针就能反映队列中元素的动态变化情况

　C. 在循环队列中,只需要队尾指针就能反映队列中元素的动态变化情况

　D. 循环队列中元素的个数是由队头指针和队尾指针共同决定的

3. 在长度为 n 的有序线性表中进行二分查找,最坏情况下需要比较的次数是(　　)。

　A. n　　　　　　B. n^2　　　　　　C. $\log_2 n$　　　　　　D. $n\log_2 n$

4. 下列叙述中正确的是(　　)。

　A. 顺序存储结构的存储一定是连续的,链式存储结构的存储空间不一定是连续的

　B. 顺序存储结构只针对线性结构,链式存储结构只针对非线性结构

　C. 顺序存储结构能存储有序表,链式存储结构不能存储有序表

　D. 链式存储结构比顺序存储结构节省存储空间

5. 数据流图中带有箭头的线段表示的是(　　)。

　A. 控制流　　　　B. 事件驱动　　　　C. 模块调用　　　　D. 数据流

6. 在软件开发中,需求分析阶段可以使用的工具是(　　)。

　A. N-S 图　　　　　　　　　　　　B. DFD 图

　C. PAD 图　　　　　　　　　　　　D. 程序流程图

7. 在面向对象方法中,不属于"对象"基本特点的是(　　)。

　A. 一致性　　　　　　　　　　　　B. 分类性

　C. 多态性　　　　　　　　　　　　D. 标识唯一性

8. 一间宿舍可住多个学生,则实体宿舍和学生之间的联系是(　　)。

　A. 一对一　　　　B. 一对多　　　　C. 多对一　　　　D. 多对多

9. 在数据管理技术发展的三个阶段中,数据共享最好的是(　　)。

　A. 人工管理阶段　　　　　　　　　B. 文件系统阶段

　C. 数据库系统阶段　　　　　　　　D. 三个阶段相同

10. 有三个关系 R、S 和 T 如下:

由关系 R 和 S 通过运算得到关系 T,则所使用的运算为(　　)。

　A. 笛卡儿积　　　　B. 交　　　　　　C. 并　　　　　　D. 自然连接

R	
A	B
m	1
n	2

S	
B	C
1	3
3	5

T		
A	B	C
m	1	3

11. 在计算机中,组成一个字节的二进制位位数是(　　)。

A. 1　　　　　　　　B. 2　　　　　　　　C. 4　　　　　　　　D. 8

12. 下列选项属于"计算机安全设置"的是(　　)。

A. 定期备份重要数据

B. 不下载来路不明的软件及程序

C. 停掉 Guest 账号

D. 安装杀(防)毒软件

13. 下列设备组中,完全属于输入设备的一组是(　　)。

A. CD-ROM 驱动器,键盘,显示器

B. 绘图仪,键盘,鼠标器

C. 键盘,鼠标器,扫描仪

D. 打印机,硬盘,条码阅读器

14. 下列软件中,属于系统软件的是(　　)。

A. 航天信息系统　　　B. Office 2003　　　C. Windows Vista　　　D. 决策支持系统

15. 如果删除一个非零无符号二进制偶整数后的 2 个 0,则此数的值为原数的(　　)。

A. 4 倍　　　　　　　B. 2 倍　　　　　　　C. 1/2　　　　　　　D. 1/4

16. 计算机硬件能直接识别、执行的语言是(　　)。

A. 汇编语言　　　　　B. 机器语言　　　　　C. 高级程序语言　　　D. C++语言

17. 微机硬件系统中最核心的部件是(　　)。

A. 内存储器　　　　　B. 输入输出设备　　　C. CPU　　　　　　　D. 硬盘

18. 用"综合业务数字网"(又称"一线通")接入因特网的优点是上网通话两不误,它的英文缩写是(　　)。

A. ADSL　　　　　　B. ISDN　　　　　　　C. ISP　　　　　　　D. TCP

19. 计算机指令由两部分组成,它们是(　　)。

A. 运算符和运算数　　　　　　B. 操作数和结果

C. 操作码和操作数　　　　　　D. 数据和字符

20. 能保存网页地址的文件夹是(　　)。

A. 收件箱　　　　　　B. 公文包　　　　　　C. 我的文档　　　　　D. 收藏夹

21. 下列叙述中正确的是(　　)。

A. 栈是"先进先出"的线性表

B. 队列是"先进后出"的线性表

C. 循环队列是非线性结构

D. 有序线性表既可以采用顺序存储结构,也可以采用链式存储结构

22. 支持子程序调用的数据结构是(　　)。

A. 栈　　　　　　　　B. 树　　　　　　　　C. 队列　　　　　　　D. 二叉树

23. 某二叉树有 5 个度为 2 的结点,则该二叉树中的叶子结点数是(　　)。

A. 10　　　　　　　B. 8　　　　　　　C. 6　　　　　　　D. 4

24. 下列排序方法中,最坏情况下比较次数最少的是(　　)。

A. 冒泡排序　　　　B. 简单选择排序　　C. 直接插入排序　　D. 堆排序

25. 软件按功能可以分为:应用软件、系统软件和支撑软件(或工具软件)。下面属于应用软件的是(　　)

A. 编译程序　　　　B. 操作系统　　　　C. 教务管理系统　　D. 汇编程序

26. 下面叙述中错误的是(　　)。

A. 软件测试的目的是发现错误并改正错误

B. 对被调试的程序进行"错误定位"是程序调试的必要步骤

C. 程序调试通常也称为 Debug

D. 软件测试应严格执行测试计划,排除测试的随意性

27. 耦合性和内聚性是对模块独立性度量的两个标准。下列叙述中正确的是(　　)。

A. 提高耦合性降低内聚性有利于提高模块的独立性

B. 降低耦合性提高内聚性有利于提高模块的独立性

C. 耦合性是指一个模块内部各个元素间彼此结合的紧密程度

D. 内聚性是指模块间互相连接的紧密程度

28. 数据库应用系统中的核心问题是(　　)。

A. 数据库设计　　　　　　　　　　B. 数据库系统设计

C. 数据库维护　　　　　　　　　　D. 数据库管理员培训

29. 有两个关系 R、S 如下:

R				S	
A	B	C		A	B
a	3	2		a	3
b	0	1		b	0
c	2	1		c	2

由关系 R 通过运算得到关系 S,则所使用的运算为(　　)。

A. 选择　　　　　　B. 投影　　　　　　C. 插入　　　　　　D. 连接

30. 将 E-R 图转换为关系模式时,实体和联系都可以表示为(　　)。

A. 属性　　　　　　B. 键　　　　　　　C. 关系　　　　　　D. 域

31. 世界上公认的第一台电子计算机诞生的年代是(　　)。

A. 20 世纪 30 年代　　　　　　　　B. 20 世纪 40 年代

C. 20 世纪 80 年代　　　　　　　　D. 20 世纪 90 年代

32. 在微机中,西文字符所采用的编码是(　　)。

A. EBCDIC 码　　B. ASCII 码　　　　C. 国标码　　　　　D. BCD 码

33. 度量计算机运算速度常用的单位是(　　)。

A. MIPS　　　　　　B. MHz　　　　　　C. MB/s　　　　　　D. Mbps

34. 计算机操作系统的主要功能是(　　)。

A. 管理计算机系统的软硬件资源,以充分发挥计算机资源的效率,并为其他软件提供良好的运行环境

B. 把高级程序设计语言和汇编语言编写的程序翻译到计算机硬件可以直接执行的目标程序,为用户提供良好的软件开发环境

C.对各类计算机文件进行有效的管理,并提交计算机硬件高效处理

D.为用户提供方便的操作和使用计算机的方法

35. 下列关于计算机病毒的叙述中,错误的是(   )。

A.计算机病毒具有潜伏性

B.计算机病毒具有传染性

C.感染过计算机病毒的计算机具有对该病毒的免疫性

D.计算机病毒是一个特殊的寄生程序

36. 以下关于编译程序的说法正确的是(   )。

A.编译程序属于计算机应用软件,所有用户都需要编译程序

B.编译程序不会生成目标程序,而是直接执行源程序

C.编译程序完成高级语言程序到低级语言程序的等价翻译

D.编译程序构造比较复杂,一般不进行出错处理

37. 一个完整的计算机系统的组成部分的确切提法应该是(   )。

A.计算机主机、键盘、显示器和软件

B.计算机硬件和应用软件

C.计算机硬件和系统软件

D.计算机硬件和软件

38. 计算机网络最突出的优点是(   )。

A.资源共享和快速传输信息

B.高精度计算和收发邮件

C.运算速度快和快速传输信息

D.存储容量大和高精度

39. 能直接与 CPU 交换信息的存储器是(   )。

A.硬盘存储器　　　　B.CD-ROM　　　　C.内存储器　　　　D.U 盘存储器

40. 正确的 IP 地址是(   )。

A.202.112.111.1　　　　　　　　　B.202.2.2.2.2

C.202.202.1　　　　　　　　　　　D.202.257.14.13

41. 程序流程图中带有箭头的线段表示的是(   )。

A.图元关系　　　　B.数据流　　　　C.控制流　　　　D.调用关系

42. 结构化程序设计的基本原则不包括(   )。

A.多态性　　　　B.自顶向下　　　　C.模块化　　　　D.逐步求精

43. 软件设计中模块划分应遵循的准则是(   )。

A.低内聚低耦合　　　B.高内聚低耦合　　　C.低内聚高耦合　　　D.高内聚高耦合

44. 在软件开发中,需求分析阶段产生的主要文档是(   )。

A.可行性分析报告　　　　　　　　B.软件需求规格说明书

C.概要设计说明书　　　　　　　　D.集成测试计划

45. 算法的有穷性是指(   )。

A.算法程序的运行时间是有限的

B.算法程序所处理的数据量是有限的

C.算法程序的长度是有限的

D.算法只能被有限的用户使用

46. 对长度为 n 的线性表排序,在最坏情况下,比较次数不是 n(n－1)/2 的排序方法是(　　)。

　　A. 快速排序　　　　　B. 冒泡排序　　　　　C. 直接插入排序　　　D. 堆排序

47. 下列关于栈的叙述正确的是(　　)。

　　A. 栈按"先进先出"组织数据

　　B. 栈按"先进后出"组织数据

　　C. 只能在栈底插入数据

　　D. 不能删除数据

48. 在数据库设计中,将 E-R 图转换成关系数据模型的过程属于(　　)。

　　A. 需求分析阶段　　　B. 概念设计阶段　　　C. 逻辑设计阶段　　　D. 物理设计阶段

49. 有三个关系 R、S 和 T 如下:

	R			S				T		
	A	B		B	C			A	B	C
	m	1		1	3			m	1	3
	n	2		3	5					

由关系 R 和 S 通过运算得到关系 T,则所使用的运算为(　　)。

　　A. 笛卡儿积　　　　　B. 交　　　　　　　　C. 并　　　　　　　　D. 自然连接

50. 设有表示学生选课的三张表,学生 S(学号,姓名,性别,年龄,身份证号),课程 C(课号,课名),选课 SC(学号,课号,成绩),则表 SC 的关键字(键或码)为(　　)。

　　A. 课号,成绩　　　　B. 学号,成绩　　　　C. 学号,课号　　　　D. 学号,姓名,成绩

51. 世界上公认的第一台电子计算机诞生在(　　)。

　　A. 中国　　　　　　　B. 美国　　　　　　　C. 英国　　　　　　　D. 日本

52. 下列关于 ASCII 编码的叙述中,正确的是(　　)。

　　A. 一个字符的标准 ASCII 码占一个字节,其最高二进制位总为 1

　　B. 所有大写英文字母的 ASCII 码值都小于小写英文字母'a'的 ASCII 码值

　　C. 所有大写英文字母的 ASCII 码值都大于小写英文字母'a'的 ASCII 码值

　　D. 标准 ASCII 码表有 256 个不同的字符编码

53. CPU 主要技术性能指标有(　　)。

　　A. 字长、主频和运算速度

　　B. 可靠性和精度

　　C. 耗电量和效率

　　D. 冷却效率

54. 计算机系统软件中,最基本、最核心的软件是(　　)。

　　A. 操作系统　　　　　　　　　　　　B. 数据库管理系统

　　C. 程序语言处理系统　　　　　　　　D. 系统维护工具

55. 下列关于计算机病毒的叙述中,正确的是(　　)。

　　A. 反病毒软件可以查、杀任何种类的病毒

　　B. 计算机病毒是一种被破坏了的程序

　　C. 反病毒软件必须随着新病毒的出现而升级,提高查、杀病毒的功能

　　D. 感染过计算机病毒的计算机具有对该病毒的免疫性

56. 高级程序设计语言的特点是( )。

A. 高级语言数据结构丰富

B. 高级语言与具体的机器结构密切相关

C. 高级语言接近算法语言,不易掌握

D. 用高级语言编写的程序计算机可立即执行

57. 计算机的系统总线是计算机各部件间传递信息的公共通道,它分( )。

A. 数据总线和控制总线

B. 地址总线和数据总线

C. 数据总线、控制总线和地址总线

D. 地址总线和控制总线

58. 计算机网络最突出的优点是( )。

A. 提高可靠性

B. 提高计算机的存储容量

C. 运算速度快

D. 实现资源共享和快速通信

59. 当电源关闭后,下列关于存储器的说法中,正确的是( )。

A. 存储在 RAM 中的数据不会丢失

B. 存储在 ROM 中的数据不会丢失

C. 存储在 U 盘中的数据会全部丢失

D. 存储在硬盘中的数据会丢失

60. 有一域名为 bit. gov. cn,根据域名代码的规定,此域名表示( )。

A. 教育机构 B. 商业组织 C. 军事部门 D. 政府机关

61. 下列数据结构中,属于非线性结构的是( )。

A. 循环队列 B. 带链队列 C. 二叉树 D. 带链栈

62. 下列数据结构中,能够按照"先进后出"原则存取数据的是( )。

A. 循环队列 B. 栈 C. 队列 D. 二叉树

63. 对于循环队列,下列叙述中正确的是( )。

A. 队头指针是固定不变的

B. 队头指针一定大于队尾指针

C. 队头指针一定小于队尾指针

D. 队头指针可以大于队尾指针,也可以小于队尾指针

64. 算法的空间复杂度是指( )。

A. 算法在执行过程中所需要的计算机存储空间

B. 算法所处理的数据量

C. 算法程序中的语句或指令条数

D. 算法在执行过程中所需要的临时工作单元数

65. 软件设计中划分模块的一个准则是( )。

A. 低内聚低耦合 B. 高内聚低耦合 C. 低内聚高耦合 D. 高内聚高耦合

66. 下列选项中不属于结构化程序设计原则的是( )。

A. 可封装 B. 自顶向下 C. 模块化 D. 逐步求精

67. 软件详细设计生产的图如下,该图是( )。

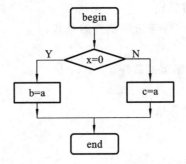

A. N-S 图　　　　　　B. PAD 图　　　　　　C. 程序流程图　　　　D. E-R 图

68. 数据库管理系统是（　　）。

A. 操作系统的一部分

B. 在操作系统支持下的系统软件

C. 一种编译系统

D. 一种操作系统

69. 在 E-R 图中,用来表示实体联系的图形是（　　）。

A. 椭圆形　　　　　　B. 矩形　　　　　　　C. 菱形　　　　　　D. 三角形

70. 有三个关系 R、S 和 T 如下:

	R			S				T	
A	B	C		A	B	C		A	B	C
a	1	2		d	3	2		a	1	2
b	2	1						b	2	1
c	3	1						c	3	1
								d	3	2

其中关系 T 由关系 R 和 S 通过某种操作得到,该操作为（　　）。

A. 选择　　　　　　B. 投影　　　　　　C. 交　　　　　　　D. 并

71. 20GB 的硬盘表示容量约为（　　）。

A. 20 亿个字节　　　　　　　　　B. 20 亿个二进制位

C. 200 亿个字节　　　　　　　　 D. 200 亿个二进制位

72. 计算机安全是指计算机资产安全,即（　　）。

A. 计算机信息系统资源不受自然有害因素的威胁和危害

B. 信息资源不受自然和人为有害因素的威胁和危害

C. 计算机硬件系统不受人为有害因素的威胁和危害

D. 计算机信息系统资源和信息资源不受自然和人为有害因素的威胁和危害

73. 下列设备组中,完全属于计算机输出设备的一组是（　　）。

A. 喷墨打印机,显示器,键盘

B. 激光打印机,键盘,鼠标器

C. 键盘,鼠标器,扫描仪

D. 打印机,绘图仪,显示器

74. 计算机软件的确切含义是（　　）。

A. 计算机程序、数据与相应文档的总称

B. 系统软件与应用软件的总和

C. 操作系统、数据库管理软件与应用软件的总和

D. 各类应用软件的总称

75. 用高级程序设计语言编写的程序(　　　)。

A. 计算机能直接执行

B. 具有良好的可读性和可移植性

C. 执行效率高

D. 依赖于具体机器

76. 运算器的完整功能是进行(　　　)。

A. 逻辑运算

B. 算术运算和逻辑运算

C. 算术运算

D. 逻辑运算和微积分运算

77. 以太网的拓扑结构是(　　　)。

A. 星型　　　　　　　B. 总线型　　　　　　C. 环型　　　　　　　D. 树型

78. 上网需要在计算机上安装(　　　)。

A. 数据库管理软件　　　　　　　　　B. 视频播放软件

C. 浏览器软件　　　　　　　　　　　D. 网络游戏软件

附录 D 信息处理技术员考试题

一、选择题

1. 世界上首先实现存储程序的电子数字计算机是（   ）。

A. ENIAC   B. UNIVAC   C. EDVAC   D. EDSAC

2. 世界上第一台电子数字计算机研制成的时间是（   ）。

A. 1946 年   B. 1947 年   C. 1951 年   D. 1952 年

3. 最早的计算机是用来进行（   ）的。

A. 科学计算   B. 系统仿真   C. 自动控制   D. 信息处理

4. 计算机科学的奠基人是（   ）。

A. 查尔斯. 巴贝奇   B. 图灵   C. 阿塔诺索夫   D. 冯. 诺依曼

5. 世界上首次提出存储程序计算机体系结构的是（   ）。

A. 艾仑·图灵   B. 冯·诺依曼   C. 莫奇莱   D. 比尔·盖茨

6. 冯·诺依曼提出的计算机工作原理为（   ）。

A. 存储程序控制   B. 布尔代数   C. 开关电路   D. 二进制码

7. 计算机所具有的存储程序和程序原理是（   ）提出的。

A. 图灵   B. 布尔   C. 冯·诺依曼   D. 爱因斯坦

8. 电子计算机技术在半个世纪中虽有很大进步,但至今其运行仍遵循着一位科学家提出的基本原理。他就是（   ）。

A. 牛顿   B. 爱因斯坦   C. 爱迪生   D. 冯·诺依曼

9. 1946 年世界上有了第一台电子数字计算机,奠定了至今仍然在使用的计算机（   ）。

A. 外形结构   B. 总线结构   C. 存取结构   D. 体系结构

10. 在计算机应用领域里,(   )是其最广泛的应用方面。

A. 过程控制   B. 科学计算   C. 数据处理   D. 计算机辅助系统

11. 用计算机进行情报检索,属于计算机应用中的（   ）。

A. 科学计算   B. 实时控制   C. 信息处理   D. 人工智能

12. 最能准确反映计算机的主要功能的说法是（   ）。

A. 代替人的脑力劳动   B. 存储大量信息

C. 信息处理机   D. 高速度运算

13. 1946 年第一台计算机问世以来,计算机的发展经历了 4 个时代,它们是（   ）。

A. 低档计算机、中档计算机、高档计算机、手提计算机

B. 微型计算机、小型计算机、中型计算机、大型计算机

C. 组装机、兼容机、品牌机、原装机

D. 电子管计算机、晶体管计算机、小规模集成电路计算机、大规模及超大规模集成电路

计算机

14. 采用大规模或超大规模集成电路的计算机属于(　　　)计算机。

A. 第一代　　　　　B. 第二代　　　　　C. 第三代　　　　　D. 第四代

15. 采用电子管的计算机属于(　　　)计算机。

A. 第一代　　　　　B. 第二代　　　　　C. 第三代　　　　　D. 第四代

16. 采用晶体管的计算机属于(　　　)计算机。

A. 第一代　　　　　B. 第二代　　　　　C. 第三代　　　　　D. 第四代

17. 采用小规模集成电路的计算机属于(　　　)计算机。

A. 第一代　　　　　B. 第二代　　　　　C. 第三代　　　　　D. 第四代

18. 目前,制造计算机所用的电子器件是(　　　)。

A. 电子管

C. 集成电路

B. 晶体管

D. 大规模集成电路与超大规模集成电路

19. 第三代计算机所用的电子器件是(　　　)。

A. 电子管

C. 集成电路

B. 晶体管

D. 大规模集成电路与超大规模集成电路

20. 制造第二代计算机所用的电子器件是(　　　)。

A. 电子管

C. 集成电路

B. 晶体管

D. 大规模集成电路与超大规模集成电路

21. 制造第一代计算机所用的电子器件是(　　　)。

A. 电子管

C. 集成电路

B. 晶体管

D. 大规模集成电路与超大规模集成电路

22. 计算机按照规模、处理能力、运算速度、存储容量可分为(　　　)。

A. 巨型机、大型机

C. 微型机、图形工作站

B. 中型机、小型机

D. 以上都是

23. 以下属于第四代微处理器的是(　　　)。

A. Intel8008　　　　B. Intel8085　　　　C. Intel8086　　　　D. Intel80386/486/586

24. Pentium IV 处理器属于(　　　)处理器。

A. 第一代　　　　　B. 第三代　　　　　C. 第四代　　　　　D. 第五代

25. 计算机能够自动、准确、快速地按照人们的意图进行运行的最基本思想是(　　　)。

A. 采用超大规模集成电路　　　　　B. 采用 CPU 作为中央核心部件

C. 采用操作系统　　　　　　　　　D. 存储程序和程序控制

26. 计算机工作最重要的特征是(　　　)。

A. 高速度

C. 存储程序和程序控制

B. 高精度

D. 记忆力强

27. 计算机硬件能直接识别和执行的只有(　　　)。

A. 高级语言　　　　B. 符号语言　　　　C. 汇编语言　　　　D. 机器语言

28. 下列诸因素中,对微机工作影响最小的是(　　　)。

A. 尘土　　　　　　B. 噪声　　　　　　C. 温度　　　　　　D. 湿度

29. 我们把计算机硬件系统和软件系统总称为(　　　)。

A. 计算机 CPU　　　B. 固件　　　　　　C. 计算机系统　　　D. 微处理机

30. IBM-PC 机的 PC 含义是指(　　　)。

A. 计算机的型号　　　B. 个人计算机　　　C. 小型计算机　　　D. 兼容机

31. 下面叙述中错误的是(　　)。

A. 计算机要经常使用,不要长期闲置

B. 为了延长计算机的寿命,应避免频繁开关计算机

C. 在计算机附近应避免磁场干扰

D. 计算机用几个小时后,应关机一会儿再用

32. 计算机业界最初的硬件巨头"蓝色巨人"指的是(　　)。

A. IBM　　　B. Microsoft　　　C. 联想　　　D. Sun

33. 办公自动化是 20 世纪 70 年代中期在发达国家迅速兴起的一门综合性技术,目前在各行各业都得到广泛应用。办公自动化的缩写标志是:(　　)

A. OIS　　　B. MIS　　　C. DSS　　　D. OA

34. 实施电子政务的起始阶段是以广泛采用现代办公手段实现(　　)和大力提高行政效率为主要特征的。

A. 信息共享化　　　B. 办公自动化　　　C. 政府信息化　　　D. 社会信息化

35. 电子政务工程的实施,可以在很大程度上(　　)。

A. 实现资源共享　　　B. 降低行政成本　　　C. 节约管理成本　　　D. 以上都是

36. (　　)主要是在分布式计算环境中提供数据的保密性、完整性、用户身份鉴别和行为的不可抵赖等安全功能。

A. 特权管理基础设施　　　　　B. 公钥基础设施

C. 网络基础设施　　　　　D. DES 加密技术

37. 下列事件中,计算机不能实现的是(　　)。

A. 科学计算　　　B. 工业控制　　　C. 电子办公　　　D. 抽象思维

38. 网上漫游是指(　　)。

A. 网上拨打异地电话　　　　　B. 网上聊天

C. 网上看电影　　　　　D. 上网浏览各种信息

39. 第四媒体是指(　　)。

A. 报纸媒体　　　B. 网络媒体　　　C. 电视媒体　　　D. 广播媒体

40. 为了延长机器寿命、使用计算机时最好(　　)。

A. 用干净的棉布盖住显示器

B. 用干净的湿布给主机降温

C. 用棉布盖住机箱的各个能进灰尘的小孔

D. 不挡住显示器和主机箱上的孔

41. 电子计算机主要是以(　　)划分发展阶段的。

A. 集成电路　　　B. 电子元件　　　C. 电子管　　　D. 晶件管

42. CAD 是计算机的主要应用领域,它的含义是(　　)。

A. 计算机辅助教育　　　　　B. 计算机辅助测试

C. 计算机辅助设计　　　　　D. 计算机辅助管理

43. "计算机辅助(　　)"的英文缩写为 CAM。

A. 制造　　　B. 设计　　　C. 测试　　　D. 教学

44. 计算机辅助设计的英文缩写是(　　)。

A. CAD　　　B. CAM　　　C. CAE　　　D. CAT

45. 计算机辅助制造的英文缩写是(   )。

A. CAD   B. CAM   C. CAE   D. CAT

46. 冯·诺依曼计算机的基本原理是(   )。

A. 程序外接   B. 逻辑连接   C. 数据内置   D. 程序存储

47. 将高级程序设计语言源程序翻译成计算机可执行代码的软件称为(   )。

A. 汇编程序   B. 编译程序   C. 管理程序   D. 服务程序

48. 目前的计算机与过去的计算工具相比,所具有的特点有(   )。

A. 具有记忆功能,能够存储大量信息,可供用户随时检索和查询

B. 按照程序自动进行运算,完全取代人的脑力劳动

C. 具有逻辑判断能力,所以说计算机具有人的全部智能

D. 以上都对

49. CAM 英文缩写的意思是(   )。

A. 计算机辅助教学   B. 计算机辅助制造

C. 计算机辅助设计   D. 计算机辅助测试

50. 个人计算机属于(   )。

A. 小巨型机   B. 中型机   C. 小型机   D. 微机

51. 多媒体技术是(   )。

A. 一种图像和图形处理技术

B. 文本和图形处理技术

C. 超文本处理技术

D. 计算机技术、电视技术和通信技术相结合的综合技术

52. 在计算机领域中,媒体是指(   )。

A. 各种数据的载体   B. 打印信息的载体

C. 各种信息和数据的编码   D. 表示和传播信息的载体

53. 当前,在计算机应用方面已进入以(   )为特征的时代。

A. 并行处理技术   B. 分布式系统   C. 微型计算机   D. 计算机网络

54. 计算机之所以能实现自动连续运算,是由于采用了(   )原理。

A. 布尔逻辑   B. 存储程序   C. 数字电路   D. 集成电路

55. 微型计算机中使用的人事档案管理系统,属下列计算机应用中的(   )。

A. 人工智能   B. 专家系统   C. 信息管理   D. 科学计算

56. 下列四条叙述中,有错误的一条是(   )。

A. 两个或两个以上的系统交换信息的能力称为兼容性

B. 当软件所处环境(硬件/支持软件)发生变化时,这个软件还能发挥原有的功能,则称该软件为兼容软件

C. 不需调整或仅需少量调整即可用于多种系统的硬件部件,称为兼容硬件

D. 著名计算机厂家生产的计算机称为兼容机

57. 计算机最主要的工作特点是(   )。

A. 高速度   B. 高精度

C. 存储记忆能力   D. 存储程序和程序控制

58. 目前微型计算机中采用的逻辑元件是(   )。

A. 小规模集成电路   B. 中规模集成电路

C.大规模和超大规模集成电路　　　　D.分立元件

59. 某单位自行开发的工资管理系统,按计算机应用的类型划分,它属于(　　)。

A.科学计算　　　B.辅助设计　　　C.数据处理　　　D.实时控制

60. 世界上不同型号的计算机的工作原理是(　　)。

A.程序设计　　　　　　　　　　　B.程序控制

C.存储程序和程序控制　　　　　　D.存储程序

61. 用计算机进行资料检索工作,是属于计算机应用中的(　　)。

A.科学计算　　　B.数据处理　　　C.实时控制　　　D.人工智能

62. 结构化程序设计的三种基本控制结构是(　　)。

A.顺序、选择和转向　　　　　　　B.层次、网状和循环

C.模块、选择和循环　　　　　　　D.顺序、循环和选择

63. 下列叙述中错误的是(　　)。

A.微型计算机避免置于强磁场中

B.微型计算机使用时间不宜过长,应隔几个小时关一次机

C.微型计算机应避免频繁关开,以延长使用寿命

D.微型计算机应经常使用,不宜长期闲置不用

64. 下面关于多媒体系统的描述中,(　　)是不正确的。

A.多媒体系统是对文字、声音、图形、活动图像等信息及资源进行管理的系统

B.多媒体系统的最关键的技术是数据压缩和解压缩

C.多媒体系统只能在微型计算机上运行

D.多媒体系统也是一种多任务系统

65. 计算机与其他工具和人类自身相比,具有(　　)等主要特点。

A.速度快、精度高、通用性

B.速度快、自动化、专门化

C.精度高、小型化、网络化

D.以上全是

66. 保障信息安全最基本、最核心的技术措施是(　　)。

A.信息加密技术　　　　　　　　　B.信息确认技术

C.网络控制技术　　　　　　　　　D.反病毒技术

67. 信息安全需求包括(　　)。

A.保密性、完整性　　　　　　　　B.可用性、可控性

C.不可否认性　　　　　　　　　　D.以上皆是

68. 信息安全服务包括(　　)。

A.机密性服务　　　　　　　　　　B.完整性服务

C.可用性服务和可审性服务　　　　D.以上皆是

69. 当前气象预报已广泛采用数值预报方法,这种预报方法会涉及计算机应用中的(　　)。

A.科学计算和数据处理　　　　　　B.科学计算与辅助设计

C.科学计算和过程控制　　　　　　D.数据处理和辅助设计

70. 计算机安全包括(　　)。

A.操作安全　　　B.物理安全　　　C.病毒防护　　　D.以上皆是

71. 属于计算机犯罪的是(　　　)。

A. 非法截取信息、窃取各种情报

B. 复制与传播计算机病毒、黄色影像制品和其他非法活动

C. 借助计算机技术伪造篡改信息、进行诈骗及其他非法活动

D. 以上皆是

72. 计算机病毒不能通过(　　　)传播。

A. 键盘　　　　　　B. 磁盘　　　　　　C. 电子邮件　　　　　　D. 光盘

73. 计算机病毒产生的原因是(　　　)。

A. 生物病毒传染　　　B. 人为因素　　　C. 电磁干扰　　　D. 硬件性能变化

74. 计算机病毒的危害性是(　　　)。

A. 使计算机突然断电　　　　　　　　B. 破坏计算机的显示器

C. 使硬盘霉变　　　　　　　　　　　D. 破坏计算机软件系统或文件

75. 计算机模拟人脑学习、记忆等是属于(　　　)方面的应用。

A. 科学计算　　　　　B. 数据处理　　　　C. 人工智能　　　D. 过程控制

76. 多媒体技术的基本特征是(　　　)。

A. 使用光盘驱动器作为主要工具

B. 有处理文字、声音、图像的能力

C. 有处理文稿的能力

D. 使用显示器作为主要工具

77. 当前世界上计算机用途中,(　　　)领域的应用比例最大。

A. 科学计算　　　　　B. 数据处理　　　　C. 过程控制　　　D. 辅助工程

78. 目前计算机应用领域可大致分为三个方面,即(　　　)。

A. CAI、专家系统、人工智能

B. 工程设计、CAI、文字处理

C. 实时控制、科学计算、数据处理

D. 数据分析、人工智能、计算机网络

79. 下面(　　　)不属于计算机应用领域中人工智能的范畴。

A. 计算机博弈　　　B. 专家系统　　　C. 机器人控制　　　D. 计算机辅助教学

80. 目前一个好的防病毒软件的作用是(　　　)。

A. 检查计算机是否染有病毒,消除已感染的任何病毒

B. 杜绝病毒对计算机的感染

C. 查处计算机已感染的任何病毒,消除其中的一部分

D. 检查计算机是否染有病毒,清除已感染的部分病毒

81. 计算机病毒对于操作计算机的人(　　　)。

A. 只会感染,不会致病

B. 会感染致病,但无严重危害

C. 不会感染

D. 产生的作用尚不清楚

82. 下面是有关计算机病毒的说法,其中(　　　)不正确。

A. 计算机病毒有引导型病毒、文件型病毒、复合型病毒等

B. 计算机病毒中也有良性病毒

C.计算机病毒实际上是一种计算机程序

D.计算机病毒是由于程序的错误编制而产生的

83. 下面关于计算机病毒的说法,( )不正确。

A.计算机病毒能够实现自身复制

B.计算机病毒可以通过计算机网络传播

C.计算机病毒不会损坏硬件

D.计算机病毒会损坏计算机中的程序和数据

84. 下面说法不正确的是( )。

A.计算机高速度、高精度实现了信息处理的高效率、高质量

B.计算机进行信息处理使得人与人之间不容易沟通与交流

C.计算机的多媒体技术扩大了计算机进行信息处理的领域

D.计算机的强大存储能力使得信息可长期保存和反复使用

85. 对微型计算机的说法不正确的是( )。

A.微型计算机就是体积最小的计算机

B.微型计算机是指以微处理器为核心,配以存储器、输入输出接口和各种总线所构成的总体

C.普通的微型计算机由主机箱、键盘、显示器和各种输入输出设备组成

D.微型计算机的各功能部件通过大规模集成电路技术将所有逻辑部件都集成在一块或几块芯片上

86. 计算机病毒是指( )。

A.能传染给用户的磁盘病毒　　　　B.已感染病毒的磁盘

C.具有破坏性的特制程序　　　　　D.已感染病毒的程序

87. 计算机病毒破坏的主要对象是( )。

A.CPU　　　　B.磁盘驱动器　　　C.程序和数据　　　D.磁盘片

88. 从本质上讲,计算机病毒是一种( )。

A.细菌　　　　B.文本　　　　C.程序　　　　D.微生物

89. 计算机病毒的特点是( )。

A.传播性、潜伏性、易读性与隐蔽性

B.破坏性、传播性、潜伏性与安全性

C.传播性、潜伏性、破坏性与隐蔽性

D.传播性、潜伏性、破坏性与易读性

90. 计算机病毒具有隐蔽性、潜伏性、传播性、激发性和( )。

A.入侵性　　　B.可扩散性　　　C.恶作剧性　　　D.破坏性和危害性

91. 目前,计算机病毒扩散最快的途径是( )。

A.通过软件复制　B.通过网络传播　C.通过磁盘拷贝　D.运行游戏软件

92. 下列四项中,不属于计算机病毒特征的是( )。

A.潜伏性　　　B.传染性　　　C.激发性　　　D.免疫性

93. 目前使用的防病毒软件的作用是( )。

A.查出任何已感染的病毒　　　　B.查出并清除任何病毒

C.清除已感染的任何病毒　　　　D.查出已知名的病毒,清除部分病毒

94. CAD是英文 computer aided design 的缩写,称( )。

A. 计算机辅助设计   B. 计算机辅助制造

C. 计算机辅助数学   D. 计算机辅助绘制

95. CAM 缩写词称( )。

A. 计算机辅助设计   B. 计算机辅助制造   C. 计算机辅助教学   D. 计算机辅助测绘

96. ASCII 编码占用的字节长度是( ),最高 1 位不用。

A. 1 个字节   B. 2 个字节   C. 3 个字节   D. 4 个字节

97. 微型计算机中使用的关系数据库,就应用领域而言,属于( )

A. 科学计算   B. 实时控制   C. 数据处理   D. 计算机辅助设计

98. 计算机能直接执行的指令包括两部分,它们是( )。

A. 源操作数与目标操作数   B. 操作码与操作数

C. ASCII 码与汉字代码   D. 数字与字符

99. 下面不是现代计算机特点的是( )。

A. 处理速度快   B. 运算精度高   C. 自动信息处理   D. 具有人的思维

100. 工业上的自动机床属于( )。

A. 科学计算方面的计算机应用   B. 过程控制方面的计算机应用

C. 数据处理方面的计算机应用   D. 辅助设计方面的计算机应用

101. 在计算机领域中,媒体是指( )。

A. 各种信息的编码   B. 计算机的输入输出信息

C. 计算机屏幕显示的信息   D. 表示和传播信息的载体

102. 计算机病毒是可以造成计算机故障的( )。

A. 一种微生物   B. 一种特殊的程序

C. 一块特殊芯片   D. 一个程序逻辑错误

103. 不同的计算机,其指令系统也不相同,这主要取决于( )。

A. 所用的操作系统   B. 系统的总体结构

C. 所用的 CPU   D. 所用的程序设计语言

104. 多媒体计算机是指( )。

A. 具有多种外部设备的计算机   B. 能与多种电器连接的计算机

C. 能处理多种媒体的计算机   D. 借助多种媒体操作的计算机

105. 计算机用于解决科学研究与工程计算中的数学问题,称为( )。

A. 数值计算   B. 数学建模   C. 数据处理   D. 自动控制

106. ( )的特点是处理的信息数据量比较大而数值计算并不十分复杂。

A. 工程计算   B. 数据处理   C. 自动控制   D. 实时控制

107. 计算机病毒具有( )。

A. 传播性、潜伏性、破坏性   B. 传播性、破坏性、易读性

C. 潜伏性、破坏性、易读性   D. 传播性、潜伏性、安全性

108. 目前使用的计算机防病毒软件的作用是( )。

A. 清除已感染的任何病毒   B. 查出已感染的任何病毒

C. 查出并清除任何病毒   D. 查出并清除已知病毒

109. 计算机采用二进制不是因为( )。

A. 物理上容易实现   B. 规则简单

C. 逻辑性强   D. 人们的习惯

110. 在计算机中采用二进制,是因为(　　)。

A. 物理上具有两种状态的器件比较多,二进制状态比较容易实现

B. 两个状态的系统具有稳定性

C. 二进制的运算法则简单

D. 上述三个原因

111. 在计算机中,常用的数制是(　　)。

A. 二进制　　　　　　B. 八进制　　　　　　C. 十进制　　　　　　D. 十六进制

112. 计算机中的所有信息都是以(　　)的形式存储在机器内部的。

A. 字符　　　　　　　B. 二进制编码　　　　C. BCD 码　　　　　　D. ASCII 码

113. 在计算机内,多媒体数据最终是以(　　)形式存在的。

A. 二进制代码　　　　B. 特殊的压缩码　　　C. 模拟数据　　　　　D. 图形

114. 计算机中数据的表示形式是(　　)。

A. 八进制　　　　　　B. 十进制　　　　　　C. 二进制　　　　　　D. 十六进制

115. 在微机中,bit 的中文含义是(　　)。

A. 二进制位　　　　　B. 双字　　　　　　　C. 字节　　　　　　　D. 字

116. 下列数据中,值最小的数是(　　)。

A. 二进制数 100　　　B. 八进制数 100　　　C. 十进制数 100　　　D. 十六进制数 100

117. 下列四个不同数制表示的数中,数值最大的是(　　)。

A. 二进制数 11011101　　　　　　　　　B. 八进制数 334

C. 十进制数 219　　　　　　　　　　　　D. 十六进制数 DA

118. 为了避免混淆,十六进制数在书写时常在后面加字母(　　)。

A. H　　　　　　　　B. O　　　　　　　　C. D　　　　　　　　D. B

119. 为了避免混淆,八进制数在书写时常在后面加字母(　　)。

A. H　　　　　　　　B. O　　　　　　　　C. D　　　　　　　　D. B

120. 为了避免混淆,十进制数在书写时常在后面加字母(　　)。

A. H　　　　　　　　B. O　　　　　　　　C. D　　　　　　　　D. B

121. 在计算机系统中,存储一个 ASCII 码所需要的字节数为(　　)。

A. 1　　　　　　　　B. 2　　　　　　　　C. 3　　　　　　　　D. 4

122. 在计算机系统中,存储一个汉字的国标码所需要的字节数为(　　)。

A. 1　　　　　　　　B. 2　　　　　　　　C. 3　　　　　　　　D. 4

123. 十进制数 127 转换成二进制数是(　　)。

A. 11111111　　　　B. 01111111　　　　C. 10000000　　　　D. 11111110

124. 十进制数 1024 转换成二进制数是(　　)。

A. 100　　　　　　　B. 1000000　　　　　C. 1000000000　　　　D. 10000000000

125. 十进制整数 100 转换为二进制数是(　　)。

A. 1100100　　　　　B. 1101000　　　　　C. 1100010　　　　　D. 1110100

126. 下列各无符号十进制整数中,能用八位进制表示的是(　　)。

A. 296　　　　　　　B. 333　　　　　　　C. 256　　　　　　　D. 199

127. 用 8 位无符号二进制数能表示的最大十进制数为(　　)。

A. 127　　　　　　　B. 128　　　　　　　C. 255　　　　　　　D. 256

128. 用一个字节最多能编出(　　)不同的码。

A. 8 个   B. 16 个   C. 128 个   D. 256 个

129. 十六进制数常在其后面加上一个大写字母 H 以示区别,那么 100H 转换为十进制数应该是(   )。

A. 255   B. 256   C. 512   D. 1600

130. N 位二进制能表示的最大整数是(   )。

A. 2 的 N 次方   B. 2 的 N 次方减去 1

C. 10 的 N 次方   D. 10 的 N 次方减去 1

131. N 位二进制数最多能表示(   )个数字。

A. 2 的 N 次方   B. 2 的 N 次方减去 1

C. 10 的 N 次方   D. 10 的 N 次方减去 1

132. 计算机中字节是常用单位,它的英文名字是(   )。

A. Bit   B. byte   C. bout   D. baut

133. 下列不能用作存储容量单位的是(   )。

A. Byte   B. MIPS   C. KB   D. GB

134. 计算机存储和处理数据的基本单位是(   )。

A. bit   B. Byte   C. GB   D. KB

135. 1 字节表示(   )位。

A. 1   B. 4   C. 8   D. 10

136. 1KB 表示(   )字节。

A. 2 的 10 次方   B. 2 的 20 次方   C. 10 的 6 次方   D. 10 的 3 次方

137. 1MB 表示(   )字节。

A. 2 的 10 次方   B. 2 的 20 次方   C. 10 的 6 次方   D. 10 的 3 次方

138. 1MB 等于(   )。

A. 1000 字节   B. 1024 字节

C. 1000×1000 字节   D. 1024×1024 字节

139. 1GB 表示(   )字节。

A. 2 的 10 次方   B. 2 的 20 次方   C. 2 的 30 次方   D. 2 的 40 次方

140. 1TB 表示(   )字节。

A. 2 的 10 次方   B. 2 的 20 次方   C. 2 的 30 次方   D. 2 的 40 次方

141. 下列描述中,正确的是(   )。

A. 1KB=1024×1024bytes   B. 1MB=1024×1024bytes

C. 1KB=1024MB   D. 1MB=1024bytes

142. 执行下列二进制数算术加运算 10101010+00101010,其结果是(   )。

A. 11010100   B. 11010010   C. 10101010   D. 00101010

143. 执行下列逻辑加运算(即逻辑或运算)10101010∨01001010,其结果是(   )。

A. 11110100   B. 11101010   C. 10001010   D. 11100000

144. 在描述信息传输中 bps 表示的是(   )。

A. 每秒传输的字节数   B. 每秒传输的指令数

C. 每秒传输的字数   D. 每秒传输的位数

145. 将十进制数 512 转换成二进制数,其值是(   )。

A. 1000000000   B. 1000000001   C. 100000000   D. 100000001

146. ASCII 是( )。

A. 条件码 B. 二十进制编码

C. 二进制码 D. 美国标准信息交换代码

147. 我们说某计算机的内存是 512MB,就是指它的容量为( )字节。

A. 512×1024×1024 B. 512×1000×1000

C. 512×1024 D. 512×1000

148. 在计算机中,1GB 表示( )。

A. 1024K 个字节 B. 1024K 个汉字 C. 1024M 个字节 D. 1024M 个汉字

149. 计算机所能辨认的最小信息单位是( )。

A. 位 B. 字节 C. 字 D. 字符串

150. 已知二进制码为 10000101,则其值用十进制表示为( )。

A. 131 B. 133 C. 135 D. 137

151. 计算机中常用的英文词 Byte,其中文意思是( )。

A. 位 B. 字 C. 字长 D. 字节

152. 二进制数 11 转换成十进制数是( )。

A. 1 B. 2 C. 3 D. 4

153. 下列哪个数不是二进制数?( )

A. 10 B. 11 C. 100 D. 123

154. ASCII 码是对( )进行编码的一种方案。

A. 字符 B. 汉字 C. 声音 D. 图形符号

155. 在微机中,存储容量为 5MB,指的是( )。

A. 5×1000×1000 个字节 B. 5×1000×1024 个字节

C. 5×1024×1000 个字节 D. 5×1024×1024 个字节

156. "32 位微型计算机"中的 32 是指( )。

A. 微机型号 B. 内存容量 C. 存储单位 D. 机器字长

157. 已知一补码为 10000101,则其真值用二进制表示为( )。

A. −000010 B. −1111010 C. −000000 D. −1111011

158. 计算机中,浮点数由两部分组成,它们是( )。

A. 整数部分和小数部分 B. 阶码部分和基数部分

C. 基数部分和尾数部分 D. 阶码部分和尾数部分

159. 某编码方案用 10 位二进制数对字符进行编码,最多可表示( )个字符。

A. 1024 B. 10 C. 128 D. 256

160. 十进制数(−123)的原码表示为( )。

A. 11111011 B. 10000100 C. 1000010 D. 01111011

161. 下列四个不同进制的无符号整数中,数值最小的是( )。

A. 10010010(B) B. 221(O) C. 147(D) D. 94(H)

162. 微处理器处理的数据基本单位为字。一个字的长度通常是( )。

A. 16 个二进制位 B. 32 个二进制位

C. 64 个二进制位 D. 与微处理器芯片的型号有关

163. 下列四个无符号十进制数中,能用八位二进制表示的是( )。

A. 256 B. 299 C. 199 D. 312

164. 信息是一种(　　)。

A. 资源　　　　　　B. 物质　　　　　　C. 能量　　　　　　D. 载体

165. 与十六进制数(AB)等值的二进制数是(　　)。

A. 10101010　　　　B. 10101011　　　　C. 10111010　　　　D. 10111011

166. 在微机上为了用二进制数码表示英文字母、符号、阿拉伯数字等,应用最广泛、具有国际标准的是(　　)。

A. 机内码　　　　　B. 补码　　　　　　C. ASCII 码　　　　D. BCD 码

167. 关于基本 ASCII 码在计算机中的表示方法准确的描述是(　　)。

A. 使用八位二进制数,最右边为 1

B. 使用八位二进制数,最左边为 1

C. 使用八位二进制数,最右边为 0

D. 使用八位二进制数,最左边为 0

168. 在一个无符号二进制整数的右边添加一个 0,所形成的数是原数的(　　)倍。

A. 4　　　　　　　　B. 2　　　　　　　　C. 8　　　　　　　　D. 16

169. 字符串"IBM"中的字母 B 存放在计算机内占用的二进制位个数是(　　)。

A. 8　　　　　　　　B. 4　　　　　　　　C. 2　　　　　　　　D. 1

170. 一个汉字和一个英文字符在微型机中存储时所占字节数的比值为(　　)。

A. 4∶1　　　　　　B. 2∶1　　　　　　C. 1∶1　　　　　　D. 1∶4

171. 任何进位计数制都有的两要素是(　　)。

A. 整数和小数　　　　　　　　B. 定点数和浮点数

C. 数码的个数和进位基数　　　D. 阶码和尾码

172. 在计算机内部表示正负数时,通常用(　　)表示正数。

A. ＋　　　　　　　　B. －　　　　　　　　C. 0　　　　　　　　D. 1

173. 在计算机内部表示正负数时,通常用(　　)表示负数。

A. ＋　　　　　　　　B. －　　　　　　　　C. 0　　　　　　　　D. 1

174. 1bit 能表示的数据大小是(　　)。

A. 2　　　　　　　　B. 0 或 1　　　　　　C. 4　　　　　　　　D. 8

175. 在 64 位高档微机中,一个字长所占的二进制位数为(　　)。

A. 8　　　　　　　　B. 16　　　　　　　　C. 32　　　　　　　　D. 64

176. 在 32 位计算机中,一个字长所占的字节数为(　　)。

A. 1　　　　　　　　B. 2　　　　　　　　C. 4　　　　　　　　D. 8

177. 若一台计算机的字长为 4 个字节,这意味着它(　　)。

A. 能处理的数值最大为 4 位十进制数 9999

B. 能处理的字符串最多为 4 个英文字母组成

C. 在 CPU 中作为一个整体加以传送处理的代码为 32 位

D. 在 CPU 中运行的结果最大为 2 的 32 次方

178. 计算机存储容量的基本单位是(　　)。

A. 赫兹　　　　　　B. 字节　　　　　　C. 位　　　　　　　D. 波特

179. 1KB 表示(　　)。

A. 1000 个二进制信息位　　　　B. 1024 个二进制信息位

C. 1000 个字节　　　　　　　　D. 1024 个字节

180. 十进制数 12.25 所对应的二进制数为（　　）。

A. 1011.01　　　　　B. 1101.01　　　　　C. 1011.10　　　　　D. 101.10

181. 与十六进制数（AB）等值的二进制数是（　　）。

A. 10111011　　　　B. 10111100　　　　C. 10101011　　　　D. 11001011

182. 在计算机中,存储容量 1GB 等于（　　）。

A. 1024B　　　　　B. 1024KB　　　　　C. 1024MB　　　　　D. 128MB

183. 一个完整的微型计算机系统应包括（　　）。

A. 主机、键盘、显示器、软盘　　　　　　B. 计算机及外部设备

C. 系统硬件和系统软件　　　　　　　　　D. 硬件系统和软件系统

184. "冯·诺依曼计算机"的体系结构主要分为（　　）五大部分。

A. 外部存储器、内部存储器、CPU、显示、打印

B. 输入、输出、运算器、控制器、存储器

C. 输入、输出、控制、存储、外设

D. 都不是

185. 以下叙述中,（　　）是正确的。

A. 操作系统是一种重要的应用软件

B. 外存中的信息,可以直接被 CPU 处理

C. 键盘是输入设备,显示器是输出设备

D. 计算机系统由 CPU、存储器和输入设备组成

186. 微型计算机的硬件系统包括（　　）。

A. 主机、键盘、电源和 CPU

B. 控制器、运算器、存储器、输入设备和输出设备

C. 主机、电源、CPU 和键盘

D. CPU、键盘、显示器和打印机

187. 计算机硬件系统是指（　　）。

A. 控制器,运算器　　　　　　　　　B. 存储器,控制器

C. 接口电路,I/O 设备　　　　　　　D. 包括 A、B、C

188. 计算机系统的标准输出设备是（　　）。

A. 光驱　　　　　　B. 软驱　　　　　　C. 硬盘　　　　　　D. 屏幕显示器

189. 下列设备中不能作为微型计算机的输入设备是（　　）。

A. 打印机　　　　　B. 鼠标　　　　　　C. 键盘　　　　　　D. 扫描仪

190. 绘图仪属于（　　）。

A. 输入设备　　　　B. 输出设备　　　　C. 外存储器　　　　D. 内存储器

191. 硬盘属于（　　）。

A. 输入设备　　　　B. 输出设备　　　　C. 外存储器　　　　D. 内存储器

192. 下列设备中不能作为微型计算机的输出设备的是（　　）。

A. 打印机　　　　　B. 显示器　　　　　C. 键盘　　　　　　D. 绘图仪

193. 在 Windows 支持下,用户操作计算机系统的基本工具是（　　）。

A. 键盘　　　　　　B. 鼠标器　　　　　C. 键盘和鼠标器　　D. 扫描仪

194. 用户常用的输出设备有（　　）。

A. 键盘、显示器　　　　　　　　　　B. 键盘、鼠标

C. 键盘、鼠标、扫描仪等　　　　　　　　D. 绘图仪、打印机

195. 下列设备中属于计算机外部设备的是(　　　)。

A. 运算器　　　　　B. 控制器　　　　　C. 主存储器　　　　D. CD-ROM

196. 微型计算机中必不可少的输入与输出设备是(　　　)。

A. 键盘与显示器　　　　　　　　　　　B. 鼠标与打印机

C. 显示器与打印机　　　　　　　　　　D. 键盘与打印机

197. 输入、输出装置以及外接的外存储器装置,统称为(　　　)。

A. CPU　　　　　　B. 控制器　　　　　C. 操作系统　　　　D. 外围设备

198. 下列设备中,属于输出设备的是(　　　)。

A. CD-ROM　　　　B. 显示器　　　　　C. 数码相机　　　　D. 扫描仪

199. 计算机的显示器和键盘分别属于(　　　)。

A. 输入设备和输出设备　　　　　　　　B. 主机和外设

C. 输出设备和输入设备　　　　　　　　D. 外部设备和输入设备

200. 对 PC 机,人们常提到的"Pentium""PentiumⅣ"指的是(　　　)。

A. 存储器　　　　　B. 内存品牌　　　　C. 主板型号　　　　D. CPU 类型

201. CPU 的中文含义是(　　　)。

A. 中央处理器　　　B. 计算机　　　　　C. 不间断电源　　　D. 算术部件

202. CPU 主要由运算器和(　　　)组成。

A. 控制器　　　　　B. 存储器　　　　　C. 寄存器　　　　　D. 编辑器

203. 组成计算机的 CPU 的两大部件是(　　　)。

A. 运算器和控制器　　　　　　　　　　B. 控制器和寄存器

C. 运算器和内存　　　　　　　　　　　D. 控制器和内存

204. CPU 是计算机的"脑",它是由(　　　)组成的。

A. 线路和程序　　　　　　　　　　　　B. 固化软件的芯片

C. 运算器、控制器和一些寄存器　　　　D. 线路控制器

205. 目前个人电脑市场中,处理器的主要生产厂家是(　　　)。

A. 联想、方正等　　B. HP 等　　　　　C. Intel、AMD 等　　D. Pentium

206. 计算机的档次级别主要取决于(　　　)。

A. 主板　　　　　　B. 内存　　　　　　C. CPU　　　　　　D. 硬盘

207. 下列(　　　)为衡量微型计算机性能的主要指标。

A. 所用操作系统的类型　　　　　　　　B. 字长

C. 微处理器的型号　　　　　　　　　　D. 所用的电子元件

208. 微机硬件系统中最核心的部件是(　　　)。

A. 内存储器　　　　B. 输入输出设备　　C. CPU　　　　　　D. 硬盘

209. 用 MIPS(每秒百万条指令)来衡量的计算机性能指标是(　　　)。

A. 传输速率　　　　B. 存储容量　　　　C. 字长　　　　　　D. 运算速度

210. 某计算机 CPU 上标明"P42.4G",其中 2.4G 指的是(　　　)。

A. 内存的容量　　　　　　　　　　　　B. CPU 的序号

C. CPU 的时钟频率　　　　　　　　　　D. CPU 的大小

211. 人们常说的 Celeron、Pentium4、Athlon XP 等是指(　　　)的类型。

A. 内存储器　　　　B. 中央处理器　　　C. 显示器　　　　　D. 鼠标器

212. 下列不属于同一概念的是(　　)。

A. 中央处理器　　　B. 算术逻辑单元　　　C. 运算器　　　　　D. ALU

213. ALU 是指(　　)。

A. 中央处理器　　　B. 算术逻辑单元　　　C. 存储器　　　　　D. 控制器

214. 计算机要处理磁盘上的文件时,应先将文件内容读到(　　)中。

A. CPU　　　　　　B. 寄存器　　　　　　C. 内存储器　　　　D. 控制器

215. 人们通常说的扩大计算机的内存,指的是(　　)。

A. ROM　　　　　　B. CMOS　　　　　　C. CPU　　　　　　D. RAM

216. 微型计算机的内存容量主要指(　　)的容量。

A. RAM　　　　　　B. ROM　　　　　　C. CMOS　　　　　D. CACHE

217. RAM 是内存的主要组成部分,机器工作时存有大量的信息,计算机一旦断电,其系统信息(　　)。

A. 自动保存　　　　　　　　　　　B. 保存一部分

C. 写入 ROM　　　　　　　　　　 D. 全部丢失不能恢复

218. 下列存储器中,存取速度最快的是(　　)。

A. 软盘　　　　　　B. 硬盘　　　　　　C. 光盘　　　　　　D. 内存

219. 存储系统中的 RAM 是指(　　)。

A. 可编程只读存储器　　　　　　 B. 随机存取存储器

C. 只读存储器　　　　　　　　　 D. 动态随机存储器

220. RAM 中的信息是(　　)。

A. 生产厂家预先写入的　　　　　 B. 计算机工作时随机写入的

C. 防止计算机病毒侵入所使用的　 D. 专门用于计算机开机时自检的

221. SRAM 存储器是(　　)。

A. 静态随机存储器　　　　　　　 B. 静态只读存储器

C. 动态随机存储器　　　　　　　 D. 动态只读存储器

222. DRAM 存储器是(　　)。

A. 静态随机存储器　　　　　　　 B. 静态只读存储器

C. 动态随机存储器　　　　　　　 D. 动态只读存储器

223. RAM 属于(　　)。

A. 只读存储器　　　B. 光存储器　　　　C. 外存储器　　　　D. 内存储器

224. 要使用外存储器中的信息,应先将其调入(　　)。

A. 控制器　　　　　B. 运算器　　　　　C. 微处理器　　　　D. 内存储器

225. 主存储器的基本存储单位是(　　)。

A. 二进制位(bit)　　　　　　　　 B. 字节(byte)

C. 字符(character)　　　　　　　　D. 字(word)

226. 下列说法中,正确的是(　　)。

A. 内存数据存取速度比外存慢　　 B. 计算机病毒并不能对硬件造成损害

C. 1MB=1024KB　　　　　　　　　D. 硬盘是硬件,软盘是软件

227. 下列叙述中,错误的是(　　)。

A. 把数据从内存传输到硬盘叫写盘

B. 把源程序转换为目标程序的过程叫编译

C.应用软件对操作系统没有任何要求

D.计算机内部对数据的传输、存储和处理都使用二进制

228. 将计算机的内存储器与外存储器相比,内存的主要特点之一是(　　)。

A.价格更便宜　　　　　　　　B.存储容量更大

C.存取速度快　　　　　　　　D.价格虽贵但容量大

229. 断电时计算机(　　)中的信息会丢失。

A.软盘　　　　B.硬盘　　　　C.RAM　　　　D.ROM

230. 在微型计算机中,内存储器通常采用(　　)。

A.光存储器　　　B.磁表面存储器　　　C.半导体存储器　　　D.磁芯存储器

231. 微机工作过程中突然断电,内存中的数据(　　)。

A.全部丢失　　　B.部分丢失　　　C.不能丢失　　　D.以上都正确

232. ROM 是 read only memory 的缩写,其特点是(　　)。

A.每次开机时写入信息　　　　　　B.每次关机时写入信息

C.每次关机后信息消失　　　　　　D.每次关机后信息依然存在

233. 用户通过(　　)可进行计算机硬件系统的信息配置,认可后一旦存入,每次开机时可自动读入。

A.ROM　　　B.CMOS　　　C.CPU　　　D.硬盘

234. ROM 是只读存储器,固化有开机必读的例行程序,关机时(　　)。

A.信息自动消失　　　　　　B.不会消失

C.消失后自行恢复　　　　　　D.用户可以随时改写

235. 外存(　　)被 CPU 直接访问。

A.不能　　　B.能　　　C.有可能　　　D.基本能

236. 主存储器与外存储器的主要区别为(　　)。

A.主存储器容量小,速度快,价格高,而外存储器容量大,速度慢,价格低

B.主存储器容量小,速度慢,价格低,而外存储器容量大,速度快,价格高

C.主存储器容量大,速度快,价格高,而外存储器容量小,速度慢,价格低

D.一个在计算机里,一个在计算机外

237. 计算机多层次存储体系结构中存储容量最大的部分是(　　)。

A.内存储器　　　B.硬盘　　　C.光盘　　　D.Cache

238. 微机系统中存取容量最大的部件是(　　)。

A.硬盘　　　B.主存储器　　　C.高速缓存器　　　D.软盘

239. 硬盘属于(　　)。

A.只读存储器　　　B.光存储器　　　C.外存储器　　　D.内存储器

240. 硬盘是基于(　　)的存储器。

A.电磁原理　　　B.光电原理　　　C.半导体器件　　　D.以上都不是

241. U 盘属于(　　)。

A.只读存储器　　　B.光存储器　　　C.外存储器　　　D.内存储器

242. 计算机硬盘正在工作时应特别注意避免(　　)。

A.噪声　　　B.震动　　　C.潮湿　　　D.日光

243. 在计算机的日常维护中,对磁盘应定期进行碎片整理,其目的是(　　)。

A.提高计算机的读写速度　　　　　　B.防止数据丢失

C. 增加磁盘可用空间　　　　　　　　D. 提高磁盘的利用率

244. 软盘和硬盘属于(　　)。

A. 缓存　　　　　　B. 外存　　　　　　C. 内存　　　　　　D. ROM

245. 要使计算机能播放出声音信息,必须要在主板上安装(　　)硬件。

A. 光驱　　　　　　B. 耳机或喇叭　　　C. 声卡　　　　　　D. 大硬盘

246. 要想把自己的计算机和另外的几台计算机或更多的计算机组成的局域网连接起来,必须要安装硬件(　　)。

A. 调制解调器　　　B. 电话线　　　　　C. 2 个硬盘　　　　D. 网卡

247. 要使用电话线上网,计算机系统中必须要有(　　)。

A. 声卡　　　　　　B. 网卡　　　　　　C. 电话机　　　　　D. Modem 调制解调器

248. 局域网中的计算机为了相互通信,必须安装(　　)。

A. 调制解调器　　　B. 网卡　　　　　　C. 声卡　　　　　　D. 电视卡

249. 个人用户通过电话线上网需要有计算机、用户账号和口令,以及(　　)。

A. 调制解调器　　　B. 录像机　　　　　C. 投影仪　　　　　D. 交换机

250. 连到局域网上的结点计算机必须要安装(　　)硬件。

A. 调制解调器　　　B. 交换机　　　　　C. 集线器　　　　　D. 网络适配卡

251. 计算机用户通过电话线上网,一般需要在计算机中安装(　　)。

A. 调制解调器　　　B. 交换机　　　　　C. 集线器　　　　　D. 网络适配卡

252. UPS 是指(　　)。

A. 大功率稳压电源　　　　　　　　　　B. 不间断电源

C. 用户处理系统　　　　　　　　　　　D. 联合处理系统

253. 打印机按其工作原理可分为击打式和非击打式,(　　)属于击打式。

A. 喷墨打印机　　　　　　　　　　　　B. 激光打印机

C. 针式打印机　　　　　　　　　　　　D. 喷墨打印机和激光打印机

254. 具有多媒体功能的微型计算机系统中,常用的 CD-ROM 是(　　)。

A. 只读型大容量软盘　　　　　　　　　B. 只读型光盘

C. 只读型硬盘　　　　　　　　　　　　D. 半导体只读存储器

255. 调制解调器(Modem)的作用是(　　)。

A. 将计算机的数字信号转换成模拟信号,以便发送

B. 将模拟信号转换成计算机的数字信号,以便接收

C. 将计算机数字信号与模拟信号互相转换,以便传输

D. 为了上网与接电话两不误

256. 在计算机中,CRT 是指(　　)。

A. 终端　　　　　　B. 显示器　　　　　C. 控制器　　　　　D. 键盘

257. 在计算机中,LCD 是指(　　)。

A. 终端　　　　　　B. 显示器　　　　　C. 控制器　　　　　D. 键盘

258. 显示器的一个主要技术指标是分辨率,要能显示出正常的视频图像,分辨率至少在(　　)之上。

A. 640×480　　　　B. 800×600　　　　C. 1024×768　　　　D. 无所谓

259. 通用串行总线(USB)与即插即用完全兼容,添加 USB 外设后(　　)。

A. 要重新启动计算机　　　　　　　　　B. 可以不必重新启动计算机

C. 要先关闭电源 　　　　　　　　　　D. 注意不可再带电插拔该外部设备

260. 计算机的三类总线中,不包括(　　)。

A. 控制总线　　　　B. 地址总线　　　　C. 传输总线　　　　D. 数据总线

261. 在计算机上插 U 盘的接口通常是(　　)标准接口。

A. UPS　　　　B. USP　　　　C. UBS　　　　D. USB

262. 计算机的运行速度在很大程度上是取决于下面哪些硬件的组合性能?(　　)

A. CPU、内存条、主板　　　　　　　　B. 内存条、主板、声卡

C. 网卡、内存条、主板　　　　　　　　D. 显示器、内存条、主板

263. 个人计算机的硬盘驱动器(　　)。

A. 由于全密封在金属壳内,故抗震性能很好、不易损坏

B. 全密封在金属壳内,计算机病毒不容易侵入

C. 耐震性能较差,最好不要受到强的冲击

D. 只要它的金属外壳完好,一般不会损坏

264. 内存中用来永久存储系统软件的只读存储器,称为(　　)。

A. CPU　　　　B. CD-ROM　　　　C. RAM　　　　D. ROM

265. 计算机内进行算术与逻辑运算的功能部件是(　　)。

A. 硬盘驱动器　　　B. 运算器　　　　C. 控制器　　　　D. RAM

266. 实现计算机和用户之间信息传递的设备是(　　)。

A. 存储系统　　　　　　　　　　　　B. 控制器和运算器

C. 输入输出设备　　　　　　　　　　D. CPU 和输入输出接口电路

267. 内存储器可分为随机存取存储器和(　　)。

A. 硬盘存储器　　　　　　　　　　　B. 动态随机存储器

C. 只读存储器　　　　　　　　　　　D. 光盘存储器

268. 硬盘是一种(　　)。

A. 外存储器　　　B. 廉价的内存　　　C. CPU 的一部分　　　D. RAM

269. 存放于计算机(　　)上的信息,关机后就消失。

A. ROM　　　　B. RAM　　　　C. 硬盘　　　　D. 软盘

270. 下列设备在微型计算机中访问速度最快的是(　　)。

A. 软盘驱动器　　　B. 硬盘驱动器　　　C. 内存储器　　　D. CD-ROM

271. 下列四条叙述中,属 RAM 特点的是(　　)。

A. 可随机读写数据,且断电后数据不会丢失

B. 可随机读写数据,断电后数据将全部丢失

C. 只能顺序读写数据,断电后数据部分丢失

D. 只能顺序读写数据,且断电后数据将全部丢失

272. 显示器是微型计算机必须配置的一种(　　)。

A. 输出设备　　　B. 输入设备　　　C. 控制设备　　　D. 存储设备

273. 下列存储器中,断电后信息不会丢失的是(　　)。

A. DRAM　　　　B. SRAM　　　　C. CACHE　　　　D. ROM

274. 具有多媒体功能的微型计算机系统中使用的 CD-ROM 是一种(　　)。

A. 半导体存储器　　　　　　　　　　B. 只读型硬磁盘

C. 只读型光盘　　　　　　　　　　　D. 只读型大容量软磁盘

275. 按照总线上传送信息类型的不同,可将总线分为( )。

A. 数据总线、地址总线、控制总线

B. ISA 总线、MCA 总线、EISA 总线、PCI 总线

C. 数据总线、PCI 总线、ISA 总线

D. 地址总线、PCI 总线、ISA 总线

276. 关于计算机总线的说明不正确的是( )。

A. 计算机的五大部件通过总线连接形成一个整体

B. 总线是计算机各个部件之间进行信息传递的一组公共通道

C. 根据总线中流动的信息不同分为地址总线、数据总线、控制总线

D. 数据总线是单向的,地址总线是双向的

277. 存储器包括( )两大类。

A. 硬盘和软盘　　　　B. 软盘和光盘　　　　C. 内存和磁盘　　　　D. 内存和外存

278. 下列不属于辅助存储器的是( )。

A. 软盘　　　　　　　B. 硬盘　　　　　　　C. 光盘　　　　　　　D. DRAM

279. 存储器中的信息可以( )。

A. 反复读取　　　　　　　　　　　　B. 只能读取 1 次

C. 可以读取 10 次　　　　　　　　　D. 可以读取 1000 次

280. ( )的作用是将计算机外部的信息送入计算机。

A. 输入设备　　　　B. 输出设备　　　　C. 磁盘　　　　D. 数据库管理系统

281. 在计算机领域中通常用 MIPS 来描述( )。

A. 计算机的运算速度　　　　　　　　B. 计算机的可靠性

C. 计算机的可运行性　　　　　　　　D. 计算机的可扩充性

282. 微型计算机存储系统中,PROM 是( )。

A. 可读写存储器　　　　　　　　　　B. 动态随机存取存储器

C. 只读存储器　　　　　　　　　　　D. 可编程只读存储器

283. 配置高速缓冲存储器(Cache)是为了解决( )。

A. 内存与辅助存储器之间速度不匹配问题

B. CPU 与辅助存储器之间速度不匹配问题

C. CPU 与内存储器之间速度不匹配问题

D. 主机与外设之间速度不匹配问题

284. 下列术语中,属于显示器性能指标的是( )。

A. 速度　　　　　　　B. 可靠性　　　　　　C. 分辨率　　　　　　D. 精度

285. 通常所说的 I/O 设备指的是( )。

A. 输入输出设备　　　B. 通信设备　　　　　C. 网络设备　　　　　D. 控制设备

286. 通常所说的 586 机是指( )。

A. 其字长为 586 位　　　　　　　　　B. 其内存容量为 586K

C. 其主频为 586MHz　　　　　　　　D. 其所用的微处理器芯片型号为 80586

287. 微处理器是把运算器和( )作为一个整体采用大规模集成电路集成在一块芯片上。

A. 存储器　　　　　　B. 控制器　　　　　　C. 输出设备　　　　　D. 地址总线

288. 微型计算机中运算器的主要功能是( )。

A. 算术运算   B. 逻辑运算

C. 算术和逻辑运算   D. 初等函数运算

289. 微机系统与外部交换信息主要通过(   )。

A. 输入输出设备   B. 键盘   C. 光盘   D. 内存

290. 以奔腾Ⅳ为 CPU 的微型计算机是(   )。

A. 16 位机   B. 准 32 位机   C. 32 位机   D. 64 位机

291. (   )是决定微处理器性能优劣的重要指标。

A. 内存的大小   B. 微处理器的型号

C. 主频   D. 内存储器

292. 在下列设备中,属于输出设备的是(   )。

A. 硬盘   B. 键盘   C. 鼠标   D. 打印机

293. 在微型计算机中,下列设备属于输入设备的是(   )。

A. 打印机   B. 显示器   C. 键盘   D. 硬盘

294. 鼠标是微机的一种(   )。

A. 输出设备   B. 输入设备   C. 存储设备   D. 运算设备

295. 在下列存储器中,访问速度最快的是(   )。

A. 硬盘存储器   B. 软盘存储器

C. 磁带存储器   D. 半导体 RAM(内存储器)

296. 微型计算机硬件系统主要包括存储器、输入设备、输出设备和(   )。

A. 中央处理器   B. 运算器   C. 控制器   D. 主机

297. 硬盘连同驱动器是一种(   )。

A. 内存储器   B. 外存储器   C. 只读存储器   D. 半导体存储器

298. 计算机的内存储器比外存储器(   )。

A. 速度快   B. 存储量大   C. 便宜   D. 以上说法都不对

299. 下列可选项,都是硬件的是(   )。

A. Windows、ROM 和 CPU   B. WPS、RAM 和显示器

C. ROM、RAM 和 Pascal   D. 硬盘、光盘和软盘

300. 具有多媒体功能的微机系统,常用 CD-ROM 作为外存储器,它是(   )。

A. 只读软盘存储器   B. 只读光盘存储器

C. 可读写的光盘存储器   D. 可读写的硬盘存储器

301. 半导体只读存储器(ROM)与半导体随机存取存储器(RAM)的主要区别在于(   )。

A. 在掉电后,ROM 中存储的信息不会丢失,RAM 中存储的信息会丢失

B. 掉电后,ROM 中存储的信息会丢失,RAM 中存储的则不会

C. ROM 是内存储器,RAM 是外存储器

D. RAM 是内存储器,ROM 是外存储器

302. 在微型计算机中,微处理器的主要功能是进行(   )。

A. 算术逻辑运算及全机的控制   B. 逻辑运算

C. 算术逻辑运算   D. 算术运算

303. 微型计算机的发展是以(   )的发展为表征的。

A. 微处理器   B. 软件   C. 主机   D. 控制器

304. 通常,在微机中所指的 80486 是( )。

A. 微机名称　　　　B. 微处理器型号　　　　C. 产品型号　　　　D. 主频

305. 选择网卡的主要依据是组网的拓扑结构、网络段的最大长度、节点之间的距离和( )。

A. 接入网络的计算机种类　　　　　　B. 使用的传输介质的类型

C. 使用的网络操作系统的类型　　　　D. 互联网络的规模

306. 下列存储器中,存取速度最快的是( )。

A. 软磁盘存储器　　B. 硬磁盘存储器　　C. 光盘存储器　　　D. 内存储器

307. 调制解调器(Modem)的功能是实现( )。

A. 模拟信号与数字信号的转换　　　　B. 数字信号的编码

C. 模拟信号的放大　　　　　　　　　D. 数字信号的整形

308. 用局域网方式连入 Internet,您的电脑上必须有( )。

A. 调制解调器　　　B. 网卡　　　　　C. 打印机　　　　　D. 串行口

309. 计算机中存储信息的最小单位是( )。

A. 字　　　　　　　B. 字节　　　　　C. 字长　　　　　　D. 位

310. 运行一个应用程序时,它被装到( )中。

A. RAM　　　　　　B. ROM　　　　　C. CD-ROM　　　　　D. EPROM

311. 在下列叙述中,正确的是( )。

A. 硬盘中的信息可以直接被 CPU 处理

B. 软盘中的信息可以直接被 CPU 处理

C. 只有内存中的信息才能直接被 CPU 处理

D. 以上说法都对

312. 微型计算机的运算器、控制器及内存储器的总称是( )。

A. CPU　　　　　　B. ALU　　　　　　C. MPU　　　　　　D. 主机

313. 在微机中与 VGA 密切相关的设备是( )。

A. 针式打印机　　　B. 鼠标　　　　　C. 显示器　　　　　D. 键盘

314. 下列不属于显示标准的是( )。

A. VGA　　　　　　B. CGA　　　　　　C. MGA　　　　　　D. LCD

315. 在计算机中使用的键盘是连接在( )。

A. 打印机接口上的　　　　　　　　　B. 显示器接口上的

C. 并行接口上的　　　　　　　　　　D. 串行接口上的

316. 当前微型计算机的主存储器可分为( )。

A. 内存和外存　　　B. RAM 和 ROM　　C. 软盘和硬盘　　　D. 磁盘与磁带

317. 对 ROM 的说法不正确的是( )。

A. ROM 是只读存储器

B. 计算机只能从 ROM 中读取事先存储的数据

C. ROM 中的数据可以快速改写

D. ROM 中存放固定的程序和数据

318. 常用来标识计算机运算速度的单位是( )。

A. MB 和 BPS　　　B. BPS 和 MHZ　　C. MHZ 和 MIPS　　D. MIPS 和 BIPS

319. 微型计算机与外部设备之间的信息传输方式有( )。

A. 仅串行方式   B. 串行方式或并行方式

C. 连接方式   D. 仅并行方式

320. 不同的芯片有不同的字长,目前芯片有多种型号,其中奔腾Ⅳ芯片的字长是( )。

A. 8 位   B. 16 位   C. 32 位   D. 64 位

321. 计算机的通用性使其可以求解不同的算术和逻辑运算,这主要取决于计算机的( )。

A. 高速运算   B. 指令系统   C. 可编程序   D. 存储功能

322. 下列术语中,属于显示器性能指标的是( )。

A. 速度   B. 可靠性   C. 精度   D. 分辨率

323. 按照总线上传输信息类型的不同,总线可分为多种类型,以下不属于总线的是( )。

A. 交换总线   B. 数据总线   C. 地址总线   D. 控制总线

324. 打印机是计算机系统的常用输出设备,当前输出速度最快的是( )。

A. 点阵打印机   B. 喷墨打印机   C. 激光打印机   D. 台式打印机

325. Cache 的中文译名是( )。

A. 缓冲器   B. 高速缓冲存储器

C. 只读存储器   D. 可编程只读存储器

326. 目前打印质量最好的打印机是( )。

A. 激光打印机   B. 针式打印机   C. 喷墨打印机   D. 热敏打印机

327. 光盘驱动器的倍速越大,( )。

A. 数据传输越快   B. 纠错能力越强

C. 光盘的容量越大   D. 播放 VCD 效果越好

328. CD-ROM 的英文全称是( )。

A. computer disk-read only memory

B. concatenated data-read only memory

C. concurrency display-read only memory

D. compact disc-read only memory

329. 在微型计算机中,指挥、协调计算机工作的硬件是( )。

A. 输入设备   B. 输出设备   C. 存储器   D. 控制器

330. 计算机系统中,既可用作输入设备又可用作输出设备的是( )。

A. 键盘   B. 硬盘   C. 打印机   D. 显示器

331. 计算机主存储器的两个主要性能指标是( )。

A. 存储容量和存取时间   B. 存取时间和芯片体积

C. 存储容量和芯片体积   D. 存取时间和制造材料

332. 在计算机硬件的五个组成部分中,唯一一个能向控制器发送数据流的是( )。

A. 输入设备   B. 输出设备   C. 运算器   D. 存储器

333. 微型计算机系统中,下面与 CPU 概念最不等价的是( )。

A. 中央处理器   B. 微处理器   C. 主机   D. 控制器和运算器

334. 我们平常所说的裸机是指( )。

A. 无显示器的计算机系统   B. 无软件系统的计算机系统

C. 无输入输出系统的计算机系统　　　　D. 无硬件系统的计算机系统

335. 下列设备中,(　　)是计算机的标准输入设备。

A. 磁盘　　　　　B. 显示器　　　　　C. 绘图仪　　　　　D. 键盘

336. 微处理器处理的数据基本单位为字。一个字的长度通常是(　　)。

A. 16 个二进制位　　　　　　　　　　B. 32 个二进制位

C. 64 个二进制位　　　　　　　　　　D. 与微处理器芯片的型号有关

337. 下列叙述中错误的一条是(　　)。

A. 内存容量是指微型计算机硬盘所能容纳信息的字节数

B. 微处理器的主要性能指标是字长和主频

C. 微型计算机应避免强磁场的干扰

D. 微型计算机机房湿度不宜过大

338. 下列叙述中,(　　)是正确的。

A. 反病毒软件通常滞后于计算机新病毒的出现

B. 反病毒软件总是超前于病毒的出现,它可以查、杀任何种类的病毒

C. 感染过计算机病毒的计算机具有对该病毒的免疫性

D. 计算机病毒会危害计算机用户的健康

339. 下列叙述中,正确的一条是(　　)。

A. 存储在任何存储器中的信息,断电后都不会丢失

B. 操作系统是只对硬盘进行管理的程序

C. 硬盘装在主机箱内,因此硬盘属于主存

D. 磁盘驱动器属于外部设备

340. 计算机病毒的危害主要表现在(　　)。

A. 影响正常使用计算机　　　　　　　B. 破坏计算机系统硬件

C. 删除磁盘上的文件　　　　　　　　D. 以上三项都是

341. 使计算机病毒传播范围最广的媒介是(　　)。

A. 硬磁盘　　　　　B. 软磁盘　　　　　C. 内部存储器　　　　D. 互联网

342. 在微机系统中,对输入输出设备进行管理的基本程序放在(　　)。

A. RAM 中　　　　　B. ROM 中　　　　　C. 硬盘上　　　　　D. 寄存器中

343. 存储管理主要是实现对(　　)的管理。

A. 计算机的外存储器　　　　　　　　B. 计算机的主存

C. 缓存区　　　　　　　　　　　　　D. 临时文件

344. 下列语句(　　)不恰当。

A. 磁盘应远离高温及磁性物体　　　　B. 避免接触盘片上暴露的部分

C. 不要弯曲磁盘　　　　　　　　　　D. 避免与染上病毒的磁盘放在一起

345. PCI 是指(　　)。

A. 产品型号　　　　B. 总线标准　　　　C. 微机系统名称　　　D. 微处理器型号

346. 下列描述中不正确的是(　　)。

A. 多媒体技术最主要的两个特点是集成性和交互性

B. 所有计算机的字长都是固定不变的,都是 8 位

C. 通常计算机的存储容量越大,性能就越好

D. 各种高级语言的翻译程序都属于系统软件

347. 在微机的配置中常看到"处理器 Pentium Ⅲ/667"字样,其数字 667 表示(　　)。

A. 处理器的时钟主频是 667MHz

B. 处理器与内存间的数据交换速率是 667KB/s

C. 处理器的产品设计系列号是第 667 号

D. 处理器的运算速度是 667MIPS

348. 把硬盘上的数据传送到计算机的内存中去,称为(　　)。

A. 打印　　　　　　　　B. 写盘　　　　　　　　C. 输出　　　　　　　　D. 读盘

349. 不同档次的计算机有不同的字长,下面(　　)不是字长的位数。

A. 8　　　　　　　　　　B. 16　　　　　　　　　C. 24　　　　　　　　　D. 32

350. (　　)的任务是将计算机外部的信息送入计算机。

A. 输入设备　　　　　　B. 输出设备　　　　　　C. 软盘　　　　　　　　D. 电源线

351. 控制器属于计算机的(　　)。

A. 外存储器　　　　　　B. 内存储器　　　　　　C. 外部设备　　　　　　D. 主机的一部分

352. 磁盘属于(　　)。

A. 输入设备　　　　　　B. 输出设备　　　　　　C. 内存储器　　　　　　D. 外存储器

353. I/O 设备的含义是(　　)。

A. 输入输出设备　　　　B. 通信设备　　　　　　C. 网络设备　　　　　　D. 控制设备

354. 一台计算机的字长是 4 个字节,则表明(　　)。

A. 能处理的最大数值为 4 位,十进制数为 9999

B. 能处理的字符串最多是 4 个英文字母或 2 个汉字

C. CPU 一次能处理 32 位二进制代码

D. 在 CPU 中运算的最大结果为 2 的 32 次方

355. 微型计算机内存储器空间是(　　)。

A. 按二进制编址　　　　　　　　　　　B. 按字节编址

C. 按字长编址　　　　　　　　　　　　D. 根据微处理器型号不同而编址不同

356. 光盘根据制造材料和记录信息的方式不同,一般可分为(　　)。

A. CD、VCD

B. CD、VCD、DVD、MP3

C. 只读光盘、可一次性写入光盘、可擦写光盘

D. 数据盘、音频信息盘、视频信息盘

357. 在计算机中,既可作为输入设备又可作为输出设备的是(　　)。

A. 显示器　　　　　　　B. 磁盘驱动器　　　　　C. 键盘　　　　　　　　D. 图形扫描仪

358. 计算机主机是由 CPU 与(　　)构成的。

A. 控制器　　　　　　　　　　　　　　B. 运算器

C. 输入、输出设备　　　　　　　　　　D. 内存储器

359. 计算机系统总线上传送的信号有(　　)。

A. 地址信号与控制信号　　　　　　　　B. 数据信号、控制信号与地址信号

C. 控制信号与数据信号　　　　　　　　D. 数据信号与地址信号

360. Windows 通用串行总线 USB 的用途是(　　)。

A. 配接打印机

B. 允许同时运行多个串接的外部设备

C. 连接鼠标

D. 允许运行多个外部串接设备，但设备必须相同

361. 在 Windows XP 环境中，鼠标是重要的输入工具，而键盘（　　）。

A. 无法起作用

B. 仅能配合鼠标，在输入中起辅助作用（如输入字符）

C. 仅能在菜单操作中运用，不能在窗口中操作

D. 能完成几乎所有的操作

362. 鼠标器（Mouse）是（　　）。

A. 输出设备　　　　　B. 输入设备　　　　　C. 存储设备　　　　　D. 显示设备

363. 软件由程序、（　　）和文档三部分组成。

A. 计算机　　　　　　B. 工具　　　　　　　C. 语言处理程序　　　D. 数据

364. 对计算机软件正确的认识是（　　）。

A. 计算机软件不需要维护

B. 计算机软件只要能复制得到就不必购买

C. 受法律保护的计算机软件不能随便复制

D. 计算机软件不必有备份

365. 下列关于系统软件的描述不正确的是（　　）。

A. 控制与协调计算机及其外设的软件属于系统软件

B. 支持应用软件的开发与运行的软件属于系统软件

C. 解决某类通用型的问题设计的程序属于系统软件

B. 解释程序、编译程序属于系统软件

366. 计算机软件系统主要分为两大类，如常用的 Windows 95/98/2000/XP、Linux、Netware 等操作系统属于（　　）。

A. 应用软件　　　　　B. 系统软件　　　　　C. 工具软件　　　　　D. 开发软件

367. 应用软件必须基于（　　）才能运行。

A. 硬件系统　　　　　　　　　　　B. 操作系统

C. CPU 特性　　　　　　　　　　　D. 软件自身的完整性

368. 系统软件中最重要的是（　　）。

A. 操作系统　　　　　　　　　　　B. 语言处理程序

C. 工具软件　　　　　　　　　　　D. 数据库管理系统

369. 计算机的软件系统包括（　　）。

A. 程序与数据　　　　　　　　　　B. 系统软件与应用软件

C. 操作系统与语言处理程序　　　　D. 程序、数据与文档

370. 计算机软件系统包括（　　）。

A. 操作系统、网络软件

B. 系统软件、应用软件

C. 客户端应用软件、服务器端系统软件

D. 操作系统、应用软件和网络软件

371. 计算机的软件系统通常分为（　　）。

A. 系统软件与应用软件　　　　　　B. 高级软件与一般软件

C. 军用软件与民用软件　　　　　　D. 管理软件与控制软件

372. 管理计算机的硬件设备,并使应用软件能方便、高效地使用这些设备的是(　　)。

A. 操作系统　　　　B. 数据库　　　　C. 编译程序　　　　D. 编辑软件

373. 下列软件中属于系统软件的是(　　)。

A. 财务管理软件　　　　　　　　　B. 销售系统软件

C. C 语言编译程序　　　　　　　　D. Word 文字处理软件

374. 专门为某一应用目的而设计的软件是(　　)。

A. 系统软件　　　　B. 应用软件　　　　C. 文字处理软件　　　D. 工具软件

375. 下列软件中,属于应用软件的是(　　)。

A. UCDOS 系统　　　　　　　　　B. Office 系列软件

C. FORTRAN 编译程序　　　　　　D. QBASIC 解释程序

376. 计算机的应用可以分为几个层次,相对于计算机系统而言,它们是(　　)。

A. 计算机操作、文字录入等　　　　B. 处理日常事务、处理报表

C. 硬件维修、连接处理　　　　　　D. 操作系统、软件编程、系统开发

377. 操作系统是一种(　　)。

A. 应用软件　　　　B. 专用软件　　　　C. 系统软件　　　　D. 工具软件

378. (　　)是控制和管理计算机硬件和软件资源、合理地组织计算机工作流程、方便用户使用的程序集合。

A. 操作系统　　　　B. 监控程序　　　　C. 应用程序　　　　D. 编译系统

379. 操作系统的作用是(　　)。

A. 把源程序翻译成目标程序　　　　B. 控制和管理系统资源的使用

C. 实现软件与硬件的交换　　　　　D. 便于进行数据交换

380. 下列关于操作系统的叙述中,正确的是(　　)。

A. 操作系统是软件和硬件之间的接口

B. 操作系统是源程序和目标程序之间的接口

C. 操作系统是用户和计算机之间的接口

D. 操作系统是外设和主机之间的接口

381. 对计算机软件和硬件资源进行管理和控制的软件是(　　)。

A. 文件管理程序　　　　　　　　　B. 输入输出管理程序

C. 命令处理程序　　　　　　　　　D. 操作系统

382. 目前全世界范围内,使用最广泛的桌面操作系统是(　　)。

A. Windows　　　　B. Linux　　　　C. UNIX　　　　D. DOS

383. 多年前一位芬兰大学生在 Internet 上公开发布了一种免费操作系统(　　),经过许多人的努力,该操作系统正不断完善,并被推广应用。

A. Windows XP　　　B. Novell　　　　C. UNIX　　　　D. Linux

384. 我们通常所说的 Windows 是一种(　　)。

A. CPU 型号　　　　B. 应用软件　　　　C. 操作系统　　　　D. 硬件系统

385. 下列不属于 Windows 操作系统家族的是(　　)。

A. DOS　　　　B. Windows 98　　　C. Windows 2000　　　D. Windows XP

386. Windows 操作系统家族是由(　　)公司开发的。

A. Sun　　　　B. 联想　　　　C. Microsoft　　　　D. Novell

387. Windows 系列操作系统是(　　)Microsoft 公司开发的操作系统。

A. 中国　　　　　　　B. 日本　　　　　　　C. 美国　　　　　　　D. 印度

388. 操作系统是重要的系统软件,下面几个软件中不属于操作系统的是(　　　)。

A. MS-DOS　　　　　B. UCDOS　　　　　C. Pascal　　　　　　D. Windows

389. Windows 提供的用户界面是(　　　)。

A. 交互式的问答界面　　　　　　　　　B. 交互式的图形界面

C. 交互式的字符界面　　　　　　　　　D. 显示器界面

390. 市场上有很多种操作系统,现在已经很少使用的操作系统是(　　　)。

A. UNIX　　　　　　B. Linux　　　　　　C. Windows　　　　　D. MS-DOS

391. 以下不是操作系统的是(　　　)。

A. UNIX　　　　　　B. Office　　　　　　C. MS-DOS　　　　　D. Windows

392. Microsoft 新近推出的 Windows 操作系统是(　　　)。

A. Windows me　　　　　　　　　　　B. Windows 10

C. Windows XP　　　　　　　　　　　D. Windows Vista

393. 下列哪个软件是有关图像处理的?(　　　)

A. Linux　　　　　　B. Excel　　　　　　C. Photoshop　　　　D. Pascal

394. 数据和程序是以(　　　)形式存储在磁盘上的。

A. 集合　　　　　　　B. 文件　　　　　　C. 目录　　　　　　　D. 记录

395. 计算机软件是(　　　)的总称。

A. 系统软件与应用软件　　　　　　　　B. 程序设计语言

C. 程序及相关文档　　　　　　　　　　D. 所有程序

396. 下面不是杀病毒软件的是(　　　)。

A. KV2008　　　　　B. 金山毒霸　　　　C. 超级解霸　　　　　D. 瑞星 2008

397. 网页"三剑客"指的是(　　　)公司的 Dreamweaver、Flash、Fireworks

A. IBM　　　　　　　B. Intel　　　　　　C. Macromedia　　　D. Adobe

398. Office 2019 组件中用于创建、编制和发布网页的是(　　　)。

A. Word 2019　　　　　　　　　　　　B. Excel 2019

C. Front Page 2019　　　　　　　　　　D. Outlook 2019

399. 以下类型的文件属于视频文件的是(　　　)。

A. JPG　　　　　　　B. MP3　　　　　　C. ZIP　　　　　　　D. AVI

400. 以下类型的文件属于音频文件的是(　　　)。

A. JPG　　　　　　　B. MP3　　　　　　C. ZIP　　　　　　　D. AVI

401. 以下类型的文件属于图片文件的是(　　　)。

A. JPG　　　　　　　B. MP3　　　　　　C. ZIP　　　　　　　D. AVI

402. 用 C 语言编写的程序需要用(　　　)程序翻译后计算机才能识别。

A. 汇编　　　　　　　B. 编译　　　　　　C. 解释　　　　　　　D. 连接

403. 可被计算机直接执行的程序是由(　　　)语言编写的程序。

A. 机器　　　　　　　B. 汇编　　　　　　C. 高级　　　　　　　D. 网络

404. 对同一幅照片采用以下格式存储时,占用存储空间最大的格式是(　　　)。

A. JPG　　　　　　　B. TIF　　　　　　　C. BMP　　　　　　　D. GIF

405. WPS 属于(　　　)。

A. 编程软件　　　　　B. 文字处理软件　　C. 管理软件　　　　　D. 系统软件

406. 大多数软件开发人员使用( )设计程序。

A. 低级语言   B. 机器语言   C. 自然语言   D. 高级语言

407. 应用软件和系统软件的相互关系是( )。

A. 后者以前者为基础   B. 前者以后者为基础

C. 每一类都以另一类为基础   D. 每一类都不以另一类为基础

408. 在网上下载的文件大多数属于压缩文件,以下哪个类型是压缩文件?( )

A. JPG   B. AU   C. ZIP   D. AVI

409. WinRAR 软件的作用是( )。

A. 完成文件的压缩,但无法解压缩

B. 可以完成文件、文件夹的压缩和解压

C. 只能完成文件的压缩和解压,但对文件夹不适用

D. WinRAR 软件只能解压缩 *.RAR,无法解压缩 *.ZIP 文件

410. Access 是一种( )数据库管理系统。

A. 发散型   B. 集中型   C. 关系型   D. 逻辑型

411. 计算机的各类程序及有关的文档资料称为计算机的( )。

A. 数据   B. 信息   C. 软件   D. 硬件

412. 操作系统是( )。

A. 应用软件   B. 系统软件   C. 文字处理软件   D. 计算软件

413. 大部分计算机病毒主要会造成计算机( )的损坏。

A. 软件和数据   B. 硬件和数据

C. 硬件、软件和数据   D. 硬件和软件

414. 计算机病毒主要是通过( )传播的。

A. 磁盘与网络   B. 微生物"病毒体"

C. 人体   D. 电源

415. 发现微型计算机染有病毒后,较为彻底的清除方法是( )。

A. 用查毒软件处理   B. 用杀毒软件处理

C. 删除磁盘文件   D. 重新格式化磁盘

416. 关于解释程序和编译程序的四条叙述,其中正确的一条是( )。

A. 解释程序产生目标程序而编译程序不产生目标程序

B. 编译程序产生目标程序而解释程序不产生目标程序

C. 解释程序和编译程序都产生目标程序

D. 解释程序和编译程序都不产生目标程序

417. 计算机语言可分为( )。

A. 机器语言、汇编语言、高级语言   B. BASIC、PASCAL、C++

C. VB、VC、VF   D. 数据库、网络语言、脚本语言

418. ( )是计算机感染病毒的可能途径。

A. 从键盘输入数据   B. 软盘表面不清洁

C. 打印源程序   D. 通过网络下载软件

419. 为解决某一特定问题而设计的指令序列称为( )。

A. 文档   B. 语言   C. 程序   D. 系统

420. WPS、Word 等文字处理软件属于( )。

A. 管理软件 B. 网络软件 C. 应用软件 D. 系统软件

421. 下列哪一项不是计算机病毒的特性？（ ）

A. 封闭性 B. 传染性 C. 破坏性 D. 隐蔽性

422. （ ）都属于计算机的低级语言。

A. 机器语言和高级语言 B. 机器语言和汇编语言

C. 汇编语言和高级语言 D. 高级语言和数据库语言

423. 计算机能直接执行的程序是（ ）。

A. 汇编语言程序 B. BASIC 程序 C. 机器语言程序 D. C 语言程序

424. 由二进制编码构成的语言是（ ）。

A. 汇编语言 B. 高级语言 C. 甚高级语言 D. 机器语言

425. （ ）是破坏性程序和计算机病毒的根本差异。

A. 传播性 B. 寄生性 C. 破坏性 D. 潜伏性

426. 操作系统是（ ）。

A. 软件与硬件的接口 B. 主机与外设的接口

C. 计算机与用户的接口 D. 高级语言与机器语言的接口

427. 操作系统的主要功能是（ ）。

A. 控制和管理计算机系统软硬件资源

B. 对汇编语言、高级语言和甚高级语言程序进行翻译

C. 管理用各种语言编写的源程序

D. 管理数据库文件

428. 在下列软件中，不属于系统软件的是（ ）。

A. 操作系统 B. 诊断程序

C. 编译程序 D. 用 C 语言编写的程序

429. 软件与程序的区别是（ ）。

A. 程序价格便宜，软件价格昂贵

B. 程序是用户自己编写的，而软件是由厂家提供的

C. 程序是用高级语言编写的，而软件是由机器语言编写的

D. 软件是程序以及开发、使用和维护所需要的所有文档的总称，而程序是软件的一部分

430. 在语言处理程序中，解释程序的功能是（ ）。

A. 解释执行高级语言程序

B. 将汇编语言程序编译成目标程序

C. 解释执行汇编语言程序

D. 将高级语言程序翻译成目标程序

431. 下列有关计算机病毒的说法中，（ ）是错误的。

A. 游戏软件常常是计算机病毒的载体

B. 用消毒软件将一片软盘消毒之后，该软盘就没有病毒了

C. 尽量做到专机专用或安装正版软件，是预防计算机病毒的有效措施

D. 计算机病毒在某些条件下被激活之后，才开始起干扰和破坏作用

432. 计算机软件由（ ）组成。

A. 数据和程序 B. 程序和工具 C. 文档和程序 D. 工具和数据

433. 在语言处理程序中，解释程序的功能是（ ）。

A. 解释执行高级语言程序

B. 将汇编语言程序编译成目标程序

C. 解释执行汇编语言程序

D. 将高级语言程序翻译成目标程序

434. 下列说法不正确的是( )。

A. 数据经过加工成为信息　　　　　　B. 数据指文字、符号、声、光等

C. 信息就是数据的物理表示　　　　　D. 信息与数据既有区别又有联系

435. 下列属于音频文件扩展名的是( )。

A. WAV　　　　　B. MID　　　　　C. MP3　　　　　D. 以上都是

436. MS-DOS 是基于( )的操作系统。

A. 多用户多任务　　B. 单用户多任务　　C. 单用户单任务　　D. 多用户单任务

437. 下面的图形图像文件格式中,( )可实现动画。

A. WMF 格式　　　B. GIF 格式　　　C. BMP 格式　　　D. JPG 格式

438. 下列软件中,( )是系统软件。

A. 用 C 语言编写的求解一元二次方程的程序

B. 工资管理软件

C. 用汇编语言编写的一个练习程序

D. Windows 操作系统

439. 操作系统的功能之一是( )。

A. 管理硬件　　　B. 保护硬件　　　C. 取代硬件　　　D. 安装硬件

440. 以下叙述正确的是( )。

A. 应用软件是系统软件与计算机交互的接口

B. 操作系统控制用户程序的运行

C. 应用软件管理计算机系统的资源

D. 聊天软件属于系统软件

441. 用高级程序设计语言编写的程序,要转换成等价的可执行程序,必须经过( )。

A. 汇编　　　　　B. 编辑　　　　　C. 解释　　　　　D. 编译和连接

442. 下面哪一组是系统软件?( )

A. DOS 和 MIS　　B. WPS 和 UNIX　　C. DOS 和 UNIX　　D. UNIX 和 Word

443. 一般用高级语言编写的应用程序称为( )。

A. 编译程序　　　B. 编辑程序　　　C. 连接程序　　　D. 源程序

444. ( )软件是系统软件。

A. 电子表格软件　　　　　　　　　　B. 工资管理软件

C. 高级语言编译程序　　　　　　　　D. 绘图软件

445. 操作系统的功能是( )。

A. 处理器管理,存储器管理,设备管理,文件管理

B. 运算器管理,控制器管理,打印机管理,磁盘管理

C. 硬盘管理,控制器管理,存储器管理,文件管理

D. 程序管理,文件管理,编译管理,设备管理

446. Windows 中,对文件和文件夹的管理是通过( )来实现的。

A. 对话框　　　　　　　　　　　　　B. 剪贴板

C.资源管理器或我的电脑　　　　　　D.控制面板

447. Windows 文件的目录结构形式属于（　　）。

A.关系型　　　　　　B.网络型　　　　　　C.线型　　　　　　D.树型

448. 在 Windows 中,要实现文件或文件夹的快速移动与复制,可通过（　　）鼠标来完成。

A.单击　　　　　　B.双击　　　　　　C.拖放　　　　　　D.移动

449. 在 Windows 资源管理器中,文件夹中的某个文件夹的左边的"＋"表示（　　）。

A.该文件夹有隐藏文件　　　　　　B.该文件夹为空

C.该文件夹含有子文件夹　　　　　　D.该文件夹含有系统文件

450. 在 Windows 中,（　　）不是可选的图标排列方式。

A.按类型　　　　　　B.按名称　　　　　　C.按属性　　　　　　D.按大小

451. 在 Windows 中,用鼠标双击窗口的标题栏,则（　　）。

A.关闭窗口　　　　　　B.最小化窗口

C.移动窗口的位置　　　　　　D.改变窗口的大小

452. 用鼠标拖动窗口的（　　）,可以移动整个窗口。

A.工具栏　　　　　　B.标题栏　　　　　　C.菜单栏　　　　　　D.工作区

453. 在 Windows 的菜单中,有的菜单选项右端有一个向右的箭头,这表示该菜单项（　　）。

A.已被选中　　　　　　B.还有子菜单

C.将弹出一个对话框　　　　　　D.是无效菜单项

454. 在 Windows 的菜单中,有的菜单选项右端有符号"…",这表示该菜单项（　　）。

A.已被选中　　　　　　B.还有子菜单

C.将弹出一个对话框　　　　　　D.是无效菜单项

455. 在 Windows 的菜单中,有的菜单选项显示为灰色,这表示该菜单项（　　）。

A.暂时不能使用　　　　　　B.还有子菜单

C.将弹出一个对话框　　　　　　D.是无效菜单项

456. Windows 的"回收站"是（　　）。

A.存放重要的系统文件的容器　　　　　　B.存放打开文件的容器

C.存放已删除文件的容器　　　　　　D.存放长期不使用的文件的容器

457. 在 Windows 中,回收站是（　　）。

A.内存中的一块区域　　　　　　B.硬盘上的一块区域

C.软盘上的一块区域　　　　　　D.高速缓存中的一块区域

458. 关于回收站正确的是（　　）。

A.暂存所有被删除的对象

B.回收站的内容不可以恢复

C.清空回收站后,仍可用命令方式恢复

D.回收站的内容不占硬盘空间

459. Windows 环境中,"磁盘碎片整理程序"的主要作用是（　　）。

A.提高文件访问速度　　　　　　B.修复损坏的磁盘

C.缩小磁盘空间　　　　　　D.扩大磁盘空间

460. 在 Windows 环境中,为了防止他人无意修改某一文件,应设置该文件的属性为( )。

A. 只读 B. 加密 C. 系统 D. 存档

461. 键盘是输入设备,通常分为( )。

A. 2 个键区 B. 3 个键区 C. 4 个键区 D. 5 个键区

462. 使键盘输入大小写字母锁定,使用( )键。

A. Shift B. Alt C. Caps Lock D. Num Lock

463. 要锁定小键盘(数字键盘),使用( )。

A. Shift B. Alt C. Caps Lock D. Num Lock

464. 微软 104 增强型键盘中的"视窗键",可用来( )。

A. 打开"我的电脑" B. 启动开始菜单

C. 打开资源管理器 D. 打开帮助窗口

465. ( )是大写字母锁定键,主要用于连续输入若干大写字母。

A. Tab B. Caps Lock C. Shift D. Alt

466. 计算机使用的键盘中,Shift 键是( )。

A. 换挡键 B. 退格键 C. 空格键 D. 键盘类型

467. 若微机系统需要热启动,应同时按下组合键( )。

A. Ctrl＋Alt＋Break B. Ctrl＋Esc＋Delete

C. Ctrl＋Alt＋Delete D. Ctrl＋Shift＋Break

468. 在 Windows 环境下,粘贴快捷键是( )。

A. Ctrl＋A B. Ctrl＋X C. Ctrl＋C D. Ctrl＋V

469. 下列操作中,可以把剪贴板上的信息粘贴到某个文档窗口的插入点处的是( )。

A. 按 Ctrl＋C 键 B. 按 Ctrl＋V 键

C. 按 Ctrl＋X 键 D. 按 Ctrl＋Z 键

470. 在 Windows 环境下,全选的快捷键是( )。

A. Ctrl＋A B. Ctrl＋X C. Ctrl＋C D. Ctrl＋V

471. 在 Windows 环境下,复制的快捷键是( )。

A. Ctrl＋A B. Ctrl＋X C. Ctrl＋C D. Ctrl＋V

472. 在 Windows 环境下,剪切的快捷键是( )。

A. Ctrl＋A B. Ctrl＋X C. Ctrl＋C D. Ctrl＋V

473. 在 Windows 环境下,在几个任务间切换可用键盘命令( )。

A. Alt＋Tab B. Shift＋Tab C. Ctrl＋Tab D. Alt＋Esc

474. 打印当前屏幕内容应使用的控制键是( )。

A. Scroll Lock B. Num Lock C. Page Up D. Print Screen

475. 在 Windows 环境下,同时按下键盘上的 Alt＋F4 键,可以( )窗口。

A. 关闭 B. 最大化 C. 最小化 D. 打开

476. 微型计算机键盘上的 Tab 键是( )。

A. 退格键 B. 控制键 C. 交替换挡键 D. 制表定位键

477. 启动 Windows 系统时,要想直接进入最小系统配置的安全模式,按( )。

A. F7 键 B. F8 键 C. F9 键 D. F10 键

478. 在 Windows 窗口中,要剪切定义的文档,可以用( )快捷键。

A. Ctrl+C　　　　　B. Ctrl+V　　　　　C. Ctrl+X　　　　　D. Ctrl+M

479. 在记事本或写字板窗口中,对当前编辑的文档进行存储,可以用(　　)快捷键。

A. Alt+F　　　　　B. Alt+S　　　　　C. Ctrl+S　　　　　D. Ctrl+F

480. 在 Windows 窗口中,删除一组文件,可以用(　　)键辅助操作,连续选取定义一组文件。

A. Alt　　　　　　B. Ctrl　　　　　　C. Shift　　　　　　D. Enter

481. 按(　　)可关闭当前应用程序。

A. Alt+F1　　　　B. Alt+F2　　　　C. Alt+F3　　　　D. Alt+F4

482. 不能将选定的内容复制到剪贴板的操作是(　　)。

A. Ctrl+B　　　　　　　　　　　　B. Ctrl+C

C. Ctrl+X　　　　　　　　　　　　D. "编辑"菜单中选"剪切"

483. 汉字输入法的选择不仅可以用鼠标选取,还可以用(　　)键选取。

A. Ctrl+Shift　　B. Ctrl+Space　　C. Alt+Shift　　D. Alt+Space

484. 在 Windows 环境下,如果想一次选定多个分散的文件或文件夹,正确的操作是(　　)。

A. 按住 Shift 键,用鼠标右键逐个选取

B. 按住 Ctrl 键,用鼠标右键逐个选取

C. 按住 Ctrl 键,用鼠标左键逐个选取

D. 按住 Shift 键,用鼠标左键逐个选取

485. 在 Windows 的"我的电脑"窗口中,若已选定硬盘上的文件或文件夹,并按了 Delete 键和"确定"按钮,则该文件或文件夹将(　　)。

A. 被删除并放入"回收站"　　　　　B. 不被删除也不放入"回收站"

C. 被删除但不放入回收站　　　　　D. 不被删除但放入"回收站"

486. 在 Windows 的"我的电脑"窗口中,若已选定硬盘上的文件或文件夹,在删除时按下(　　)键将直接删除文件而不将文件放入回收站。

A. Ctrl　　　　　　B. Alt　　　　　　C. Tab　　　　　　D. Shift

487. 在 Windows"我的电脑"或"资源管理器"窗口中,若要对窗口中的内容按照名称、类型、日期、大小排列,应该使用(　　)菜单。

A. "查看"　　　　B. "工具"　　　　C. "编辑"　　　　D. "文件"

488. 当一个应用程序在执行时,其窗口被最小化,该应用程序将(　　)。

A. 被暂停执行　　　　　　　　　　B. 被终止执行

C. 被转入后台执行　　　　　　　　D. 继续在前台执行

489. 在桌面的任务栏中,显示的是(　　)。

A. 所有已打开的窗口图标

B. 不含窗口最小化的所有被打开窗口的图标

C. 当前窗口的图标

D. 除当前窗口外的所有已打开的窗口图标

490. 在 Windows 中连续进行了多次剪切操作后,剪贴板中存放的是(　　)。

A. 空白　　　　　　　　　　　　　B. 最后一次剪切的内容

C. 第一次剪切的内容　　　　　　　D. 所有剪切过的内容

491. 当鼠标光标变成"沙漏"状时,通常情况是表示(　　)。

A. 正在选择　　　　B. 后台运行　　　　C. 系统忙　　　　D. 选定文字

492. 在 Windows 环境下,要设置屏幕的外观,可使用控制面板中的(　　)。

A. 添加/删除程序　B. 系统　　　　C. 显示　　　　D. 密码

493. Windows XP 的整个显示屏幕称为(　　)。

A. 窗口　　　　B. 操作台　　　　C. 工作台　　　　D. 桌面

494. 在 Windows XP 中,下列关于"任务栏"的叙述,哪一种是错误的?(　　)

A. 可以将任务栏设置为自动隐藏

B. 任务栏可以移动

C. 通过任务栏上的按钮,可实现窗口之间的切换

D. 在任务栏上,只显示当前活动窗口名

495. 按(　　)键之后,可删除光标位置前的一个字符。

A. Insert　　　　B. Delete　　　　C. Backspace　　　D. End

496. 按(　　)键之后,可删除光标位置后的一个字符。

A. Insert　　　　B. Delete　　　　C. Backspace　　　D. End

497. 五笔字型输入法是一种(　　)输入法。

A. 形码　　　　B. 音码　　　　C. 音形码　　　　D. 以上都不是

498. 在 Windows 2000 系统下,安全地关闭计算机的正确操作是(　　)。

A. 直接按主机面板上的电源按钮

B. 先关闭显示器,再按主机面板上的电源按钮

C. 单击开始菜单,选择关闭系统选项中的关闭计算机命令

D. 先按主机面板上的电源按钮,再关闭显示器

499. PowerPoint 演示文档的扩展名是(　　)。

A. . ppt　　　　B. . txt　　　　C. . xls　　　　D. . doc

500. 记事本文档的扩展名是(　　)。

A. . ppt　　　　B. . txt　　　　C. . xls　　　　D. . doc

二、操作题

1. 用 Word 软件录入以下内容,按照题目要求完成后,用 Word 的保存功能直接存盘。

金砖国家

　　"金砖国家"最初是指巴西、俄罗斯、印度和中国。因为这四个国家英文首字母组成的"BRIC"一词,其发音与英文的"砖块"非常相似,所以被称为"金砖四国"。2010年 12 月,"金砖四国"一致商定,吸收南非作为正式成员加入该合作组织,改称为"金砖国家",英文缩写为"BRICS"。目前,金砖国家国土面积占全世界领土面积的 26%,人口占世界总人口的 42%左右。近年来,金砖国家经济总体保持稳定快速增长,成为全球经济增长的引擎。金砖国家国内生产总值约占全球总量的 20%,贸易额占全球贸易额的 15%,对全球的经济贡献率约 50%。

要求:

(1)将文章标题设置为宋体、二号、加粗、居中;正文设置为宋体、小四。

(2)将正文内容分为两栏,栏间设置分隔线。

(3)为正文添加双线型文本框,粗细为 3 磅,颜色为红色,并将底纹填充为灰色 40%。

(4)为文档添加页眉,内容为"金砖国家——BRICS"。

2. 用 Word 软件制作如下所示的通信模块分解图。按照题目要求完成后,用 Word 的保存功能直接存盘。

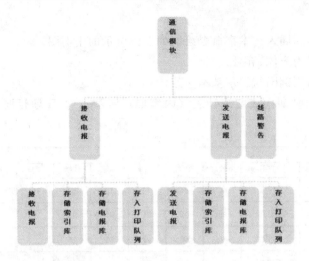

要求：

(1)利用插入组织结构图命令,绘制上图所示的通信模块分解图。

(2)将文字设置为宋体、五号、加粗。

(3)将填充颜色和线条颜色均设置为浅青绿色。

(4)制作完成的通信模块分解图与图示基本一致。

3. 用 Word 软件录入以下内容,按照题目要求完成后,用 Word 的保存功能直接存盘。

结合时代主题,弘扬雷锋精神

2012 年是雷锋同志逝世 50 周年,转眼间,雷锋精神已经穿过半个世纪的岁月,激励了几代人的成长。"把有限的生命投入到无限的为人民群众服务中去",雷锋精神既是对雷锋事迹所表现出来的先进思想、道德观念和崇高品质的概括总结,又是社会主义价值观念的人格载体,为构建社会主义和谐社会提供了不竭的精神动力。在当代,弘扬爱岗敬业、无私奉献、勤俭节约的雷锋精神就要与弘扬社会主义新风尚相结合,使之具有新的时代内涵,展现新的时代风貌。

要求：

(1)将文章标题设置为宋体、二号、加粗、居中;正文设置为宋体、小四。

(2)将正文开头的"2012"设置为首字下沉,字体为隶书,下沉行数为 2。

(3)为正文添加双线型文本框,粗细为 3 磅,颜色为红色,并将底纹填充为灰色 40%。

(4)为文档添加页眉,内容为"雷锋精神"。

4. 用 Word 软件制作如下所示的用例图。按照题目要求完成后,用 Word 的保存功能直接存盘。

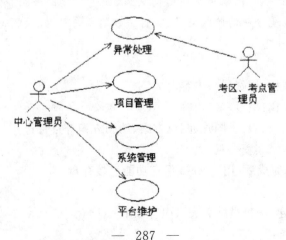

要求：

(1)用自选图形和插入艺术字命令绘制如上图所示的用例图。

(2)将文字设置为宋体、五号、加粗。

(3)制作完成的用例图与图示基本一致。

5.用 Excel 创建"期中成绩统计表"(内容如下所示)。按照题目要求完成后,用 Excel 的保存功能直接存盘。

期中成绩统计表							
序号	姓名	语文	数学	外语	物理	化学	总分	名次
1	丁杰	60	55	75	72	68		
2	丁喜莲	88	92	91	90	96		
3	公霞	73	66	92	86	76		
4	郭德杰	90	84	82	77	92		
5	李冬梅	82	84	77	84	90		
6	李静	72	81	89	69	82		
	平均分							

要求：

(1)表格要有可视的边框,并将表中的列标题设置为宋体、14 磅、居中;其他内容设置为宋体、12 磅、居中。

(2)用函数计算总分。

(3)用 RANK 函数计算出名次。

(4)用函数计算出每门课程的平均分。

(5)将每门课程低于平均分的成绩以红色显示。

6.用 PowerPoint 创意制作演示文稿。按照题目要求完成后,用 PowerPoint 的保存功能直接存盘。

资料：

资料一、雷锋精神

资料二、雷锋精神,是以雷锋的名字命名的、以雷锋的精神为基本内涵的、在实践中不断丰富和发展着的革命精神,其实质和核心是全心全意为人民服务,为了人民的事业无私奉献。他已经成为我们这个时代精神文明的同义语、先进文化的表征。周总理把雷锋精神全面而精辟地概括为"憎爱分明的阶级立场、言行一致的革命精神、公而忘私的共产主义风格、奋不顾身的无产阶级斗志"。

要求：

(1)第一页演示文稿:用资料一内容。

(2)第二页演示文稿:用资料二内容。

(3)演示文稿的模板、版式、图片、配色方案、动画方案等自行选择。

(4)制作完成的演示文稿美观、大方。

7.按照题目要求完成后,用 Access 保存功能直接存盘。

要求：

(1)用 Access 创建"销售员姓名表"(内容如下)。

员工编号	姓名
C001	韩东
C002	王建
C003	李丽
C004	张鸣
C005	李泉

(2)用 Access 创建"工资表"(内容如下)。

员工编号	职位	底薪	奖金	工资
C001	销售经理	4500	5640	10140
C002	销售代表	2300	4000	6300
C003	销售代表	2300	3600	5900
C004	销售代表	2300	4200	6500
C005	销售代表	2300	3200	5500

(3)通过 Access 的查询功能,生成"销售员工资汇总表"(内容如下)。

员工编号	姓名	职位	底薪	奖金	工资
C001	韩东	销售经理	4500	5640	10140
C002	王建	销售代表	2300	4000	6300
C003	李丽	销售代表	2300	3600	5900
C004	张鸣	销售代表	2300	4200	6500
C005	李泉	销售代表	2300	3200	5500

8. 用 Word 软件录入以下内容,按照题目要求完成后,用 Word 的保存功能直接存盘。

舆论监督
　　舆论监督是社会主义政治文明的机制保证之一。在我国,舆论监督主要指人民群众或新闻从业人员通过新闻媒体和各种宣传工具对社会行政管理机构进行的监督与批评。舆论监督是有法律法规依据的。我国宪法第 35 条规定:"中华人民共和国公民有言论、出版、集会、结社、游行、示威的自由。"第 41 条规定:"公民对于任何国家机关和国家工作人员,有提出批评和建议的权利。"

要求:
(1)将标题和正文文字设置为宋体、黑色,四号,标题居中。
(2)为正文内容加红色边框,宽度为 1 磅。
(3)将背景填充为羊皮纸效果。
(4)为文档插入页眉,内容为"舆论监督",并将文字设置为华文行楷、小四、居中。

9. 用 Word 软件制作如下所示的组织结构图。按照题目要求完成后,用 Word 的保存功能直接存盘。

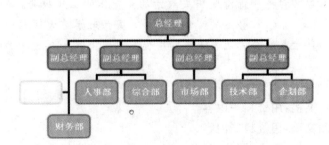

要求:
(1)利用自选图形绘制如上所示的组织结构图。

(2)设置自选图形中的文字为宋体、四号、加粗、白色。

(3)设置组织结构图样式为原色。

(4)设置文字环绕方式为穿越型环绕。

(5)制作完成的组织结构图与图示基本一致。

10.用 Excel 创建"2011 年 11 月竣工工程一览表"(内容如下所示)。按照题目要求完成后,用 Excel 的保存功能直接存盘。

2011年11月竣工工程一览表			
工程类型	建筑面积(平方米)	工程造价(万元)	质量等级
工业建筑	2650	212	合格
商业建筑	3904	312.32	合格
住宅	2768	221.44	优良
住宅	1350	108	合格
商业建筑	2772	221.76	优良
住宅	1600	128	优良
住宅	2100	168	优良
工业建筑	2757	220.56	优良
住宅	2040	163.2	合格

数据统计			
序号	统计内容	建筑面积	工程造价
1	总和		
2	住宅工程		
3	优良工程		
4	住宅、优良、面积大于2000平方米		

要求:

(1)表格要有可视的边框,并将表中的列标题设置为宋体、12 磅、加粗、居中;其他内容设置为宋体、12 磅、居中。

(2)用函数分别计算出建筑面积和工程造价总和。

(3)用函数分别计算出住宅工程的建筑面积和工程造价总和。

(4)用函数分别计算出优良工程的建筑面积和工程造价总和。

(5)用函数分别计算出"住宅、优良、建筑面积大于 2000 平方米"的建筑面积和工程造价总和。

11. 用 PowerPoint 创意制作演示文稿。按照题目要求完成后,用 PowerPoint 的保存功能直接存盘。

资料:

资料一、十七届六中全会

资料二、全会听取和讨论胡锦涛受中央政治局委托作的工作报告,审议通过《中共中央关于深化文化体制改革、推动社会主义文化大发展大繁荣若干重大问题的决定》。全会审议通过《关于召开党的第十八次全国代表大会的决议》,决定中共十八大于 2012 年下半年在北京召开。

要求:

(1)第一页演示文稿:用资料一内容。

(2)第二页演示文稿:用资料二内容。

(3)演示文稿的模板、版式、图片、配色方案、动画方案等自行选择。

(4)制作完成的演示文稿美观、大方。

12. 按照题目要求完成后,用 Access 保存功能直接存盘。

要求：

(1)用 Access 创建"姓名表"(内容如下)。

工号	姓名
001	王斌
002	刘元
003	王晓伟
004	何俊宝
005	董立元

(2)用 Access 创建"工资表"(内容如下)。

工号	基本工资	奖金	扣税	实发
001	800	2000	0	2800
002	1000	3000	15	3985
003	950	2500	0	3450
004	1200	4100	75	5225
005	1047	3150	20.91	4176.09

(3)通过 Access 的查询功能,生成"工资情况汇总表"(内容如下)。

工号	姓名	基本工资	奖金	扣税	实发
001	王斌	800	2000	0	2800
002	刘元	1000	3000	15	3985
003	王晓伟	950	2500	0	3450
004	何俊宝	1200	4100	75	5225
005	董立元	1047	3150	20.91	4176.09

13. 用 Word 软件录入以下文字。按题目要求完成后,用 Word 的保存功能直接存盘。

新时期中共党史阶段划分

《征途》撰文指出,以中共十一届三中全会为标志,我国进入改革开放新时期。新时期党史可划分为四个阶段,之前是一个过渡阶段。1976 年 10 月粉碎"四人帮"至 1978 年 12 月党的十一届三中全会召开前为过渡阶段;十一届三中全会至 1982 年 8 月党的十二大召开前为拨乱反正和改革开放的起步阶段;1982 年 9 月党的十二大召开至 1991 年 12 月为改革开放的全面展开阶段;2001 年 1 月进入新世纪后为全面建设小康社会阶段。

要求：

(1)将文章标题设置为宋体、二号、加粗、居中;正文设置为宋体、小四。

(2)将正文开头的"《征途》"设置为首字下沉,字体为隶书,下沉行数为 2。

(3)为正文添加双线条的边框,3 磅,颜色设置为红色,底纹填充为灰色 40%。

(4)为文档添加页眉,内容为"新时期中共党史阶段划分"。

14. 用 Word 软件制作如下所示的机构改革示意图。按题目要求完成后,用 Word 的保存功能直接存盘。

要求：

(1)利用自选图形绘制图示中的机构改革示意图。

(2)将示意图中的"重新组建国家能源局"文字设置为宋体、小三、白色、加粗;"国家发展和改革委员会"文字设置为宋体、小四、蓝色、加粗;"不再保留国家电力监管委员会"文字设置为宋体、小四、灰色 50%,加粗;"接受管理"文字字体设置为宋体、小四、红色、加粗;其他文

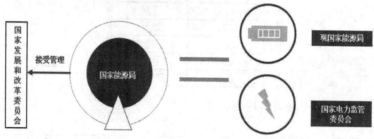

字设置为宋体、小四、白色、加粗。

(3)绘制完成的机构改革示意图的图形、底纹和样式与图示基本一致。

15. 用 Excel 创建"汽车销售完成情况表"(内容如下所示)。按题目要求完成之后,用 Excel 的保存功能直接存盘。

2012年2月汽车销售完成情况		2013年2月汽车销售完成情况				
类型	2月销量	2月销量	1月销量	环比	同比
轿车	729677	694305	1175746		
MPV	43893	79051	56175		
SUV	124851	146517	235684		
总计					

要求:

(1)为表格绘制蓝色、双线型边框,并将底纹填充为浅黄色。

(2)将表中的文字设置为华文仿宋、黑色、16 磅、居中。

(3)根据表中数据,用函数计算"总计",并填入对应的单元格中。

(4)根据表中数据,用公式计算"环比"增减量,计算结果保留一位小数,并用百分比表示。

(5)根据表中数据,用公式计算"同比"增减量,计算结果保留一位小数,并用百分比表示。

16. 根据以下资料,用 PowerPoint 创意制作演示文稿。按照题目要求完成后,用 PowerPoint 的保存功能直接存盘。

资料:

资料一、2013经济社会预期目标——GDP

资料二、国内生产总值预期目标是增长 7.5% 左右,要继续抓住机遇、促进发展。这些年,我国制造业积累了较大产能,基础设施状况大为改善,支撑能力明显增强,储蓄率较高,劳动力总量仍然很大。必须优化配置和利用生产要素,保持合理的增长速度,为增加就业、改善民生提供必要条件,为转方式、调结构创造稳定环境。

要求:

(1)第一页演示文稿:用资料一内容。

(2)第二页演示文稿:用资料二内容。

(3)演示文稿的模板、版式、图片、配色方案、动画方案等自行选择。

(4)为演示文稿设置每 5 秒钟循环自动切换幻灯片放映方式。

(5)制作完成的演示文稿美观、大方。

17.按照题目要求完成后,用 Access 保存功能直接存盘。

要求:

(1)用 Access 创建"姓名表"(内容如下)。

工号	姓名
P001	张良
P002	王萍
P003	王笑
P004	李婷
P005	田蕊

(2)用 Access 创建"职员表"(内容如下)。

工号	性别	年龄	政治面貌
P001	男	26	团员
P002	男	35	群众
P003	男	42	党员
P004	女	27	党员
P005	女	23	团员

(3)通过 Access 的查询功能,生成"员工基本情况汇总表"(内容如下)。

工号	姓名	性别	年龄	政治面貌
p001	张良	男	26	团员
p002	王萍	男	35	群众
p003	王笑	男	42	党员
p004	李婷	女	27	党员
p005	田蕊	女	23	团员

18. 用 Word 软件录入以下文字。按题目要求完成后,用 Word 的保存功能直接存盘。

周恩来推动援建坦赞铁路

坦赞铁路是中国援助非洲的标志性工程。毛泽东、周恩来从支援民族解放运动、确立中国大国形象和推动中非友好合作等因素出发,在坦赞两国屡遭西方国家拒绝的情况下,果断决定援建坦赞铁路。在援建坦赞铁路的决策过程中,周恩来发挥了关键作用:既要听取相关部门意见,进行行政动员,还要为党中央和毛泽东提供决策信息,不仅要同坦桑尼亚进行深入接触,还要做赞比亚领导人的工作。在铁路建设阶段,为使铁路符合受援国要求,周恩来指示铁道部派精兵强将进行勘测,在三个国家谈判的关键点,主持攻克了技术难关,筹措国内力量支援铁路建设;加强对援外工人的教育工作。坦赞铁路不仅是实现非洲民族独立和发展的自由之路,也铸就了一座中非友好的历史丰碑。

要求:

(1)将文章标题设置为宋体、二号、加粗、居中;正文设置为宋体、小四。

(2)将正文开头的"坦"设置为首字下沉,字体为隶书,下沉行数为2。

(3)为段落标题加上"亦真亦幻"的文字效果。

(4)为文档添加红色"丰碑"文字水印,宋体,水平方向。

19. 用 Excel 创建学生成绩表和分数段统计表(内容如下所示)。按题目要求完成之后,用 Excel 的保存功能直接存盘。

要求:

(1)为表格绘制浅绿、双线型边框,并为分数段统计表的科目和分数段表格绘制绿色斜

学生成绩表					
姓名	语文	数学	英语	信息处理	总分	名次
张英华	90	71	86	93		
徐艳	64	42	43	86		
吴斌	60	51	62	21		
万丽	57	62	40	68		
唐常青	46	39	85	84		
谢海平	75	87	76	77		
李丹	88	74	73	68		
李军	73	72	68	35		
胡为兵	56	86	48	57		
江霞	75	36	85	66		

分数段统计						
分数段 / 科目	90-100	80-89	70-79	60-69	50-59	50以下
语文						
数学						
英语						
信息技术						

线头。

(2)将表中的文字设置为宋体、深绿、12磅、居中、加粗。

(3)用函数计算总分,并将计算结果填入对应的单元格中。

(4)用函数计算名次,并将计算结果填入对应的单元格中。

(5)用函数统计各科目各分数段的人数,并将计算结果填入对应的单元格中。

20. 利用以下资料,用 PowerPoint 创意制作演示文稿。按照题目要求完成后,用 PowerPoint 的保存功能直接存盘。

资料:

资料一、2013 经济社会预期目标——节能减排。

资料二、单位国内生产总值能耗下降 17.2%,扎实推进节能减排和生态环境保护。五年累计,共淘汰落后炼铁产能 1.17 亿吨、炼钢产能 7800 万吨、水泥产能 7.75 亿吨;新增城市污水日处理能力 4600 万吨;单位国内生产总值能耗下降 17.2%,化学需氧量、二氧化硫排放总量分别下降 15.7%和 17.5%。

要求:

(1)第一页演示文稿:用资料一内容。

(2)第二页演示文稿:用资料二内容。

(3)演示文稿的模板、版式、图片、配色方案、动画方案等自行选择。

(4)为演示文稿第一页添加前进或下一项动作按钮。

(5)制作完成的演示文稿美观、大方。

21. 按照题目要求完成后,用 Access 保存功能直接存盘。

要求:

(1)用 Access 创建"应聘人员表"(内容如下)。

面试序号	姓名	年龄	性别
MS001	徐双庆	33	男
MS002	王晓晓	24	女
MS003	曾可	26	女
MS004	李红	26	女
MS005	李松	40	男

(2)用 Access 创建"应聘信息表"(内容如下)。

面试序号	应聘部门	应聘职位
MS001	计算机技术部	经理
MS002	企划公关部	企划专员
MS003	计算机技术部	网络工程师
MS004	人力资源部	人事专员
MS005	市场部	总监

(3)通过 Access 的查询功能,生成"应聘人员情况统计表"(内容如下)。

面试序号	姓名	年龄	性别	应聘部门	应聘职位
MS001	徐双庆	33	男	计算机技术部	经理
MS002	王晓晓	24	女	企划公关部	企划专员
MS003	曾可	26	女	计算机技术部	网络工程师
MS004	李红	26	女	人力资源部	人事专员
MS005	李松	40	男	市场部	总监

22.用 Word 软件录入以下文字。按题目要求完成后,用 Word 的保存功能直接存盘。

习仲勋与革命根据地的文化建设

中国共产党领导的新民主主义文化是人民大众的文化,必须依靠大众并为大众服务。习仲勋在领导根据地的文化建设时,一直坚持这一原则和方向。陕甘宁边区第二师范创建时正处于战时困难环境。习仲勋指示说:"学校要依靠群众,依靠地方党支部和乡政府,要和驻地群众保持密切联系,这是学校安全的重要保证。"不仅学校安全要靠群众,学校生产困难也通过习仲勋建议的"变工互助"得以解决。同时,学校教育要"适合于人民的需要",培养的人才要为群众生产生活服务。

要求:

(1)将文章标题设置为宋体、二号、加粗、居中并添加"亦真亦幻"的文字效果;正文设置为宋体、小四。

(2)页面设置为横向,纸张宽度为 21 厘米,高度为 15 厘米,页面内容居中对齐。

(3)为正文添加双线条的边框,3 磅,颜色设置为红色,底纹填充为灰色 40%。

(4)为文档添加灰色 40%"样例"文字水印,宋体,半透明,斜式。

23.用 Excel 创建"招聘考试情况统计表"(内容如下所示)。按题目要求完成之后,用 Excel 的保存功能直接存盘。

招聘考试情况统计表						
姓名	笔试成绩	面试成绩	操作成绩	综合成绩	综合排名	是否录用
张英华	34	30	19			
徐艳	41	36	25			
吴斌	25	38	35			
万丽	19	40	40			
唐常青	37	39	27			
谢海平	45	29	36			
李丹	48	27	23			
李军	23	33	41			
胡为兵	29	31	33			
江霞	39	27	38			

要求:

(1)表格要有可视的边框,并将表中的内容设置为宋体、12 磅、黑色、居中。

(2)用公式计算综合成绩,其中计算方法为:综合成绩＝笔试成绩×30％＋面试成绩×30％＋操作成绩×40％,计算结果保留一位小数。

(3)用函数计算综合排名,并将计算结果填入对应的单元格中。

(4)用函数计算是否被录用(综合排名的前三名被录用),如果被录用则在其对应的单元格中显示"录用",否则不显示任何内容。

(5)以姓名、笔试成绩、面试成绩和操作成绩为数据区域,在数据表的下方插入堆积柱形图。

24. 利用以下资料,用 PowerPoint 创意制作演示文稿。按照题目要求完成后,用 PowerPoint 的保存功能直接存盘。

资料:

资料一、2013 经济社会预期目标——城镇化。

资料二、城镇化是我国现代化建设的历史任务,与农业现代化相辅相成。要遵循城镇化的客观规律,积极稳妥推动城镇化健康发展。坚持科学规划、合理布局、城乡统筹、节约用地、因地制宜、提高质量。

要求:

(1)第一页演示文稿:用资料一内容。

(2)第二页演示文稿:用资料二内容。

(3)演示文稿的模板、版式、图片、配色方案、动画方案等自行选择。

(4)为幻灯片切换时设置水平百叶窗的效果和打字机打字的声音。

(5)制作完成的演示文稿美观、大方。

25. 按照题目要求完成后,用 Access 保存功能直接存盘。

要求:

(1)用 Access 创建"姓名表"(内容如下)。

学号	姓名
0001	李晓勇
0002	高少保
0003	李小芸
0004	刘明明
0005	韩东

(2)用 Access 创建"成绩表"(内容如下)。

学号	语文	数学	英语
0001	61	70	65
0002	75	66	71
0003	55	60	58
0004	85	80	83
0005	86	82	85

(3)通过 Access 的查询功能,生成"学生成绩汇总表"(内容如下)。

学号	姓名	语文	数学	英语
0001	李晓勇	61	70	65
0002	高少保	75	66	71
0003	李小芸	55	60	58
0004	刘明明	85	80	83
0005	韩东	86	82	85